山区地质灾害对天然气管道的影响机理及风险防控技术

林 冬 葛 枫 孙明楠
李 静 文 明 唐 雨 等编著

石油工业出版社

内 容 提 要

本书围绕管道在山地与丘陵为主、河流交错贯穿的山区面临的风险问题，系统阐述了如何识别分析滑坡、泥石流和水毁三类典型的山区地质灾害风险及管控对策，内容包括不同灾害对管道的影响机理、易损性定量评价、管道线路地质灾害动态识别、管道应力与地质灾害协同监测、河流穿越管道绝对电磁声波检测、管道轴向应力检测、滑坡临界预警、泥石流起动预警及规模预测、河流冲刷预测、管道本体安全预警和管道地质灾害风险防控信息化平台等。

本书可供从事管道运营、地质灾害监测工作的管理人员及工程技术人员使用，也可作为油气田企业培训、石油院校相关专业师生参考用书。

图书在版编目（CIP）数据

山区地质灾害对天然气管道的影响机理及风险防控技术 / 林冬等编著 . -- 北京：石油工业出版社，2023.11. -- ISBN 978-7-5183-6896-9

Ⅰ . TE973

中国国家版本馆 CIP 数据核字第 2024UG5264 号

出版发行：石油工业出版社
　　　　　（北京安定门外安华里 2 区 1 号　100011）
　　　网　　址：www.petropub.com
　　　编辑部：（010）64523760
　　　图书营销中心：（010）64523633
经　　销：全国新华书店
印　　刷：北京中石油彩色印刷有限责任公司

2023 年 11 月第 1 版　2023 年 11 月第 1 次印刷
787×1092 毫米　开本：1/16　印张：11
字数：270 千字

定价：110.00 元
（如出现印装质量问题，我社图书营销中心负责调换）

版权所有，翻印必究

《山区地质灾害对天然气管道的影响机理及风险防控技术》编写组

林　冬	葛　枫	孙明楠	李　静	文　明
唐　雨	陈　涵	肖长久	何　沫	王　飞
秦　林	吴文莉	王永波	刘　畅	谢雳雳
李潮浪	张凌帆	付　进	王靖博	

前 言
PREFACE

随着能源日益紧缺、环境压力增大，天然气作为一种清洁、高效的能源，其战略地位愈发凸显。四川盆地作为我国天然气资源最为丰富的地区之一，天然气总资源量高达 $39.94\times10^{12}m^3$，居全国之首，是我国天然气开发的主战场。然而，这一区域的天然气管道主要敷设于山地与丘陵地带，河流交错贯穿，地质灾害风险尤为突出。滑坡、水毁、泥石流等地质灾害一旦发生，不仅可能直接破坏管道，更可能引发高压且有毒的天然气泄漏，对生态环境和社会公共安全构成严重威胁。

面对这一严峻挑战，要有效防控山区地质灾害对天然气管道造成的安全风险，确保天然气管道的安全运行，必须深入研究山区地质灾害与埋地管道的作用机理，攻克地质灾害监测与检测的技术难题，建立科学的风险预警体系，并构建综合预警管控平台。

然而，长期以来，对此类地质灾害与埋地管道的作用机理认识匮乏，缺乏系统的试验与理论模型来揭示其破坏机理。首先，由于天然气管道属线性隐蔽工程，特别是在复杂山区，检测和监测难度大，缺乏成熟配套的技术手段；其次，地质灾害与埋地管道综合作用的监测指标体系和预警模型尚待建立；最后，面向地质灾害—埋地管道综合预警管控平台的建设也亟待加强。

基于上述认识，本书围绕四川盆地天然气管道地质灾害风险防控的关键技术问题，从地质灾害与埋地管道作用机理的深入探究出发，全面阐述了地质灾害监测与检测技术的创新研发，建立了科学的风险预警体系，并构建了综合预警管控平台。

全书内容主要包括以下几个方面：

（1）地质灾害与埋地管道作用机理的系统研究。通过大量的试验与理论分析，揭示了滑坡、泥石流、水毁等典型地质灾害对天然气管道的破坏机理，建立了相应的力学作用模型，并辨识出影响管道安全的关键因素指标。

（2）地质灾害监测与检测技术的创新研发。针对山区天然气管道隐蔽性强、监测难度大的问题，本书阐述了创新研发的分布式光纤监测设备、多维信号解析算法等关键技术，形成了管道地质灾害风险监测与检测系列技术，为准确判断山区地质灾害孕育演化各阶段的管道安全状况提供了有效技术支撑。

（3）风险预警体系的建立。本书综合考虑地质灾害发生可能性、发生规模，以及灾害体复杂载荷、管道本体缺陷等因素，建立了地质灾害与埋地管道综合作用的监测指标体系和预警模型，实现了对地质灾害体和管道本体，以及二者之间相互作用关系和趋势的有效预判。

（4）综合预警管控平台的建设。本书结合四川盆地天然气管道的特点和实际需求，提出思路构建了面向地质灾害—埋地管道综合预警管控平台，实现了监测、评价、分析、预警、决策等各阶段之间的数据交互和信息共享，提高了风险管控的效率和效果。

本书的研究成果不仅为四川盆地天然气管道地质灾害风险防控提供了技术支撑和决策依据，也为我国乃至全球类似地区天然气管道的安全运行和风险管理提供了有益的参考和借鉴。笔者坚信，这些成果将不断被实践、验证和优化，为天然气管道的安全、稳定运行保驾护航，助力我国能源行业的可持续发展。

由于笔者水平有限，书中难免存在不足之处，敬请读者批评指正。

目 录
CONTENTS

第 1 章　绪论 ··· 1
　1.1　管道地质灾害风险管控的重要性 ·· 1
　1.2　地质灾害对管道影响机理 ··· 2
　1.3　管道风险监测与检测技术 ··· 4
　1.4　典型地质灾害—管道预警技术 ··· 6
　1.5　发展趋势 ··· 8

第 2 章　地质灾害对管道影响机理 ··· 10
　2.1　滑坡对管道影响机理 ··· 10
　2.2　水毁对管道的影响机理 ··· 53

第 3 章　管道地质灾害风险监测与检测系列技术 ··· 62
　3.1　常用监测技术 ·· 62
　3.2　管道线路地质灾害动态识别技术 ·· 73
　3.3　管道应力与地质灾害协同监测技术 ·· 80
　3.4　河流穿越管道绝对电磁声波检测技术 ·· 84

第 4 章　山区地质灾害作用下的天然气管道多维数据综合预警体系 ················ 98
　4.1　滑坡临界预警技术 ·· 98
　4.2　河流冲刷预测技术 ·· 117
　4.3　管道本体安全预警技术 ··· 131

第 5 章　管道地质灾害风险防控信息化平台 ··· 135
　5.1　风险分级管理体系 ·· 135
　5.2　风险管控信息化技术 ··· 140
　5.3　应用实例 ·· 145

参考文献 ·· 163

第1章 绪　　论

1.1 管道地质灾害风险管控的重要性

在全球气候变化和能源转型的大背景下，天然气作为一种相对清洁的能源，在"碳达峰碳中和"的进程中发挥着越来越重要的作用。中国作为世界上最大的能源消费国之一，正积极推动能源结构的调整，将天然气作为长期发展的战略重点。四川盆地凭借其得天独厚的地理位置和成藏条件，已成为中国天然气开发和利用的重要基地。四川盆地作为中国天然气工业的重要支柱，其天然气总资源量巨大，可采资源量居全国首位。近年来，随着勘探开发技术的不断进步，四川盆地天然气产量和消费量均呈现出快速增长的态势。与此同时，该地区也建成了庞大的天然气采集、净化、输配、销售系统，形成了蛛网式的管网系统和配套的地下储气库，为保障国家能源安全和推动经济发展作出了重要贡献。

然而，四川盆地及其周缘以山地和丘陵为主，河流交错贯穿的山区天然气集输管道纵横密布。受到降雨等自然因素的影响，管道沿线的滑坡、水毁、泥石流等地质灾害风险突出。地质灾害引发的地表变形和岩土体运动，极易造成以浅埋为主要敷设方式的钢质管道的弯曲、屈曲、拉裂等破坏。高压高含硫化氢的天然气管道一旦遭受地质灾害而发生破坏失效，将导致高压有毒天然气泄漏，可能造成严重人员伤亡、经济损失和生态环境破坏，严重威胁社会公共安全。

管道作为天然气输送的主要载体，其安全运行对四川盆地的天然气工业发展起到至关重要的作用。四川盆地滑坡、水毁、泥石流地质灾害频发，对天然气管道造成严重威胁。因此必须围绕山区地质灾害对管道的破坏影响开展研究，建立有效的、系统的风险防控技术体系，保障天然气管道安全运行。

滑坡、泥石流、水毁是四川盆地天然气管网沿线最常见的三类地质灾害，实现这三类地质灾害风险的有效管控对保障天然气管道的安全运行具有重要意义，对指导其他地质灾害的防护管控工作有重要借鉴作用，主要存在四方面问题需要解决。首先，山区地质灾害与埋地管道的作用机理复杂、认识匮乏。认清地质灾害对管道的影响机理是有效开展风险防控的基础和前提，山区地质灾害对天然气管道的损伤作用机理复杂，与地质条件、地形条件、水文条件、管道敷设形式、管道本体属性等众多因素相关。其次，天然气管道属线性隐蔽工程，检测和监测难度大，尤其是复杂山区。天然气管道在野外敷设主要采取埋地方式，在复杂山区常埋设于边坡、沟谷、河床中，隐蔽性强，借助现有的检测和监测技术手段，很难准确获取地质灾害在孕育演化过程中管道的安全状态。再次，地质灾害对管道影响的预警准确性亟待提高。这与多项参数指标紧密相关，包括地质灾害发生可能性、发生规模，以及灾害体复杂载荷、管道本体缺陷等，极大限制了采取主动防范措施降低管道受损失效的可能性。最后，面向地质灾害—埋地管道综合预警管控平台亟待建设。四川盆地天然气管道呈现蛛网式分布，点多、线长、面广，沿线的地质灾害数量多且离散，监测、评价、分析、预警、决策等各类风险管控的数据交互频繁、信息处理量大，建立一体化风险管控信息化平台是提高风险管控效率、适应智慧管道建设的实际需求。

综上所述，系统揭示典型山区地质灾害对天然气管道的作用机理，研制系列检测、监测设备，建立综合预警体系，研发一体化风险管控信息平台将极大提升管道地质灾害风险管控水平，对我国天然气工业高质量、高效益发展具有重要意义。

1.2 地质灾害对管道影响机理

（1）埋地管道力学行为。

科学认识滑坡、泥石流、水毁等典型地质灾害对埋地油气管道的力学作用机理，是对管道易损性进行定量风险评价的前提。针对滑坡荷载对管道的力学行为特征，国内外学者已开展大量理论、模拟与实验研究工作。

在理论研究方面，张家铭等[1]为提高弹性地基梁法的计算精度，基于Pasternak双参数模型提出一种考虑轴向载荷的滑坡管道受力分析法。讨论了轴向载荷、地基反力系数及地基剪切刚度对滑坡管道受力变形的影响。张治国等[2]基于Green-Ampt降雨入渗模型和Pasternak地基模型，提出一种考虑输气压力影响的降雨诱发滑坡导致非连续接口输气管道受力的解析计算方法。尚玉杰等[3]基于Winkler弹性地基梁假设，建立了横向滑坡作用下埋地管道受力分布表达式。通过求解管道弯曲微分方程，得到了横向滑坡管道的挠度、弯矩和剪力的解析解。Zhang等[4]提出一种考虑内压和温度变化的平面应力条件下埋地管道滑坡塑性力学解析方法。推导得到了塑性变形阶段，滑坡管道的横向水平位移及轴向应变表达式。王金安等[5]基于小尺度管土相互作用的分布表达式，推导了土质边坡滑动前后阶段的管道弹性部分受力表达式。张杰等[6]结合悬链线理论和大变形梁理论，提出一套解析模型来描述牵引式滑坡作用下输气管道力学响应问题，分析了不同滑坡宽度、滑坡推力和管道壁厚下输气管道位移和应力分布规律。

在数值模拟方面，蒋宏业等[7]基于光滑粒子流体动力学与有限元耦合算法（SPH-FEM）构建土—管—油完全耦合模型，分析管—油基础上管道受力规律。麻宏强等[8]采用ANSYS软件建立了滑坡碎屑流灾害作用下埋地天然气管道变形有限元分析模型。分析了管道运行、结构参数和滑坡碎屑流规模对埋地天然气管道变形的影响规律。李杭杭[9]通过DEM和FEM耦合的有限元模型，采用颗粒—结构单向耦合的方式，考虑了岩土的离散性，采用挡土墙撤出的方式，重力驱动分析横向滑坡中管道的位移和应力分布。Tsatsis等[10]采用Python软件开发了一种两步有限元模拟方法，开展了埋地管道在滑坡作用下沿管道轴向旋转滑动时与滑坡体相互作用的研究，模拟了滑坡土体滑动过程中管道的破坏模式。席莎等[11]采用管土分离的非完全耦合有限元模型，模拟坡脚公路开挖和降雨对滑坡作用下、横向折线形埋地管道变形特征和力学响应特征。赵潇等[12]基于Abaqus分析了沿斜坡敷设埋地输气管道于不同斜坡角度和坡长的应力极值分布，当坡度处于20°~30°

时，斜坡长度越长，管道极值应力越大。张铄等[13]建立了在深层圆弧形滑坡作用下的管道有限元计算模型，发现当发生深层圆弧形滑坡时，埋地管道受到的最大应力出现在管道下端。徐鹏飞等[14]结合试验爆破数据建立了含均匀壁厚缺陷管道滑坡有限元模型，并在考虑非线性接触的基础上对缺陷管道进行剩余强度评价。陈利琼等[15]对比了ANASYS软件和FLAC3D软件对横向滑坡中管道形变及应力计算，认为两种方法得到的结论基本一致；得到了管道中间形变大，两端易破坏的结论。康习锋等[16]建立了含初始缺陷的有限元模型，计算并探讨了各个比例的几何缺陷下的管道在横向滑坡位移下的应力分布情况，并分析了临界屈曲载荷。张晓等[17]建立了侧向载荷作用下的X90管道有限元计算模型。分析了X90管道局部非线性屈曲模态及特点，得到了屈曲临界值随管道参数变化的规律。黄坤等[18]采用CAESARII软件对分别模拟横向穿越和纵向穿越两种方式滑坡下的管道进行应力分析，发现在常规埋地管道与滑坡的交界处为输气管道的危险截面。刘鹏等[19]考虑薄壳的大变形和管土的相互作用，建立埋地管道的管土耦合非线性有限元模型，分析管道在横向滑坡作用下的响应规律。

在试验研究方面，刘金涛等[20]开展了管道横穿滑坡相互作用大尺度模型试验，得到了试验不同阶段滑坡的变形特点、应力与变形间的相互关系。Francesco Calvetti等[21]采用下沉土箱对山体滑坡的偏移过程进行等效模拟，并采用滑轮钢丝系统等效模拟管道的轴向力。林冬等[22]采用人工堆土的方法，搭建了横向滑坡作用下管道受力变形的实体模型。试验结果发现在横向滑坡作用下管道的危险点位于滑坡的中央和两侧边界位置。牛文庆等[23]采用模型试验研究了管道横穿滑坡前部、中部及后部时的受力反应情况，分析出管道应力在滑坡整个阶段的变化特点：前期滑坡体后部管道受力最大，中部次之，前部最小，后期顺序恰好相反。纪虹等[24]采用物理模型试验，针对滑坡产生浪涌对水下管道壁面造成冲击进行研究，分析了滑坡体积对管道壁面冲击压力的关系，结果表明管道壁面处最大浪涌冲击压力随着滑块体积增大呈近似线性增长趋势。Feng等[25]开展全尺寸滑坡管道试验，通过应变计记录管道应力应变的分布情况，沿管道的应力分布呈鞍形，且滑坡管道变形由管道上方的浅层滑坡和管道下方的深层挤压导致。

但是上述研究关于泥石流、水毁等对埋地管道的力学作用机理研究较少，典型地质灾害的破坏机理还有待完善。

（2）埋地管道地质灾害定量风险评价。

中国石油大学（北京）李嘉硕[26]将管道地质灾害分为地质灾害易发性和管道易损性两部分进行评价体系的构建。采用贡献率模型对崩塌、滑坡等管道地质灾害影响因素进行了因子敏感性分析。利用Ward系统聚类法对评价指标进行分类，构建评价指标的分级体系；通过层次分析法计算各分级体系中指标间的相对权重值，确定最终的管道地质灾害评价指标体系，形成了单体管道地质灾害半定量风险评价模型；王婷等[27]将塌方、滑坡、泥石流、管道毁坏等对管道带来最大影响的地质危害列为主要风险评估对象。依据不同的灾害容易发生的特性，以及容易受到损害的特征指标进行划分。结合地质灾害发生指数、管道故障可能性（管道的灾害指数、管道的深度、管道所处的具体位置和对应敷设的方式等），利用层次分析方法确定不同模块的风险指标权重，并对它们进行赋值且进行标准化，以量化管道故障的概率。

西南石油大学李荣翰[28]对崩塌、滑坡、不稳定斜坡三类地质灾害进行了管道地质灾害的地质力学分析。提出管道地质灾害风险评价包括区域管道地质灾害易发性评价和单体管道地质灾害风险评价，运用因子叠加法、归一化法、黄金分割法确定区域管道地质灾害易发性，并分别采用定性评价法和半定量评价法从风险概率评价、失效后果评价和风险矩阵方面进行了单体管道地质灾害风险评价。Qin等[29]考虑到该地区多重自然灾害的共同威胁，建立了风险评估指标体系。采用GIS与贡献率模型相结合的方法确定影响因素的敏感性。采用模糊分析的方法对专家的判断进行处理，获得实时的灾害危险度。冼国栋等[30]基于GIS技术构建了区域管道地质灾害风险评价模型与评价指标体系，将管道沿线地质灾害风险划分为地质灾害高风险、较高风险、中等风险、较低风险、低风险5个等级，其灾害类型涉及滑坡、崩塌、水毁等多个方面，解决了区域管道地质灾害风险定量评价的难题。但研究结果对于易损性评价，仅考虑了灾害本身损失及管道因地质灾害破坏而发生泄漏造成的损失，并未对管道的疲劳寿命、管体缺陷等方面进行考虑，下一步有待开展相关研究。

综上所述，国内外学者主要建立了某一影响因素下的定量、半定量的风险评价指标，但缺乏完整的综合影响管道安全的关键参数指标体系，管道易损性定量评价难以实现。

1.3 管道风险监测与检测技术

（1）管道分布式光纤监测技术。

金伟良等[31]提出BOTDA分布式光纤传感技术在海底管道安全监测中具有良好的应用前景，对该技术的应用情况和面临的问题进行分析，为海洋油气田的安全开发提供可靠的保证。Zou等[32]采用分布式应变传感系统研究了埋地管道屈曲变形的健康监测，结合有限元模型验证分布式传感系统对埋地管道进行分布式应变监测的可行性。贾振安等[33]利用分布式光纤布里渊散射技术，其能够准确监测并识别管道泄漏位置，通过实验数据表明具有较高的应变分辨率和空间分辨率。Li等[34]建立了光纤布拉格光栅传感器测量应变与实际结构应变关系的解析模型，分析了影响光纤传感器应变传递效率的因素，这对光纤光栅传感器的应用具有重要意义。马云宾等[35]自主研制光纤光栅传感器对管道进行应力监测，同时还实现了温度补偿，使得管道应力监测结果更加准确。陈朋超等[36]基于光纤光栅传感技术设计了一套埋地管道滑坡远程监测预警系统，并实现了滑坡表面、深部位移监测、管体应力和滑坡推力联合监测。Wang等[37]将1642个时分复用的超低反射率的FBG集成在一根光纤上，并用试验证实了解调的可行性。

（2）管道地质灾害监测技术。

山区管道地质灾害监测内容主要包括地质宏观监测、地表位移监测、深部位移监测、地下水监测、地表水监测、地应力监测、人类活动监测等。席均等[38]设计了基于BOTDR技术的水平向定点式监测、水平向直埋式监测、测管式位移监测，以及竖向直埋式监测等四种分布式光纤传感监测方法，用于地面沉降及地裂缝变形的分布式监测。吴静红等[39]采用BOTDR及FBG等分布式光纤感测技术，对第四纪沉积层压缩及地面沉降进行了长期的监测分析，探究出第四纪含弱透水层土层的变形特征，说明DFOS技术在地面沉降地质灾害监测领域中具有其独特的优越性。杨山红[40]搭建了基于光纤传感技术的地应力监测系统，实现了对重点层段最大最小地应力的准分布式检测，以及对轴向垂直地应力的全分布式检测。唐尧等[41]采用短基线集时序干涉测量（SBAS-INSAR）技术，利用多时相合成孔径雷达数据，对川西高山峡谷区开展地表多时相、长时序形变监测与地质灾害隐患早期识别研究。张晓飞等[42]利用弱反射光栅传感阵列具有大容量、高精度的特点，设计了一款外定点式弱反射光栅传感光缆，并结合弱反射光栅传感阵列监测技术、物联网技术构建了基于弱反射光栅传感阵列的滑坡实时监测系统。孙泽信等[43]研究了一种基于物联网的地质灾害自动化监测系统，该系统以 GNSS、智能全站仪、滑动式倾角仪和多源传感器自动化监测技术为核心，实现了对地质灾害由点到面、由表及里、多指标、全方位的自动化监测数据的采集、传输、分析和处理、存储与备份、查询、信息反馈及预警报送。未来如何利用空天地结合的监测手段，实现多种监测技术的参数关联，从而对地质灾害风险进行耦合分析还需要进一步研究。

（3）穿越河流管道敷设状态检测技术。

电磁检测方法是目前穿越河流管道检测最有效的检测手段。谢崇文等通过理论与现场试验相结合，着重对电磁法在定向钻穿越管段中的应用展开研究，辅以声呐技术，拓宽河流穿越管段检测技术的应用范围。形成了一套适用于河流穿越管段敷设状态检测的技术规程，为河流穿越管段敷设状态检测技术的选择提供技术支撑。李国民等[44]针对定向钻穿越管段，提出了组合式电磁—声波法、非接触磁应力和开挖直接检测相结合的综合检测方法，解决了两条深埋管道的腐蚀评价难题。Wen 等[45]将电磁法检测技术和水下机器人技术结合应用于水下管道及电缆埋深检测中，减小了水流和水深对埋深检测范围和检测精度的影响，取得了良好的工程应用效果。Curtis 等[46]结合管道内检测惯性导航技术和 GPS 定位技术对休斯敦航道下的管道进行检测，并与电磁法检测结果进行了对比验证，绘制出管道的 3D 位置。王维斌[47]采用磁通量梯度测定仪、多轴线磁通量传感器和 GPS 定位仪等采集管道坐标及周围磁场强度或电流强度，同时利用声呐测量管道穿越段的水深情况。通过采集的数据计算管道埋深、穿越路径和辨别管道表面防腐层情况，定位破损点位置。周小莉[48]针对穿越河流管道检测的工程需求问题，研究了基于 GPS-RTK 技术的穿越河流管道外检测方法，综合运用 DM 管道防腐层检测仪、测深仪、GPS、全站仪等构建穿越管道外检测系统，通过采取岸边检测和水下检测的方法，实现了对穿越河流管道的精确探测。唐青[49]提出了基于电磁感应法进行管道河流穿越段外防腐层检测新系统开发的技术方案，研发了符合输气生产实际的管道河流穿越段外防腐层检测仪及配套的数据分析软件。

（4）管道轴向应力检测技术。

超声波法和磁测量法是当前管道结构工作应力检测的常用方法。

在超声应力检测方面，Rossini 等[50]证明了超声波波速与材料应力间的线性关系。Bray 等[51]首先证明了各种类型声波对应力的敏感性具有一定的差异性，其中临界折射纵波（LCR）对应力最为敏感。Fraga 等[52]使用超声 LCR 波测量 X70 钢样品，用以研究温度对测量结果的影响程度。Javadi 等[53]采用 LCR 波测量了奥氏体不锈钢管轴向焊接残余应力，测量结果与有限元计算结果具有较好的一致性。李玉坤[54]推导得到双向应力状态下纵波声弹性公式，该公式适用于管道双向应力情况，为测试管道表面双向应力状态提供了有效的计算方法。

在磁应力检测方面，Su 等[55]实验测试了在拉伸和弯曲荷载作用下 Q345 钢无缺陷和有缺陷对接焊试样的自漏磁场法向分量 $H_p(y)$ 值及其梯度。结果表明，法向分量梯度值可用于确定应力集中程度，并根据三个特征参数得出的判断标准来评估对接焊试样的损伤程度、应力状态和焊缝质量。Kolokolnikov 等[56]使用金属磁记忆方法对热处理前后焊接试样的应力状态进行了研究，确定了焊接残余应力与固有磁散射场强度的关系，并提出利用磁场梯度来评价焊接接头应力应变状态的不均匀性。Osa 等[57]自主研制了一种残余应力检测装置，用于评估焊接试样的残余应力大小，通过具有不同残余应力的焊接试样拉伸试验验证了该装置的有效性。Liu 等[58]研究了裂纹尺寸对利用磁信号评估应力状态的干扰，以及裂纹尺寸的影响程度，确定采用法向磁场梯度 K 来表征应力值，并得到了梯度 K 与裂纹尺寸的关系。He 等[59]基于磁偶极子理论建立了对接焊试样的自漏磁场分布模型，研究了不同应力和检测高度下焊接接头磁信号的定量变化规律，通过水压试验验证了模型的准确性。

1.4 典型地质灾害—管道预警技术

（1）典型地质灾害预警技术。

针对滑坡、泥石流和水毁等地质灾害的准确预警，国内外学者提出了众多地质灾害易发性和危险性预测模型与方法。

针对滑坡灾害预警，赵喻文等[60]以四川省东南部为研究区，通过现场调查获取斜坡坡度、斜坡坡形、日降雨量、斜坡结构等9个地质灾害易发性条件因子构建空间数据库，基于逻辑回归模型建立了研究区地质灾害易发性的预测模型。陈杏子等[61]利用 GIS 与 MATLAB 等软件，以川气东送管道沿线区县为研究区，应用加权信息量模型与模糊函数综合评判法，划分地质灾害危险性区域。结合区域地质灾害前后降雨等信息，建立 BP 神经网络与支持向量机模型，完成地质灾害评价预测。韩晨曦[62]为了定量分析降雨对滑坡稳定性的影响，采用 Morgenstern-Price 法计算不同降雨强度在不同时刻的滑坡稳定性系数。以滑坡稳定性系数 $F_s=1$ 作为临界值，当滑坡稳定性系数 $F_s<1$ 时，即认为滑坡发生破坏。

关于泥石流预警，主要从形成背景、降雨条件、岩土条件、运动特征等方面进行预测预报，但现阶段多为区域性预警，预警精度偏低。王颖等[63]提出利用 GIS 空间分析处理和数据管理功能对各项致灾因子及预报降水量进行量化处理，在此基础上根据可拓理论构建数学模型，实现地质灾害危险性区域划分。然后利用 GIS 空间分析统计泥石流灾害发生概率的关联度，得到泥石流灾害预警区划分级。但该预警模型考虑的致灾因子和影响因素还需要补充完善，预警精准度有待进一步提高。王世洪等[64]基于多源遥感检测信息，以该段线路泥石流为例，采用模糊综合评判法分析了降雨作用下泥石流灾害发生概率，并对管道泥石流灾害危险性进行了评价，实现了泥石流灾害的快速预警。

在管道穿越河流工程中，关于影响河床冲刷深度的研究主要集中在河床自身因素和周围环境因素，且研究方法多集中在理论计算和数值模拟方面。黄金池等[65]进行了河床演变对穿越后管道的影响研究，并针对水流破坏管道提出解决措施。白路遥等[66]基于沙量守恒原理，考虑了冲刷率随水量、沙量变化而变化的情况，建立的冲刷模型能为管道穿越高含沙河流埋深设计提供参考。Najiafi 等[67]采用数值模拟方法对颗粒粒径、管道几何形状和水流特性进行分析，预测了河床模型的冲刷深度。杨元平等[68]采用分层、分粒径组的方法模拟河床分层泥沙，预测了管道穿越河床最大冲刷深度。

（2）复杂荷载作用下含缺陷管道极限承载研究概述。

探索含缺陷管道的极限内压变化规律与失效机理，形成复杂荷载和管道缺陷共同作用下的管道极限状态分析技术，是实现山区天然气管道安全评价与预警的重要前提，因此，在含缺陷管道失效分析与外部荷载作用下的极限承载能力研究两方面，国内外学者已经开展了大量的研究工作。

李志等[69]以DNV-RP-F101计算公式为基础，引入腐蚀缺陷环向宽度修正系数的概念，提出新的腐蚀缺陷管道失效压力计算模型，能够有效计算含腐蚀缺陷管道的失效压力。杨辉等[70]研究发现含圆形缺陷管道极限内压值与缺陷位置的相关性较弱，而是与缺陷尺寸、管径和壁厚等有一定的关联性，并基于Ramberg-Osgood应力应变模型提出了管道体积型缺陷的极限内压计算模型和轴向应力作用下弯管体积型缺陷极限内压的计算公式。金志等[71]根据压力管道实际承受内压、弯矩、扭矩等复杂载荷的受力特点，对仅适用于拉、弯组合载荷的净截面垮塌准则进行了扩展，建立了基于内压—弯矩—扭矩复杂载荷作用下的含未焊透缺陷管道塑性极限载荷理论分析方法及模型。Wu等[72]针对半露管道的实际工况，建立了泥石流作用下土壤与半露管道相互作用的有限元模型，分析了包括泥石流流速、泥石流冲击角、大块石和腐蚀坑参数（即腐蚀坑的深度、长度和宽度）对管道应力影响规律。Zheng等[73]建立了考虑典型地质沉降和埋地管道局部腐蚀缺陷耦合效应的三维非线性管土耦合有限元模型，计算分析了地质沉降条件下X80管线钢腐蚀缺陷位置的力学分布和失效特征，并讨论了内压、沉降位移、腐蚀深度/宽度/长度、沉降带长度、埋深和土壤参数等的影响。Shuai等[74]建立了一种经水压爆破试验验证的三维非线性有限元计算模型，研究轴向应力和弯矩对腐蚀管道极限内压的影响规律，并通过一系列有限元实例，拟合建立了轴向压缩荷载和弯曲荷载共同作用下的含腐蚀缺陷管道极限内压预测模型。

然而，当前研究工作仅针对地质灾害或者管道单独建立安全评价与预警体系，并未围绕地质灾害—管道双目标建立面向损伤全过程的综合预警体系，直接影响了管道安全预警体系的效能。

（3）地质灾害—管道风险管控智能化建设研究概述。

山区管道沿线地质灾害风险管控的信息化、智能化是智慧管网建设的必要途径。谭超等[75]引入数据库、GIS相关理论、方法和技术分析手段，借鉴吸收国内外管道地质灾害风险管控的理念，力图形成系统的管道地质灾害风险管控的全域化认识，并详细阐述了山区油气管道地质环境风险管控平台的建设内容与流程。孟令时等[76]研发出基于物联网技术的管道监测预警与控制管理软件及相应系统平台，开发了基于B/S架构的长输管道监测系统，主要包括管道智能监测、GPS巡线人员监测管理和天然气实时监测功能，实现管道地理信息坐标、阴极保护通/断电位、杂散电流在线监测，并与现有管道完整性管理系统无缝集成，部分监测信息能够在已有的GIS模块中查询和展示。总体上讲，国内关于管道地质灾害的智能化建设尚不成熟，加快物联网技术、深度机器学习技术与地质灾害风险管控的有机融合，已经成为山区管道地质灾害风险管理的主要任务。

1.5 发展趋势

作为支撑我国气源供应的重要战略通道,管道承担了我国99%的天然气运输任务,提升典型地质灾害下天然气管道风险管控能力对于保障能源供应安全至关重要。长期以来,国内针对典型地质灾害作用下油气管道风险防控技术体系研究十分匮乏,与山地天然气管道高风险不匹配的矛盾十分突出。随着西南地区天然气管道建设规模的持续扩大,山地管道技术发展没有跟上山地管道建设速度的矛盾逐渐暴露。因此,形成管道风险科学评价、多维状态参数精准感知、多层级综合预警、风险信息智能化管理的山区天然气管道地质灾害一体化防控技术已经成为管道装备安全领域亟须解决的"卡脖子"问题。

为实现山区天然气管道地质灾害风险的有效防控,保障管道安全运营,必须攻克以下难题(图1-1)。

图1-1 管道地质灾害风险防控技术研发脉络

(1)认清山区地质灾害对埋地管道的损伤作用机理,着力解决"风险不可知不可控"问题。深入认识滑坡、泥石流和水毁典型地质灾害对天然气管道的损伤作用机理,是解决山区天然气管道风险不可知不可控问题的核心基础。因此,有必要开展典型地质灾害破坏管道的理论与试验研究,揭示山地地质灾害影响管道的风险特征,为建立评价管道易损性风险指标体系提供有力理论支撑,大幅提升定量风险评价的科学性与真实可靠性。

(2)研发复杂山区环境管道监检测系列技术,扩大并增强终端感知能力。在役油气管道敷设距离长、范围广,传统单一监测技术无法满足管道全线路覆盖的技术需求,难以适应复杂山区环境。因此,必须创新管道地质灾害风险检测与监测系列关键技术,形成以"全线路的地质灾害隐患智能识别、重点区域参数综合监测、特殊地段管道快速检测"为核心的技术体系，攻克尚未解决的监检测技术难题，填补管道全生命周期完整性管理"盲区"。精准获取地质灾害作用下表征管道安全状态的各类参数指标，为准确掌握山区地质灾害发展各阶段管道的安全状况提供有效技术手段。

（3）构建地质灾害与埋地管道综合作用的多层级综合预警体系。目前，传统单一监测指标与预警模型无法准确反映地质灾害作用下管道的真实安全状态。因此，有必要围绕地质灾害—管道双目标建立包括地质灾害发生可能性、发生规模，以及灾害体复杂载荷、管道本体缺陷等的多层级综合预警体系。从根本上解决典型地质灾害作用下定量评价管道安全的多指标体系缺乏，无法为采取主动防范措施提供可靠依据的难题。

（4）打造面向地质灾害—埋地管道的综合预警管控平台。研发山区天然气管道典型地质灾害风险识别、风险评价、监测预警、决策支持一体化和可视化的风险管控平台，实现地质灾害风险主动防控，推动管道智能化建设。挖掘海量数字资源，深度结合机器学习技术，构建智能化应用场景，打造全面纵深、快速迭代的智能化应用生态系统，在"云计算+边缘计算+传感终端"的大架构下呈现出智能自主响应和智能决策辅助两种智能化效果，着力解决"传统山区天然气管道地质灾害风险管控体系效能不够高"问题。

综上所述，围绕风险管控中的机理认识、检测监测装备、预警预测模型、信息化管控技术难点，在典型地质灾害下天然气管道风险防控技术方面需要开展以下工作：（1）研究地质灾害对管道的影响机理；（2）创新管道地质灾害风险检测与监测系列技术；（3）形成山区地质灾害作用下的天然气管道多维数据综合预警体系；（4）开发管道地质灾害风险防控信息化平台。

第 2 章 　地质灾害对管道影响机理

2.1 　滑坡对管道影响机理

2.1.1 　全尺度试验设计

天然气管道穿越滑坡隐患在地质灾害多发的西部山区尤为多见。滑坡的变形破坏会对输气管道的输送安全产生较大的威胁，一旦作用于管道上的最大附加应力超过了管道的许用应力，将使管道产生过量的位移或变形，甚至导致管道塑性屈曲和失稳破坏，严重危及管道和社会安全。

本节突破实际运营管道不允许出现险情和室内物理模型试验尺寸限制，开展了管道—滑坡相互作用大型原位物理模型试验。试验模型采用人工堆积体滑坡（10.0m×10.0m×5.0m）进行，内压为 2.5MPa 带压管道（长度 30m）埋置在滑坡体前部并横穿滑坡体（图 2-1）。试验中，通过滑坡前缘开挖和模拟降雨等方式促使滑坡变形，对坡体的位移、滑坡对管体压力，以及管体的应力和应变进行了监控量测。通过管道—滑坡相互作用大型原位物理模型试验，获取了管道横穿滑坡条件下管土相互位移与变形数据（图 2-2）。

图 2-1 　滑坡—管道相互作用大型物理模型试验

滑体土：一般黏土 + 碎石混合，主要为人工堆填土，管体周围排除碎石，控制压密程度。滑带土：为了使滑坡能够出现变形破坏，采用人工调配的方式配制由膨润土、细砂、滑石粉等组成的土体材料，满足力学参数较低的技术要求。

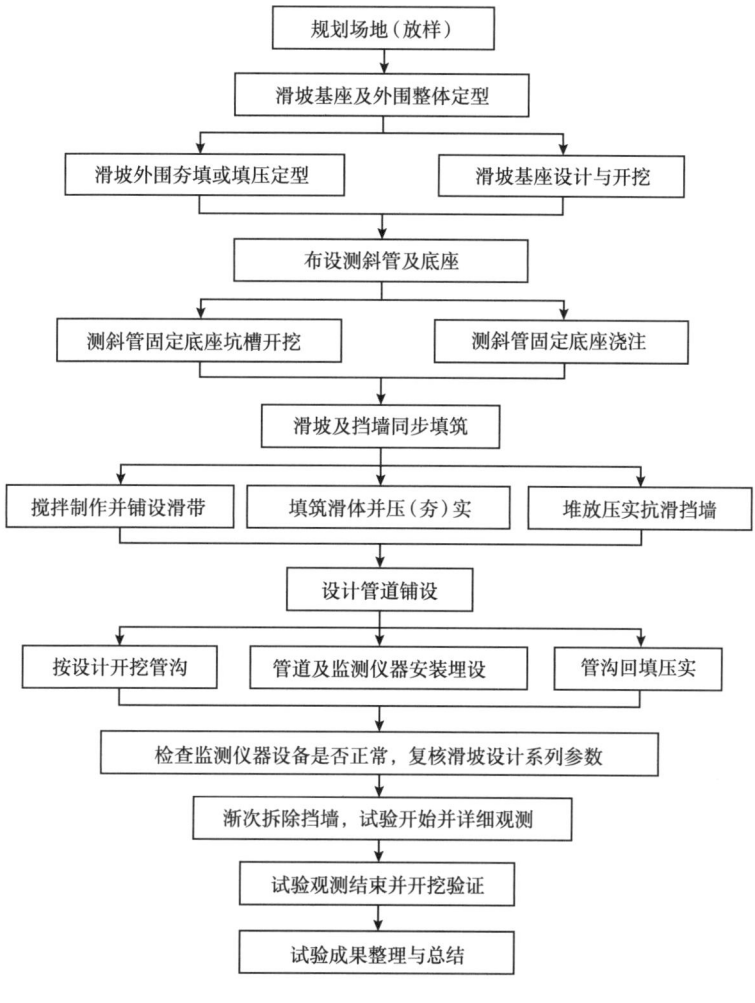

图 2-2 试验设计

钢号为 L245NB，规格为 $\phi 219mm \times 8mm$ 和 $\phi 325mm \times 8mm$，屈服强度为 350~370MPa，抗拉强度为 485MPa。试验的监测项目主要包括滑坡体的变形、土体对管道的压力和管道的应变三个方面。滑坡体变形监测使用数字式活动测斜仪（参数见表 2-1），土体对管道的压力监测使用振弦式二次感应土压力计（参数见表 2-2），管道的应变监测选用振弦式表面应变计（参数见表 2-2）。

表 2-1 数字式活动测斜仪参数

仪器名称	轮距	量程	分辨率	重复性	尺寸
数字式活动测斜仪	500mm	±53°	0.02mm/500mm	±0.01%F.S.	26mm×650mm

表 2-2 土压力计和应变计参数

仪器名称	测量范围	分辨率	综合误差
振弦式二次感应土压力计	0~4.0MPa	0.05%F.S.	1.5%F.S.
振弦式表面应变计	−1800~1200με	0.04%F.S.	1.5%F.S.

使用全站仪测量管道受滑坡作用后的变形情况；使用岩土力学性质多功能试验仪、应变控制式直剪仪、环刀固结压缩仪测量滑体、滑带及滑床的物理力学参数；使用智能超声波探伤仪对失效管道进行裂纹探测；使用金相显微镜对失效管道进行金相分析；使用微机控制电子万能试验机及冲击试验机对失效管道进行力学性能测试。滑坡设计方案示意图如图2-3所示。

模型一：平面形态采用簸箕形状（圈椅状）；堆土范围长×宽×厚=30m×15m×7m；滑体尺寸长×宽×厚=10m×8m×5m；滑面和坡面倾角为15°~20°；坡体容重、滑体力学参数，以及滑动面力学参数均采用现场取样实测；管道走向与主滑方向垂直；管道直径ϕ219mm，管道埋深1.2m，内压3MPa；管道两端各延伸出滑体11m，管道总长32m。

模型二：平面形态采用簸箕形状（圈椅状）；堆土范围长×宽×厚=30m×15m×7m；滑体尺寸长×宽×厚=10m×10m×5m；滑面和坡面倾角为15°~20°；坡体容重、滑体力学参数，以及滑动面力学参数均采用现场取样实测；管道走向与主滑方向垂直；管道直径ϕ325mm，管道埋深1.2m，内压3MPa；管道两端各延伸出滑体10m，管道总长30m。

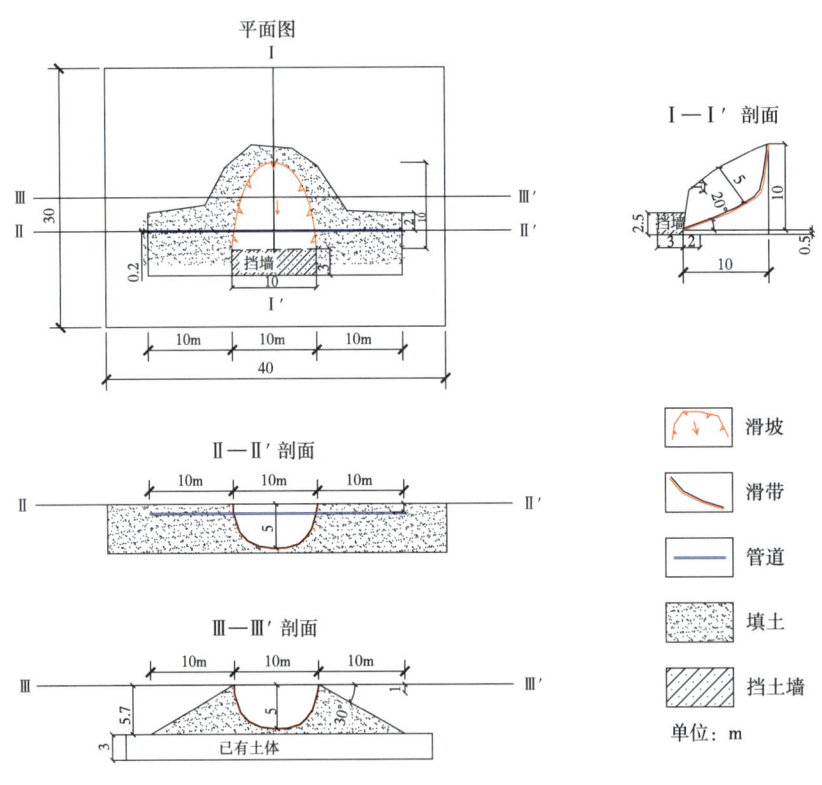

图2-3　滑坡设计方案示意图

（1）监测内容。

试验主要监测内容包括滑坡体自身表部和深部变形、管道应变和应力、管—土之间的相互作用力及滑坡体内部力的分布形式。

坡体表部变形：三条纵向（中部轴线有一条）观测线，管体沿线为一条横向观测线。

坡体深部变形：观测面为与坡表三条纵向观测线重合的三个纵剖面，观测深度大于滑动面。

管体应力或应变观测：管体的变形和破坏过程通过焊接在管道表面的应变传感器进行观测。观测点要布置在整个管道延伸方向上。

管—土之间的相互作用：管道内、外侧埋设振弦式土压力盒。

（2）监测周期和频率。

监测周期和频率应根据变形产生和发展特点来确定。坡体变形速率大，监测周期和频率则相应加大（图2-4至图2-7）。

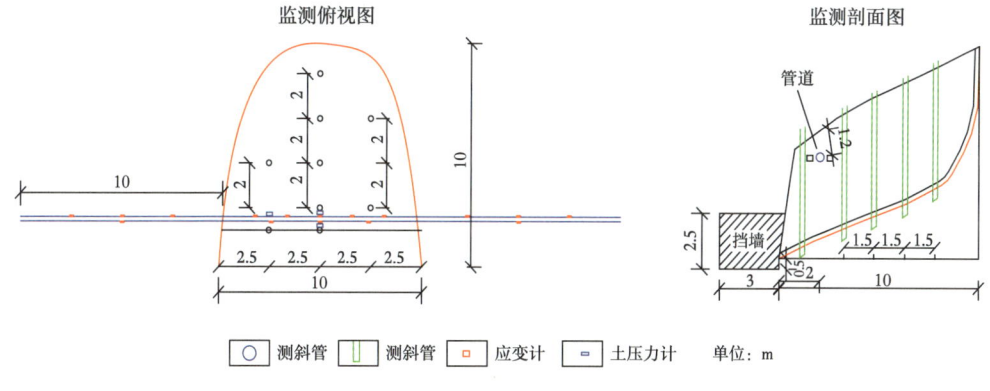

图2-4 滑坡监测布置示意图

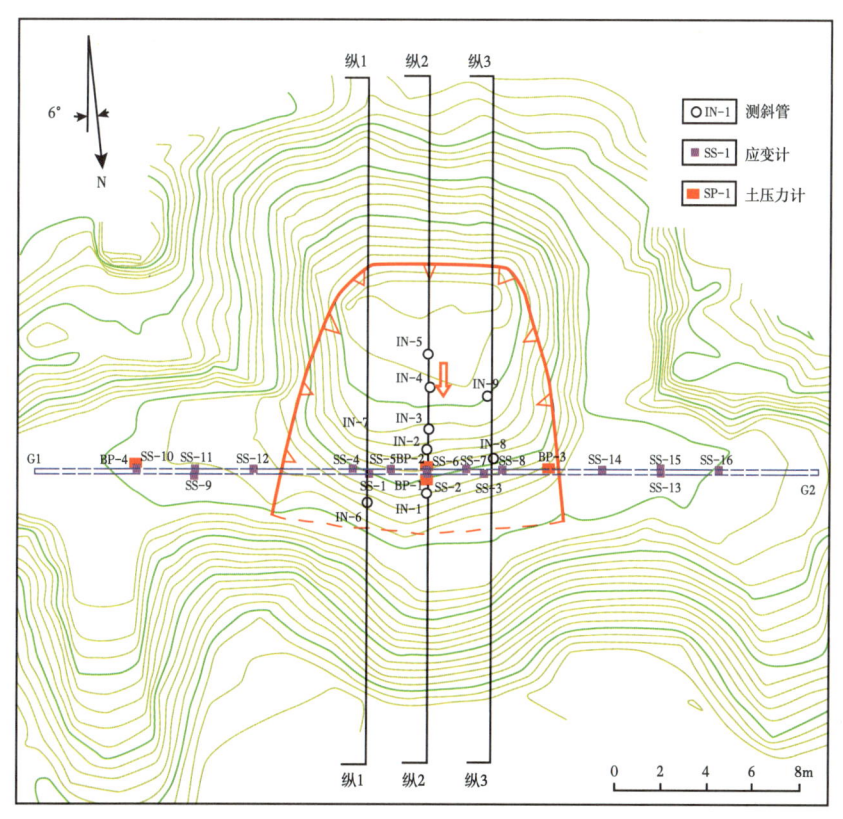

图2-5 模型1监测仪器布置平面图

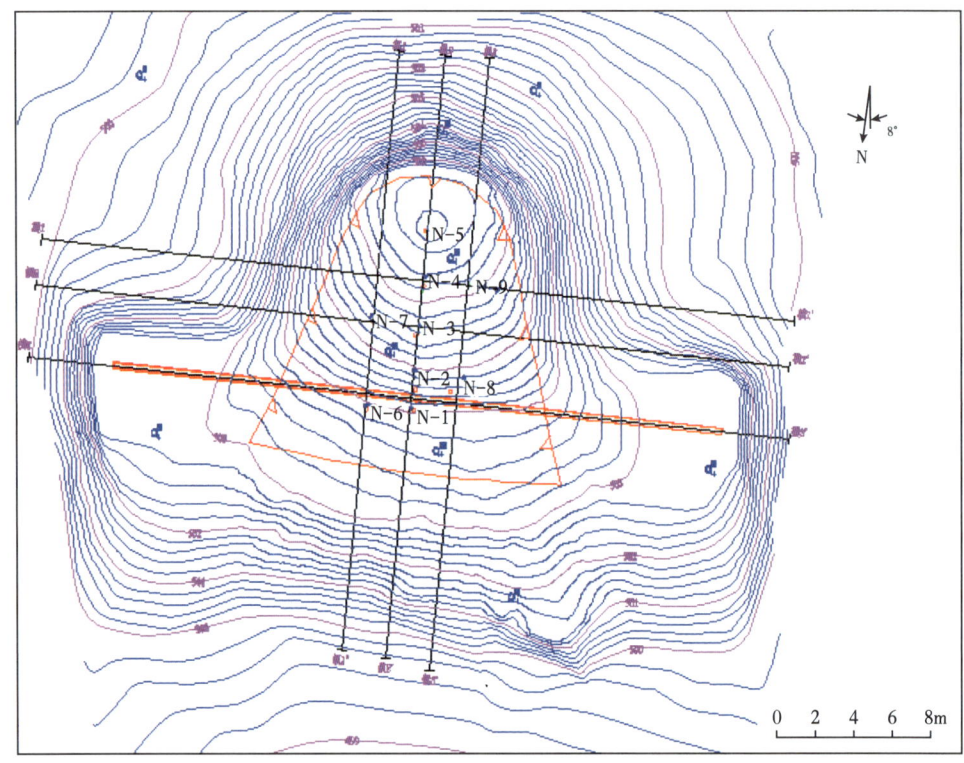

图 2-6 模型 2 测斜管布置平面图

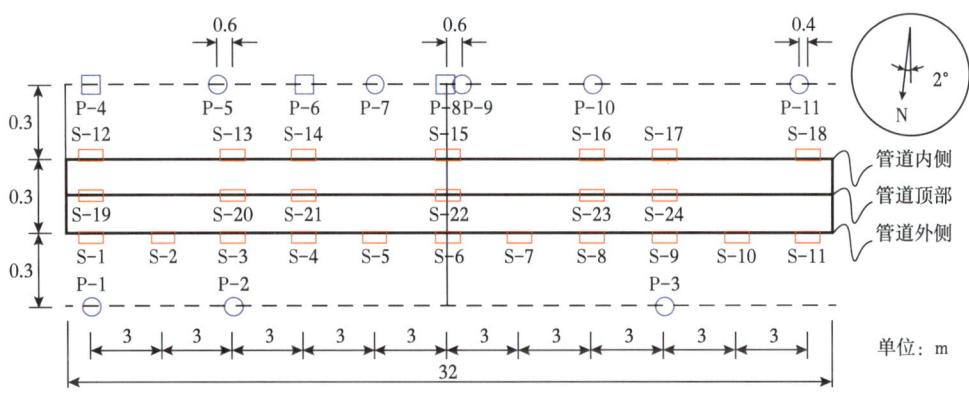

图 2-7 土压力计及应变计布置俯视图

2.1.2 管道与滑坡体变形分析

滑坡试验结束后,沿管沟将管道上部土体剥离使其暴露,直接观察发现管道的失效情况主要为梁式弯曲。管道变形的空间位移数据采用全站仪进行测量。如图 2-8 和图 2-9 所示,模型 1、模型 2 管道中部均产生较大的位移与变形。模型 1 管道除中部产生大变形外,两侧滑坡边界处也产生了较大变形。然而，模型2管道只在中部（滑坡中心位置）发生了大变形，在管道两端则产生了一定的位移。这说明模型2管道两端延伸长度不足，已受到滑坡区土体移动的影响。

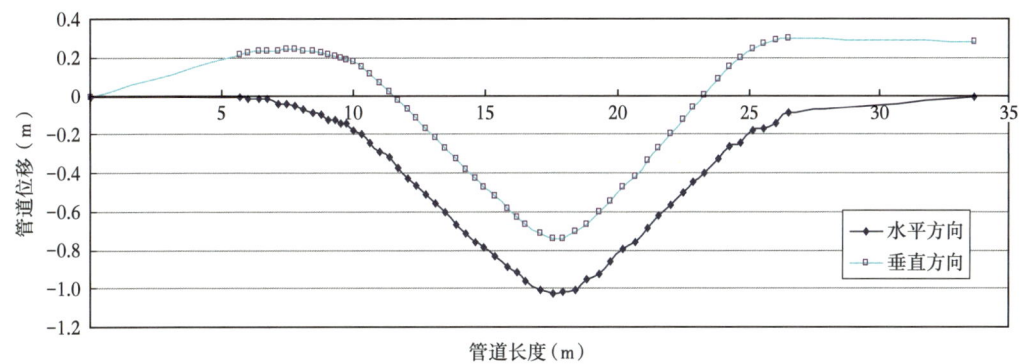

图2-8 模型1管道变形结果

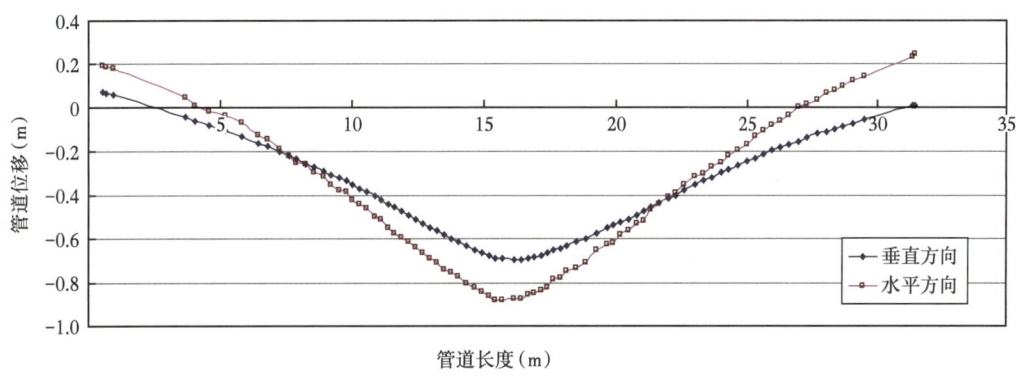

图2-9 模型2管道变形结果

模型1和模型2均采用测斜管监测了从模型建立到滑坡形成各个阶段坡体表部及深部位移情况。

坡体在形成后，经历了如下工况：第1次开挖→第2次开挖→注水促滑→第3次开挖→前缘垮塌土体清除→第4次开挖，以上工况均对坡体的变形状况有所影响。

测斜管IN-1、IN-2、IN-3、IN-6、IN-7、IN-8于2009年8月21日下午坡体前缘根部残留挡墙清除后坡体发生大变形而沿滑带剪断，根据9月3日至4日坡体开挖和各测斜管的剪断素描情况，将其剪断部位的水平位移加入相应的测斜仪数据中进行数据分析。由于8月21日下午至9月3日的各工况（第3次开挖→前缘垮塌土体清除→第4次开挖）发生的变形情况无法进行有效分离，故将其作为1个工况进行分析，因此，被剪断的各测斜管位移矢量反映的是8月21日下午至9月3日坡体综合变形情况。在数据处理过程中，以8月10日的监测数据作为基准值，各测斜管在观测时间内累计位移—孔深曲线如图2-10所示。

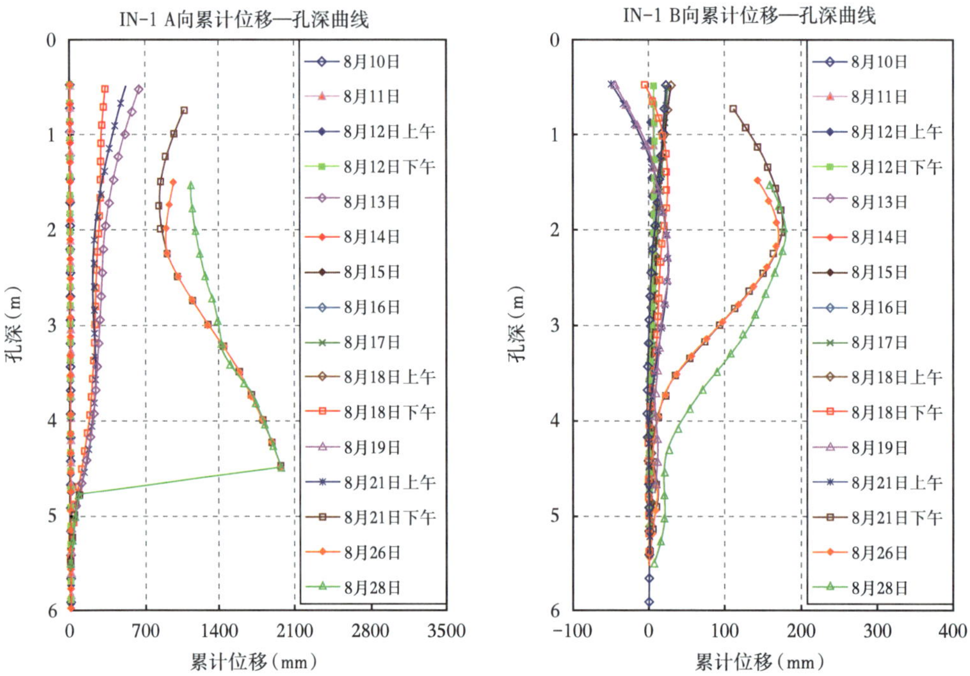

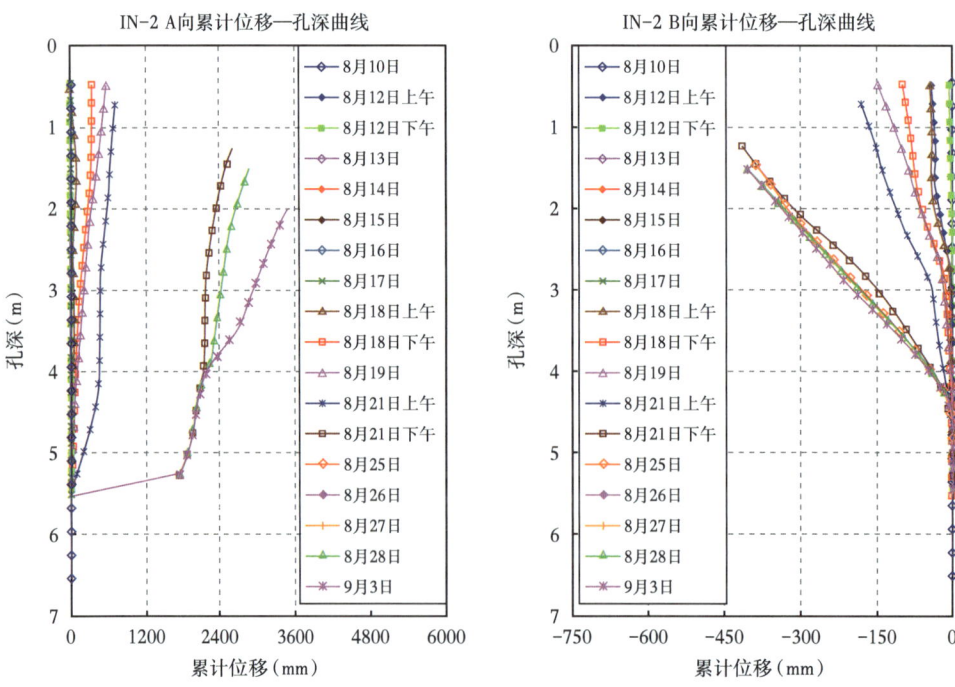

(a) IN-1 累计位移—孔深曲线

(b) IN-2 累计位移—孔深曲线

图 2-10 模型 1 各测斜管累计位移—孔深曲线

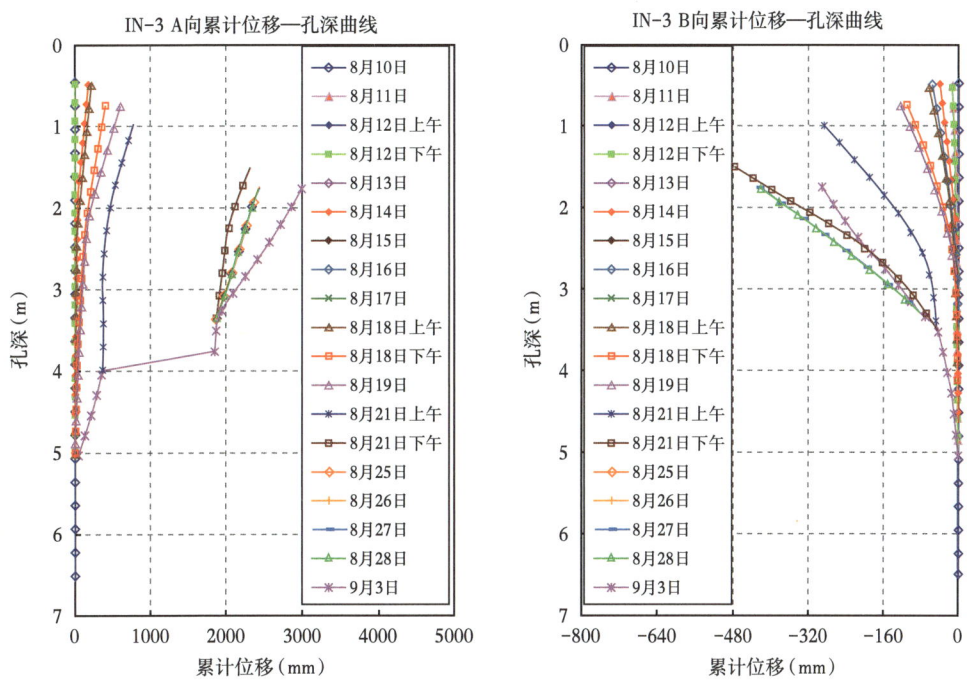

(c) IN-3 累计位移—孔深曲线

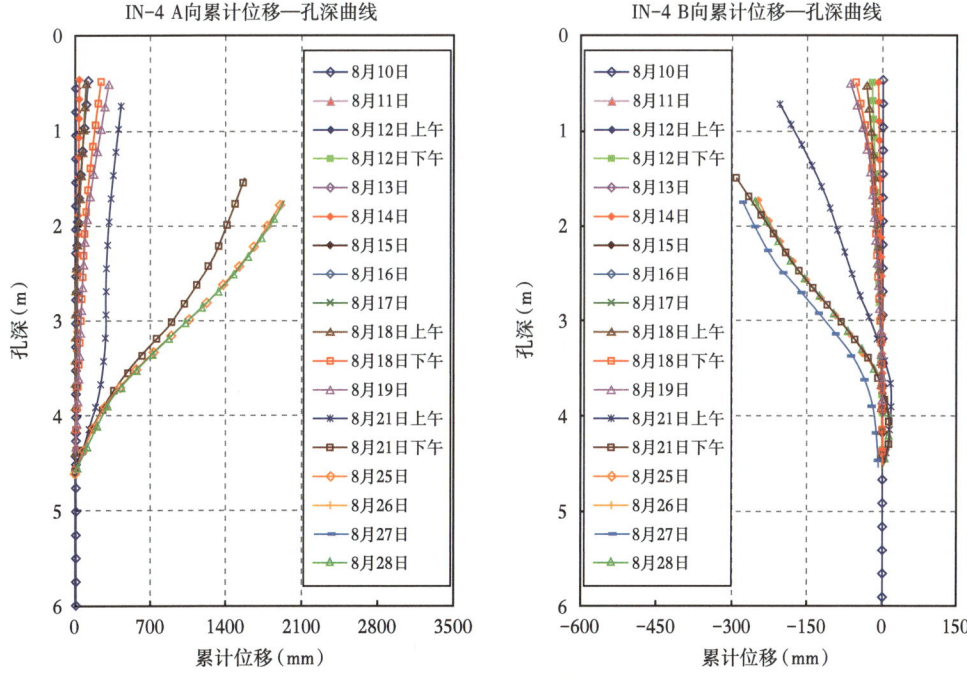

(d) IN-4 累计位移—孔深曲线

图 2-10　模型 1 各测斜管累计位移—孔深曲线（续图）

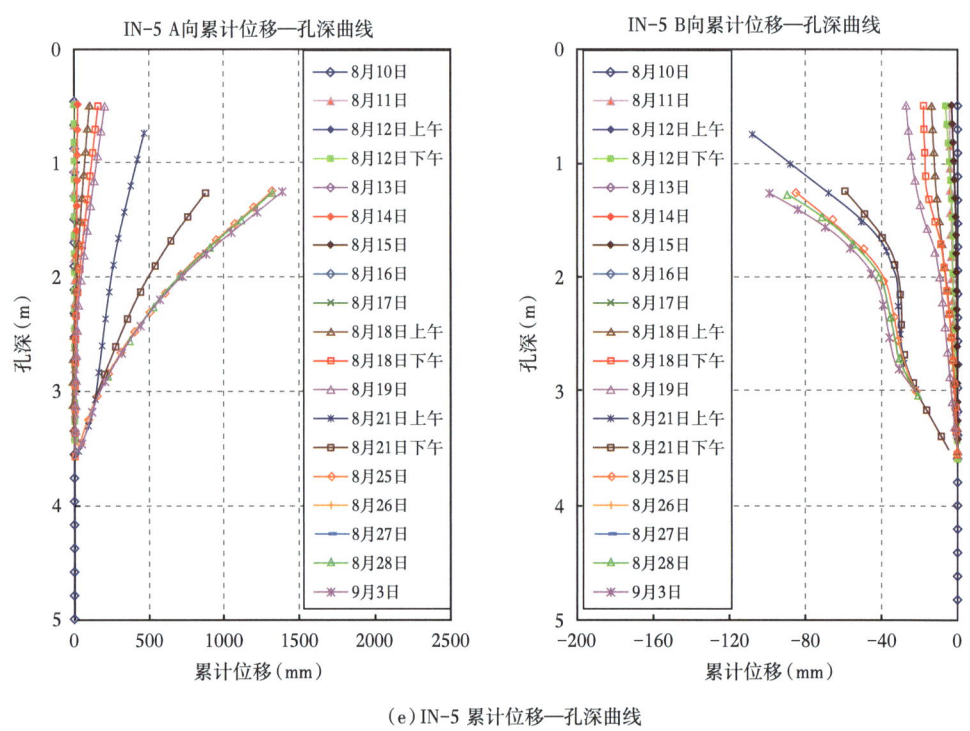

(e) IN-5 累计位移—孔深曲线

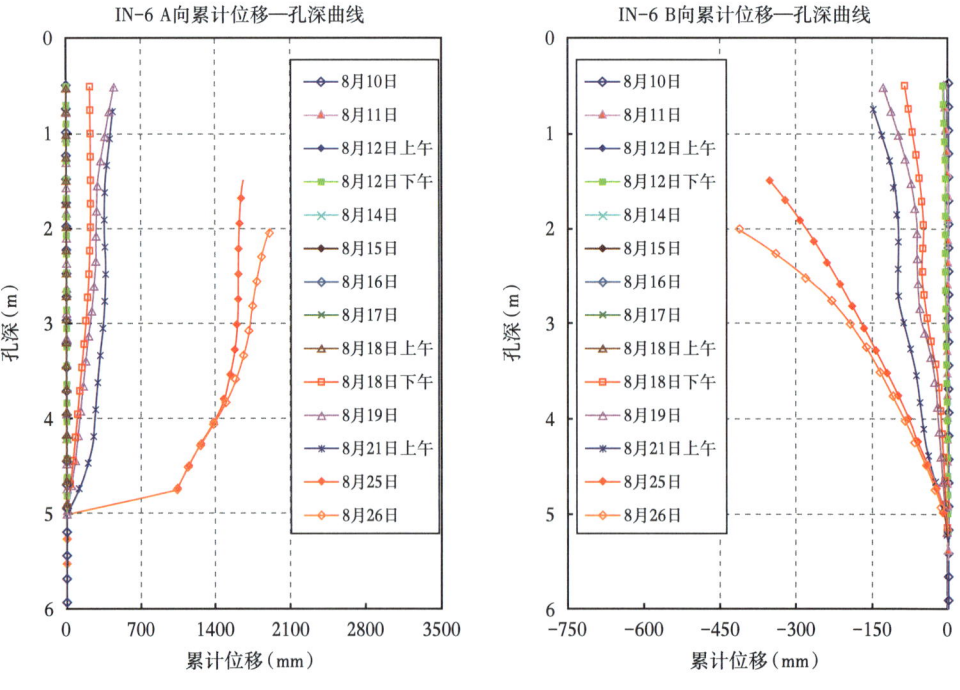

(f) IN-6 累计位移—孔深曲线

图 2-10　模型 1 各测斜管累计位移—孔深曲线（续图）

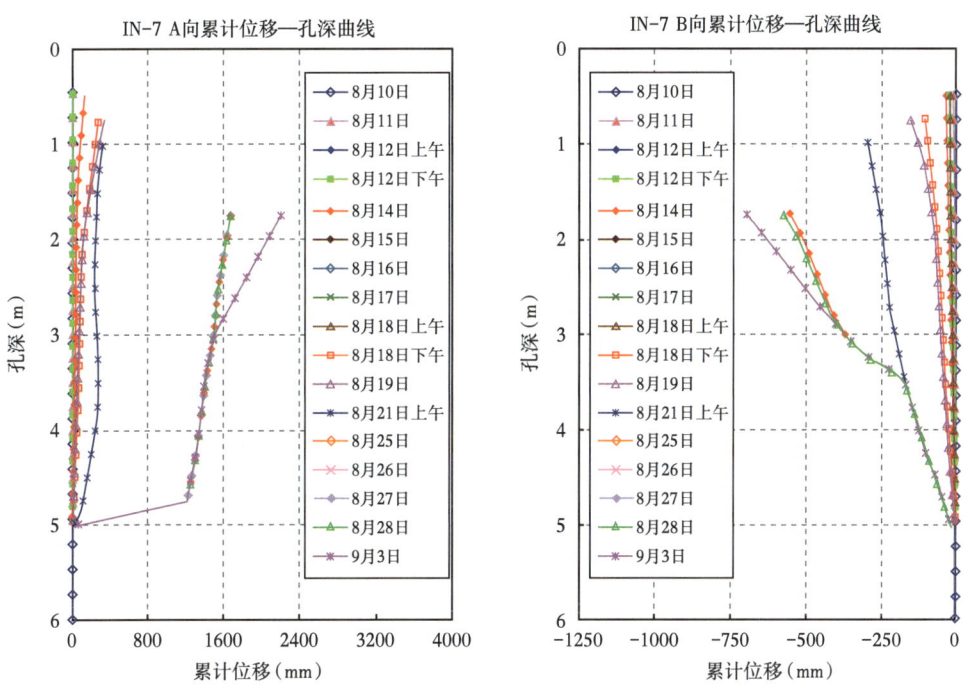

（g）IN-7 累计位移—孔深曲线

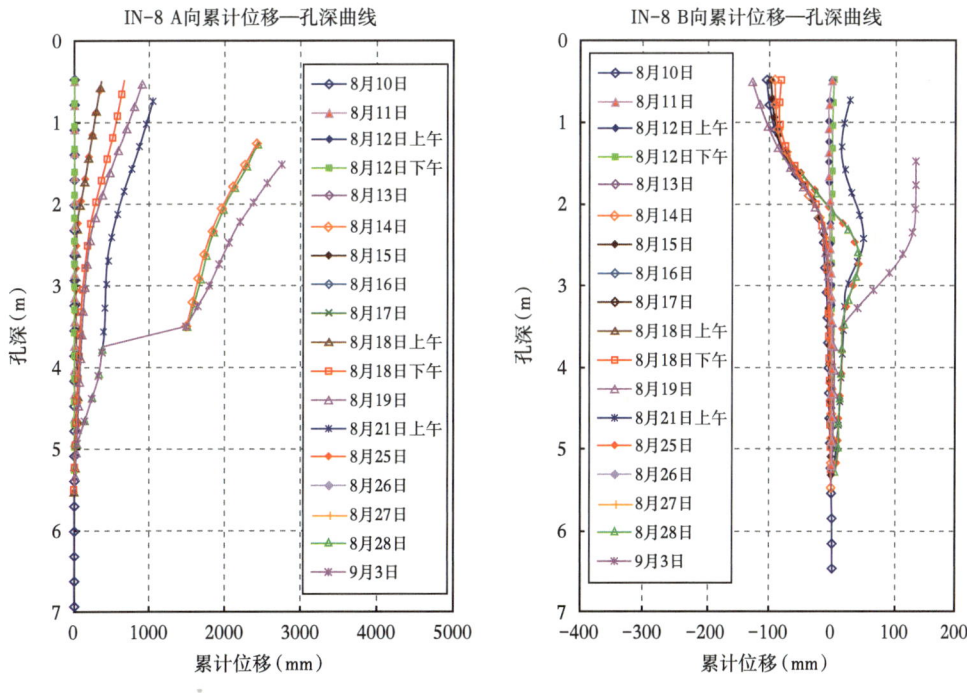

（h）IN-8 累计位移—孔深曲线

图 2-10　模型 1 各测斜管累计位移—孔深曲线（续图）

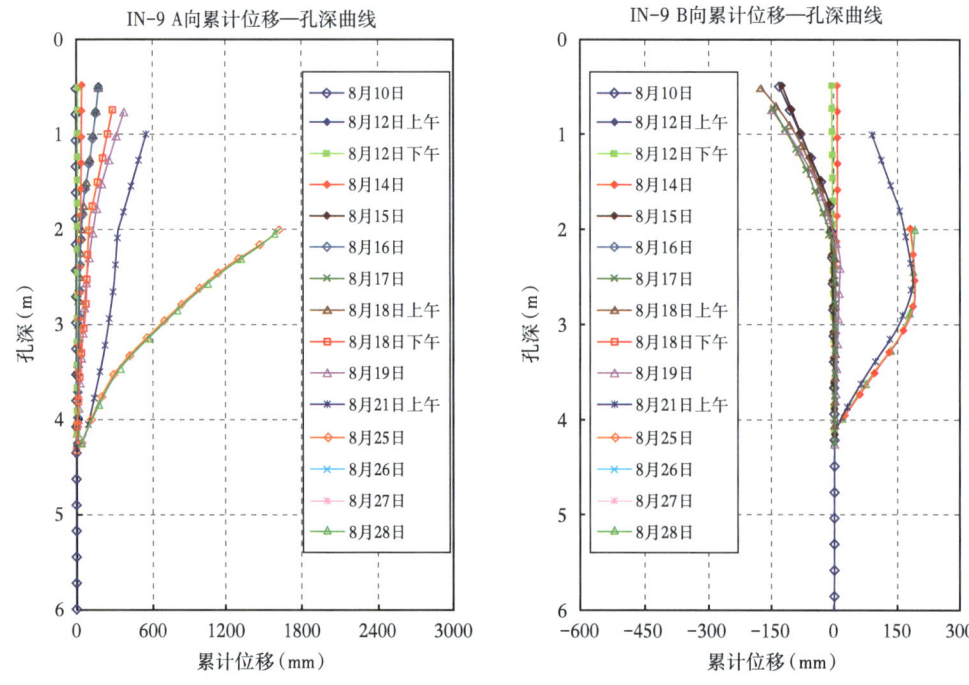

(i) IN-9 累计位移—孔深曲线

图 2-10 模型 1 各测斜管累计位移—孔深曲线（续图）

在滑坡演化过程中，IN-1、IN-2、IN-3、IN-6、IN-7、IN-8 均形成了较明显的滑面，而 IN-4、IN-5、IN-9 由于位于坡体后缘而未形成明显滑面。为了反映滑坡体表部的变形情况，统计了各测斜管的滑面深度、滑动合位移矢量、初滑时间及孔口最大合位移矢量特征，见表 2-3。图 2-11 展示了孔口累计位移随时间变化的曲线。

表 2-3 各测斜管主要监测指标

测斜管编号	初测深度（m）	滑面特征				孔口最大合位移特征		
		深度（m）	合位移（m）	方向	初滑时间	合位移（m）	方向	时间
IN-1	5.50	4.75	1.436	N5°E	9月21日下午	1.150	N4°E	8月28日下午
IN-2	5.50	5.50	1.660	N6°E	9月21日下午	3.498	N1°E	9月3日上午
IN-3	5.00	4.00	1.460	N6°E	9月21日下午	3.002	N1°E	9月3日上午
IN-4	4.50	潜在滑面在 4.0m 左右				1.974	N7°W	8月27日上午
IN-5	3.50	潜在滑面在 3.0m 左右				1.383	N2°E	9月3日上午
IN-6	5.50	5.00	0.930	N10°E	9月21日下午	1.960	N1°W	8月26日下午
IN-7	5.00	5.00	1.099	N11°E	9月21日下午	2.302	N5°W	9月3日上午
IN-8	5.50	3.75	1.085	N8°E	9月21日下午	2.740	N10°E	9月3日上午
IN-9	4.25	潜在滑面在 4.0m 左右				1.650	N17°E	8月27日上午

注：以 8 月 10 日监测值为基准。

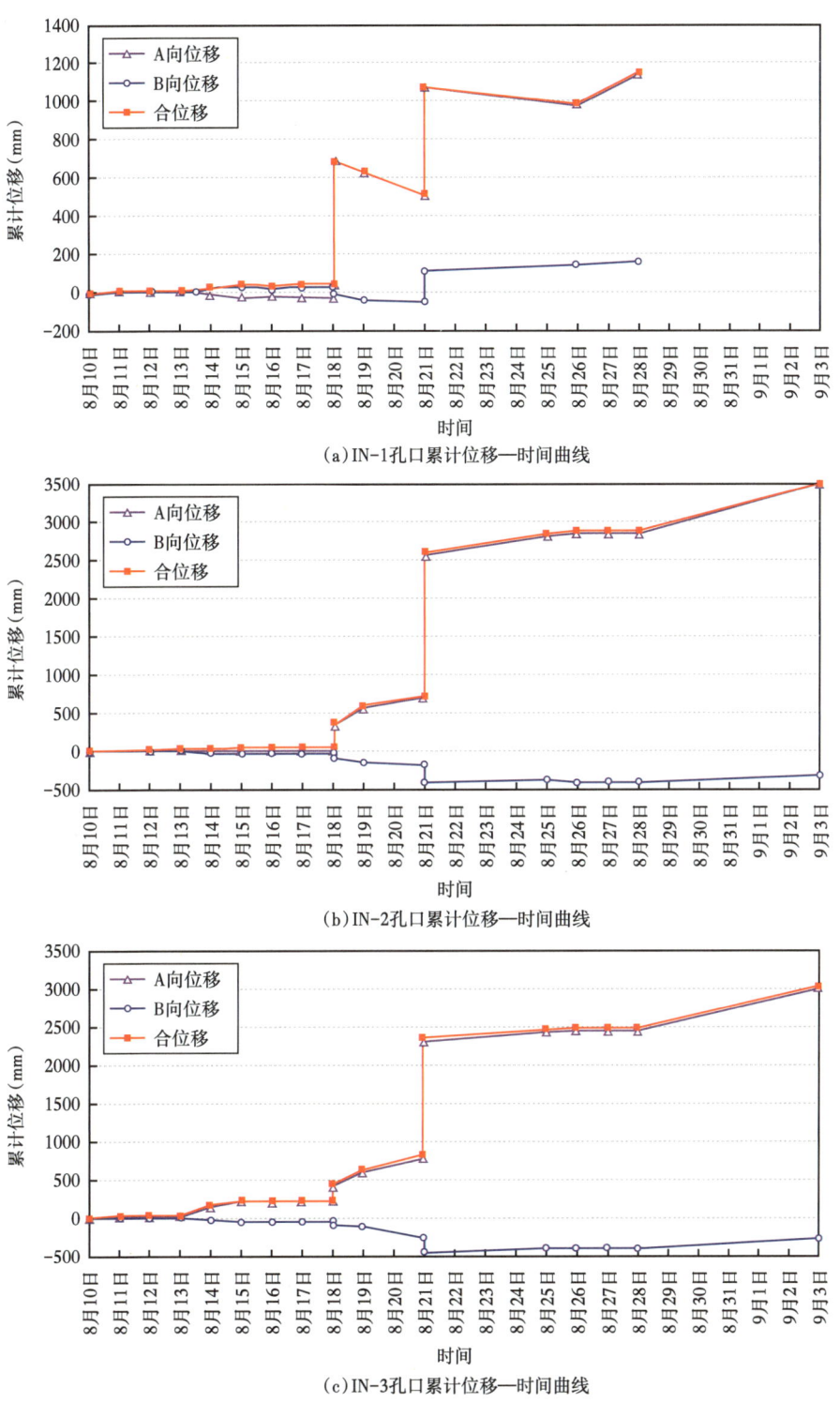

(a) IN-1孔口累计位移—时间曲线

(b) IN-2孔口累计位移—时间曲线

(c) IN-3孔口累计位移—时间曲线

图 2-11　各测斜孔孔口处累计位移—时间曲线

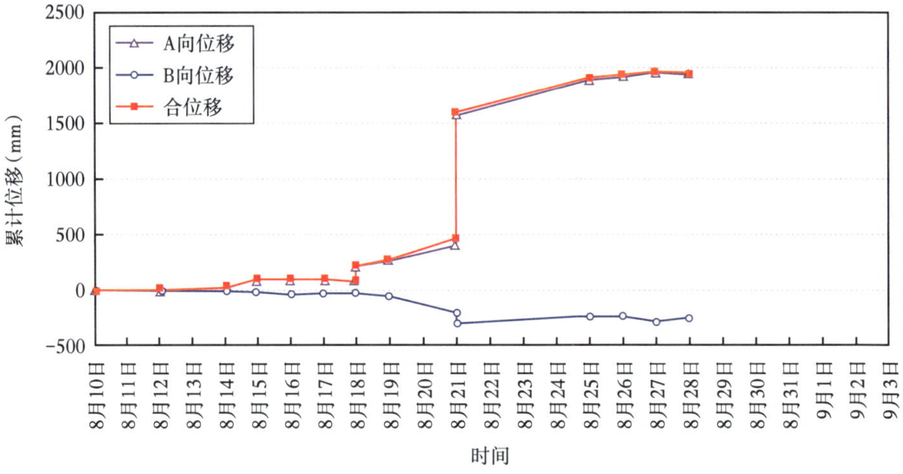

(d) IN-4孔口累计位移—时间曲线

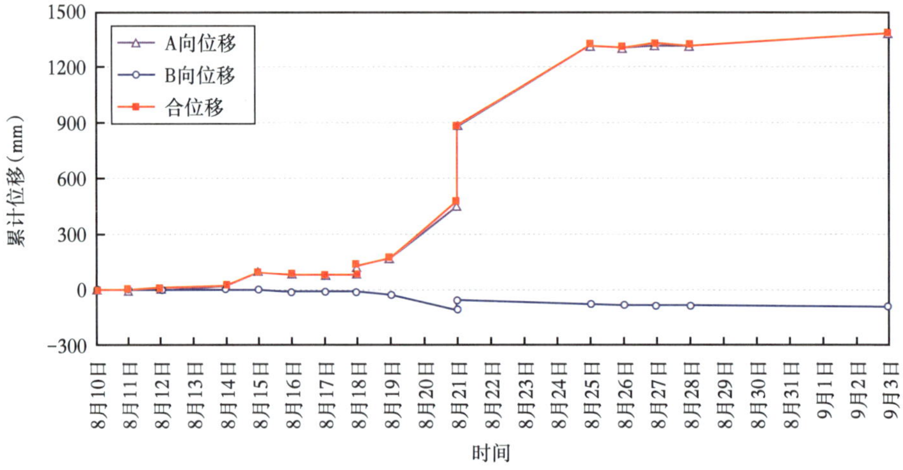

(e) IN-5孔口累计位移—时间曲线

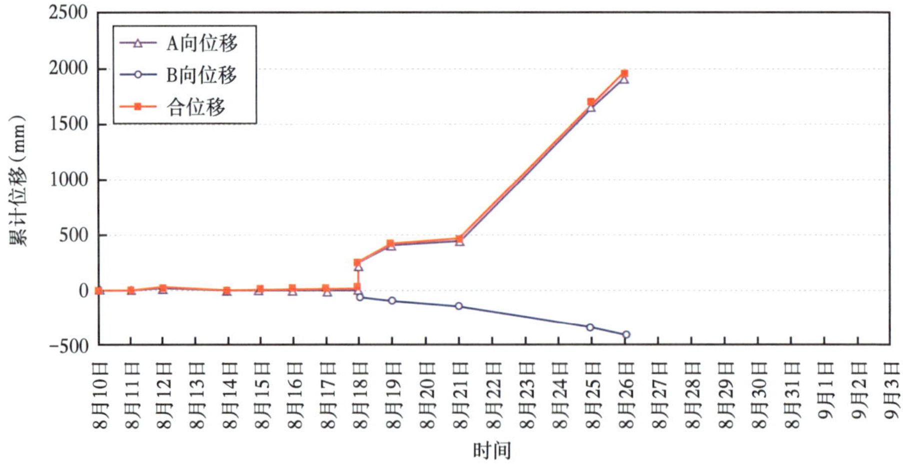

(f) IN-6孔口累计位移—时间曲线

图 2-11　各测斜孔孔口处累计位移—时间曲线（续图）

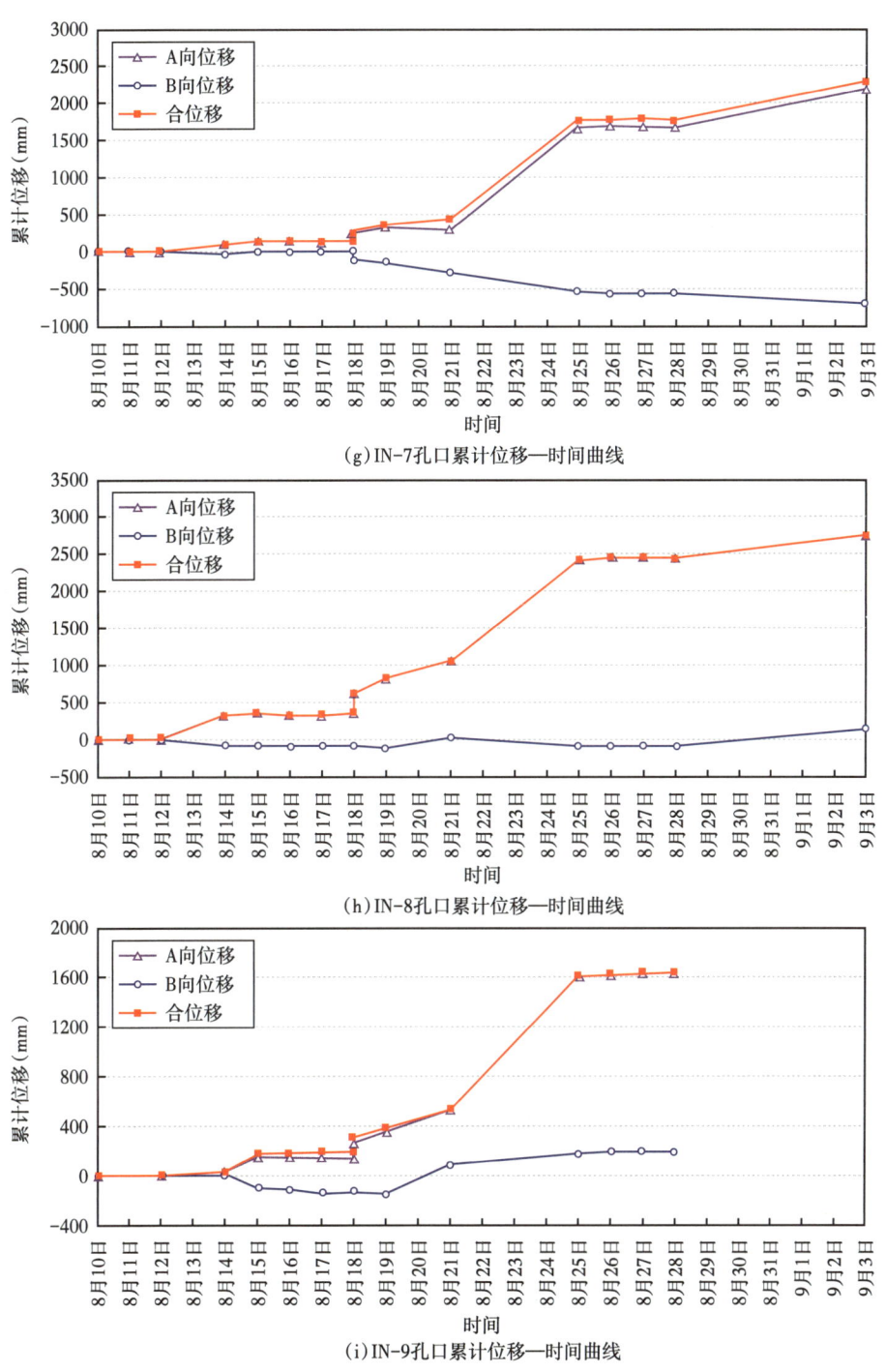

(g) IN-7孔口累计位移—时间曲线

(h) IN-8孔口累计位移—时间曲线

(i) IN-9孔口累计位移—时间曲线

图 2-11　各测斜孔孔口处累计位移—时间曲线（续图）

8月17日下午，第1次开挖；8月18日上午，第2次开挖；8月20日，注水促滑；8月21日下午，第3次开挖；8月28日上午，清除前缘垮土；9月2日下午，第4次开挖

结合现场试验观察，并由图 2-10 和图 2-11 可知，每一阶段滑坡均表现出了不同的变形破坏特点。

（1）第 1 次开挖阶段。

第一次开挖工作主要是全部清除原地面以上挡墙，在距坡体前缘 3m 处开挖一比滑坡宽度略宽、比滑面深度略深的通槽。虽然滑坡存在高约 3m 的临空面，临空坡度也较陡（约 40°），且前缘通槽也使滑坡临空，但由于滑带前缘至通槽临空面还有一宽 3~4m、高 2m 左右的挡墙带支撑，因此，坡体几乎没有表现出任何明显变形破坏现象。

（2）第 2 次开挖阶段。

在第 1 次开挖的基础上对滑坡体前缘进行了第 2 次开挖，将前缘地面以下挡墙全部去除，由于坡体临空面较陡，开挖过程中前缘陡立处出现垮塌现象，垮塌范围呈近似弧形，坡面产生 6 条弧形裂缝，裂缝规模由坡体前缘向后缘逐渐变小。测斜管位移监测显示，本次开挖坡体位移存在一增大突变，且突变量值从滑坡前缘向后缘逐渐减小。如中轴线管道后侧的测斜管 IN-2~IN-5，刚开挖完成后的孔口位移增量 IN-2 为 34.4cm，IN-3 为 22.1cm，IN-4 为 12.2cm，IN-5 的位移增量为 5.8cm。至各测斜管监测数据趋于稳定即本阶段结束，IN-2~IN-5 测斜管孔口位移相对第 1 次开挖增量分别为 56.8cm、41.1cm、17.7cm 和 8.9cm。另外，从深部位移来看，由于本次开挖实际上前缘根部还有原地面以下残留土起到抗滑键作用，因此，坡体深部变形除了位于管道前侧的 IN-1 和 IN-6 测斜管显示深部靠近设计滑带出现明显变形外，管道后侧的滑坡体深部变形均主要集中在坡体 2~3m 深度以上，越靠近坡体后部越浅。符合斜坡越靠近临空面卸荷调整越强的特点。

（3）注水促滑阶段。

在此阶段，各测斜管孔口水平方向变形加大，但增大幅度小于第 2 次开挖所引起的变形，且量值变化总体上是后部变化大于前部。如中轴线上测斜管 IN-2~IN-5，其孔口水平方向变形增量分别为 12.4cm、16.4cm、14.8cm 和 28.9cm。另外，本阶段表现比较明显的另一方面就是深度 2~3m 以下出现了水平方向位移明显增大，甚至增幅大于浅部。由以上现象判断，此阶段管道的抗滑支挡作用开始显现。水的渗入使滑带强度下降，促滑作用明显。滑体深部水平方向位移加大也说明沿管道下部土体开始出现挤出变形。

（4）第 3 次开挖阶段（清除残留挡墙）。

此阶段向坡内清除土方，挖到滑带出露。坡体前缘出现明显滑塌，坡体整体表现出强烈变形，管道前侧出现与管道大角度斜交裂缝。从水平位移监测结果来看，轴线上孔口最大水平位移达 214.5cm（IN-2），后缘量值达 86.5cm。根据测斜监测结果及开挖验证，本阶段大变形导致除后缘 IN-5 和 IN-9 测斜管外的其他测斜管发生沿滑带位置剪断。剪断后的监测曲线显示，管道下方土体挤出现象更为明显。

（5）前缘垮塌土体清除。

在第 3 次开挖观测完成后，试验本可以结束，但为了进一步观察管道的变形情况，于 8 月 28 日对滑坡前缘滑塌土体进行了一次清除，减少对滑坡滑动的影响。本次工作完成后，坡体又出现了一定程度的变形，但量值变化与前述相比已大大减小。

（6）第 4 次开挖。

第 4 次开挖的目的是进一步观察管道悬空时的受力和变形情况。由于此时管道变形较大，管体上的应变计多数已超量程或破坏，测斜管被剪断后的观测已无法真实反映实际相对位移，因此，本阶段只能起到观察效果。

总之，根据坡体变形破坏现象及变形观测成果可知，滑坡的变形和破坏与其临空条件密切相关，地下水对其也有一定程度的影响，这些特点与一般滑坡特征相似。对于存在油气管道的滑坡，由于油气管道较大的抗滑阻挡作用，下滑坡体出现变形破坏方式的分异现象。以管道为界，管道后侧的土体一部分向管道上部漂移（滑动），一部分向管道下部挤出。管道上部的土体在临空条件具备的情况下，出现沿管道上方向前滑动的次级滑塌体。

模型2共安装了9支测斜管，2009年9月28日开始观测，至10月22日观测结束，共计观测19次。

以9月28日的监测数据作为基准值，后期观测的监测数据与该基准值相对比，得到各测斜管在滑坡演化过程中的变形数据。结合10月22日坡体开挖所得测斜管的断面素描情况，对测斜管N-3、N-7的监测数据进行了修正。各测斜管在观测时间内的累计位移—孔深曲线如图2-12所示。

由于9月29日开挖管道坑槽的原因，导致位于坑槽前侧的测斜管N-1、N-6向管道坑槽方向运动，A向位移分别为-206mm、-70mm，9月29日的土体回填对该2支测斜管的位移影响不大。由于基准值取值为9月28日测值，从而导致测斜管N-1、N-6的A向累计位移呈现为负值，且后期管道的沉降对该2支测斜管A向累计位移为负值也有贡献。虽然10月8日上午进行了第1次开挖，该2支测斜管向坡体前缘有所位移，但位移量较小，总体上仍没有改变该2支测斜管的A向累计位移为负值的趋势。

由于测斜管N-1、N-2、N-6、N-8于10月10日上午第2次开挖后损坏，导致后期的注水促滑，第3次、第4次开挖均无监测数据，因此其坡表最大位移并不能反映滑坡演化过程中的整体变化。在该4支测斜管有效工作时段内，其最大合位移矢量分别为0.207m（S20°W，9月30日上午）、0.807m（N1°E，10月9日上午）、0.091m（S40°W，10月8日上午）、1.035m（N33°E，10月9日下午），由于该4支测斜管位于坡体前缘，且位于管道两侧，其位移量值及矢量方向均受开挖管道坑槽及管道受力的影响较大，其累计位移—孔深曲线显示该4支测斜管均在埋深2.0m（对应管道埋深1.5m）处产生较大变形，而测斜管埋深2.0m以下变形相对较小。

测斜管N-3、N-4、N-5、N-7、N-9在滑坡演化过程中均有效工作，该5支测斜管坡表的位移矢量特征可以反映滑坡演化过程中坡表岩土体的位移特征，其最大合位移矢量分别为1.799m（N8°E，10月20日下午）、1.127m（N2°W，10月21日下午）、0.435m（N6°E，10月21日上午）、1.863m（N3°W，10月22日下午）、0.718m（N12°E，10月21日下午），该5支测斜管的监测数据反映出坡体越向后缘坡表位移量值越小，坡体主轴线附近的岩土体沿滑动方向向前运动，两侧岩土体向坡体中前方运动，总体来看，各测斜管孔口位移在10月12日至14日的注水促滑工况发生的变化最大。

为了反映滑坡体表部的变形情况，统计了各测斜管的滑面深度、滑动合位移矢量、初滑时间及孔口最大合位移矢量特征，见表2-4。图2-13表示了孔口累计位移随时间变化的曲线。

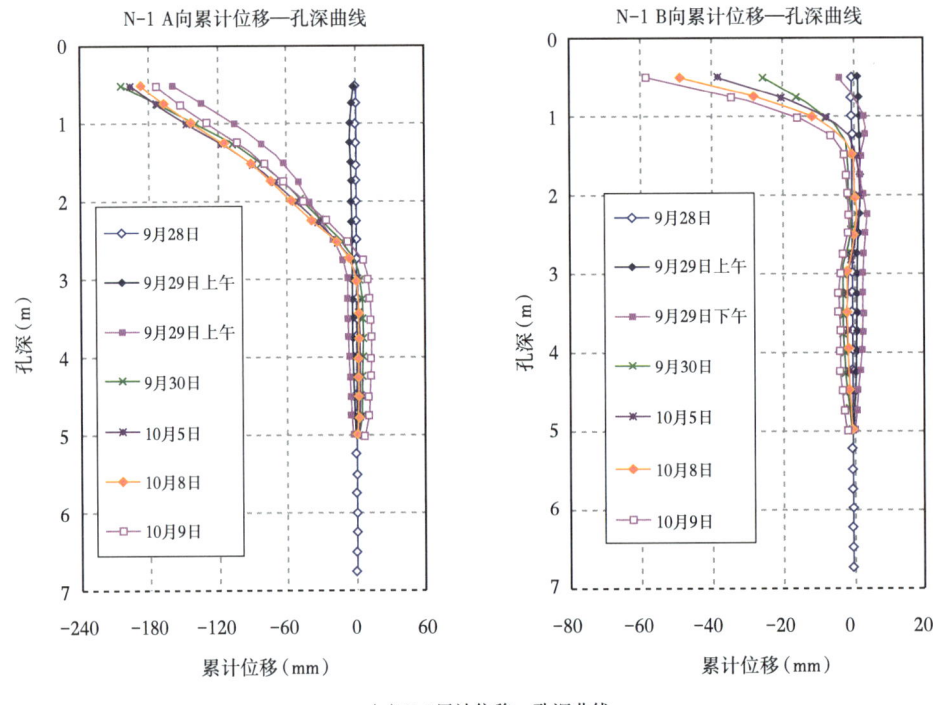

(a)N-1累计位移—孔深曲线

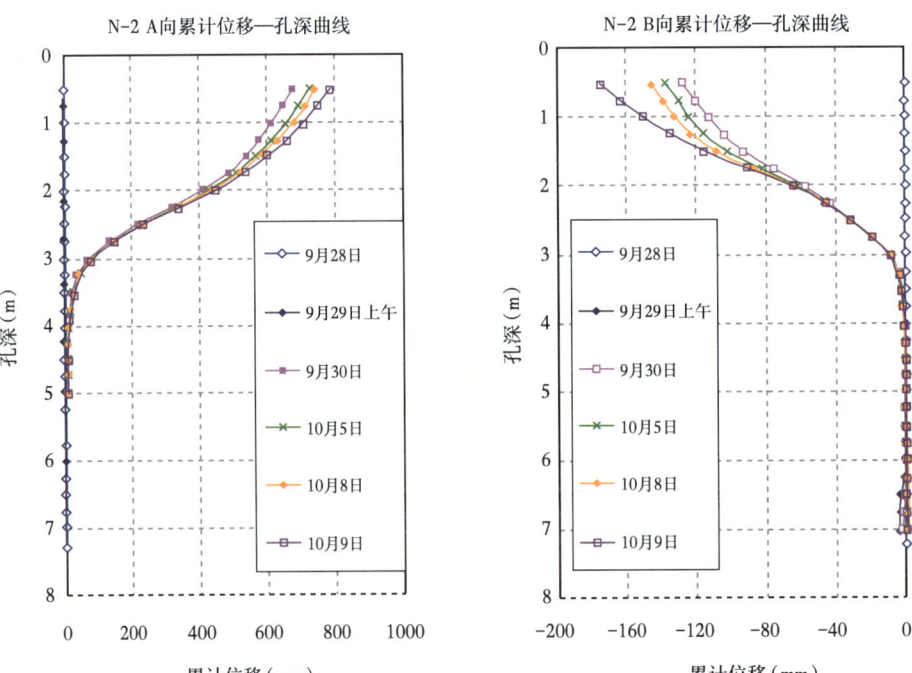

(b)N-2累计位移—孔深曲线

图 2-12 模型 2 各测斜管累计位移—孔深曲线

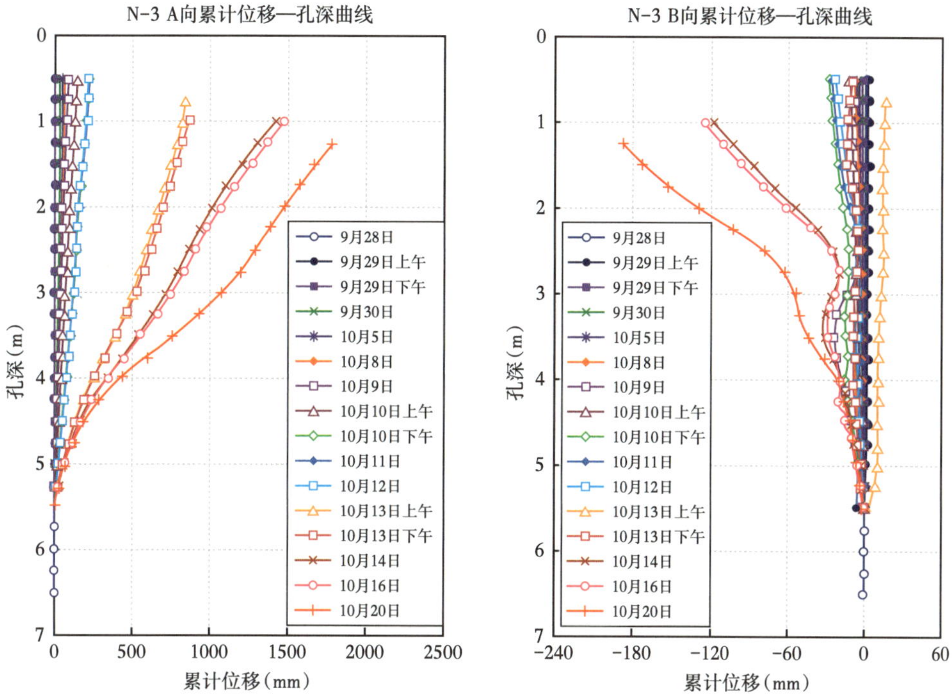

(c) N-3累计位移—孔深曲线

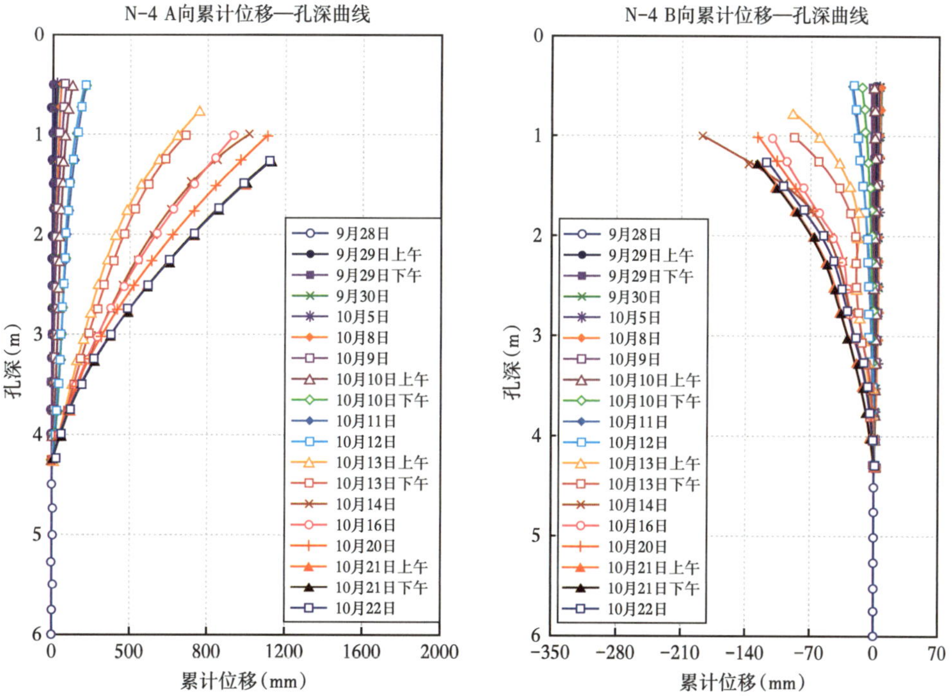

(d) N-4累计位移—孔深曲线

图2-12 模型2各测斜管累计位移—孔深曲线（续图）

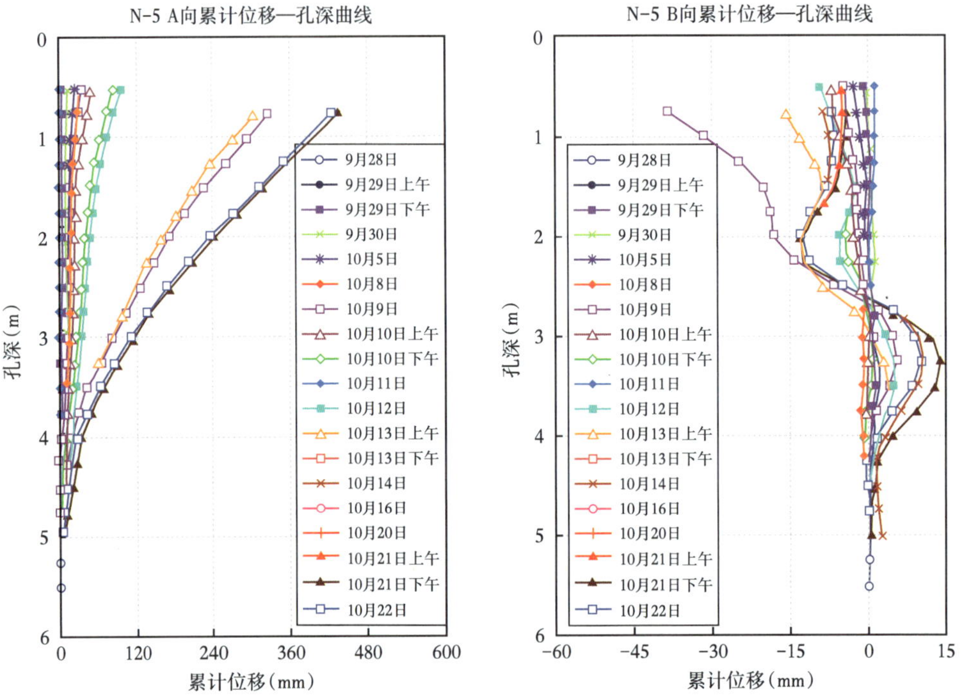

(e) N-5累计位移—孔深曲线

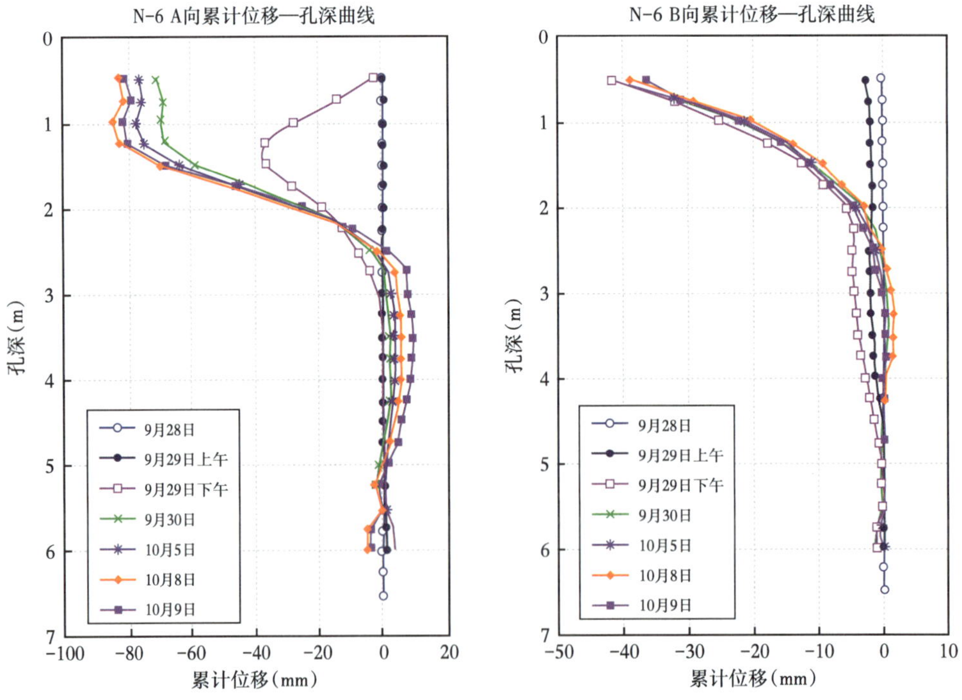

(f) N-6累计位移—孔深曲线

图2-12 模型2各测斜管累计位移—孔深曲线（续图）

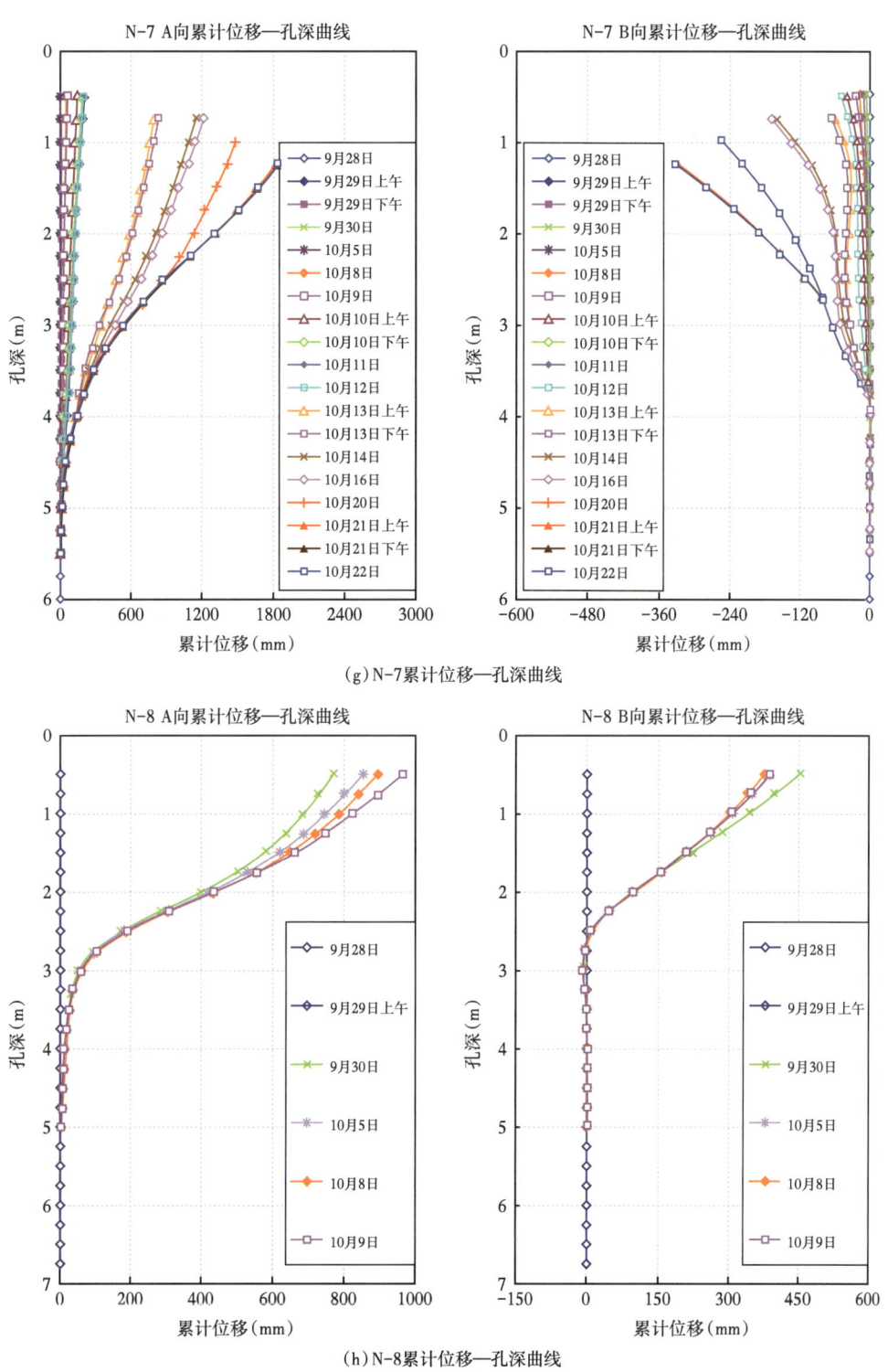

(g) N-7累计位移—孔深曲线

(h) N-8累计位移—孔深曲线

图2-12 模型2各测斜管累计位移—孔深曲线（续图）

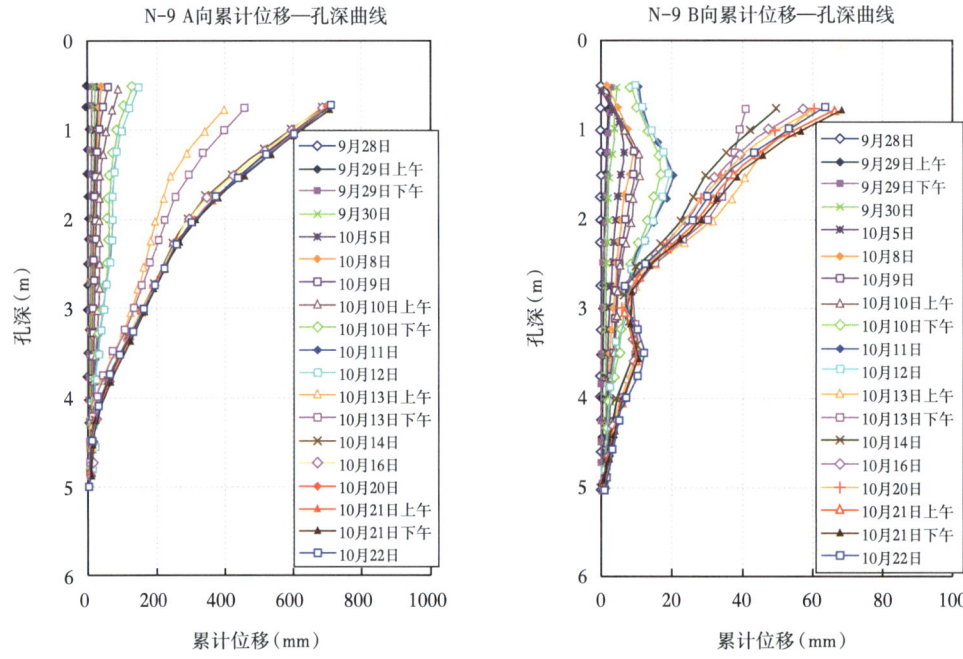

(i)N-9累计位移—孔深曲线

图2-12 模型2各测斜管累计位移—孔深曲线(续图)

表2-4 各测斜管主要监测指标

测斜管编号	初测深度（m）	孔口最大合位移特征		
		合位移（m）	方向	时间
N-1	5.00	0.207	S20°W	9月30日上午
N-2	7.00	0.807	N1°E	10月9日上午
N-3	5.50	1.799	N8°E	10月20日下午
N-4	4.25	1.127	N2°W	10月21日下午
N-5	5.00	0.435	N6°E	10月21日上午
N-6	6.00	0.091	S40°W	10月8日上午
N-7	5.50	1.863	N3°W	10月22日下午
N-8	5.00	1.035	N33°E	10月9日下午
N-9	5.00	0.718	N12°E	10月21日下午

注：以9月28日测值为基准。

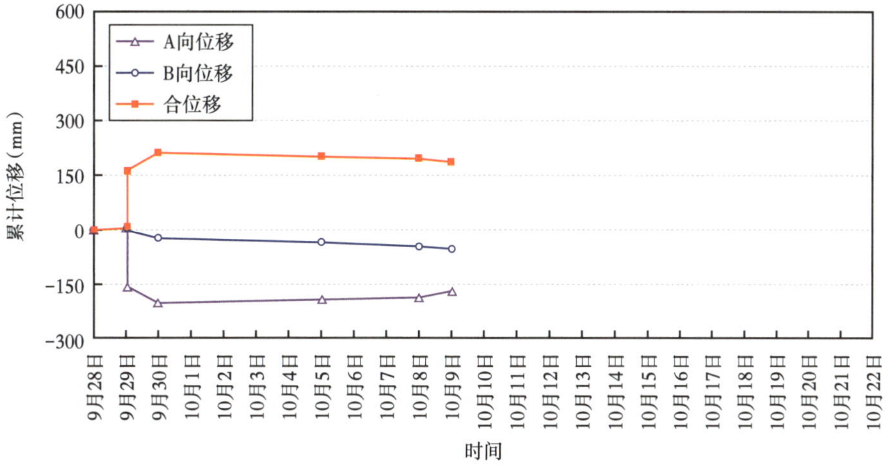

第 2 章 地质灾害对管道影响机理

(a) N-1孔口累计位移—时间曲线

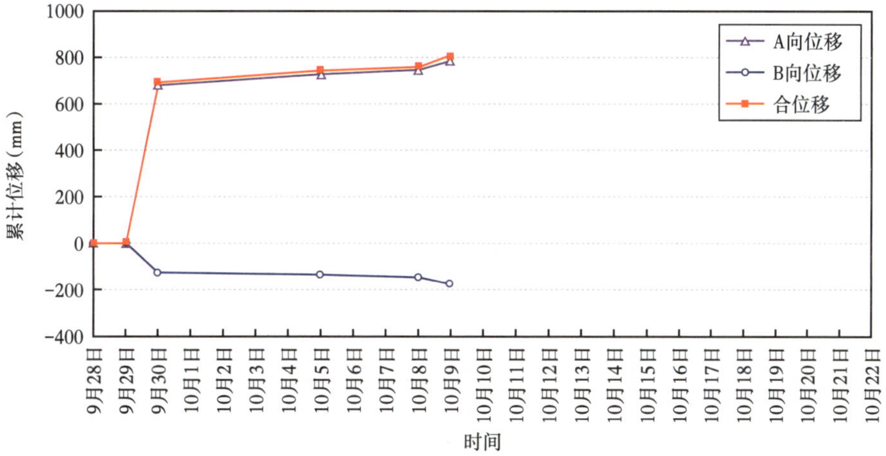

(b) N-2孔口累计位移—时间曲线

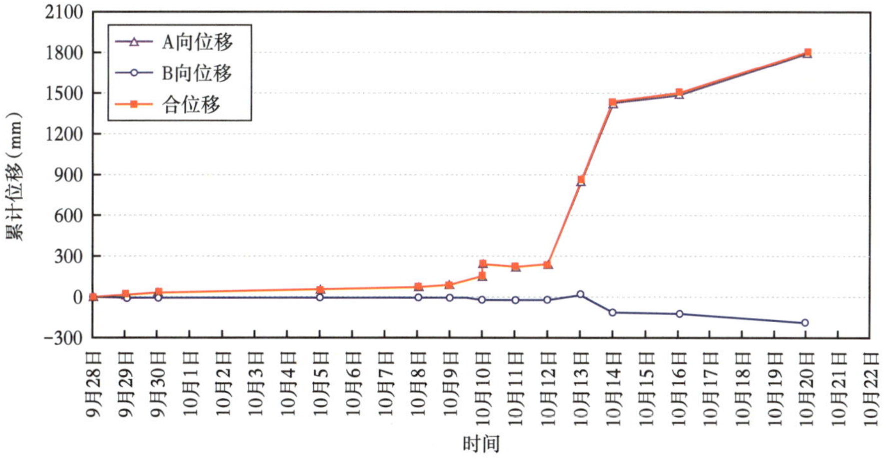

(c) N-3孔口累计位移—时间曲线

图 2-13 各测斜孔孔口处累计位移—时间曲线

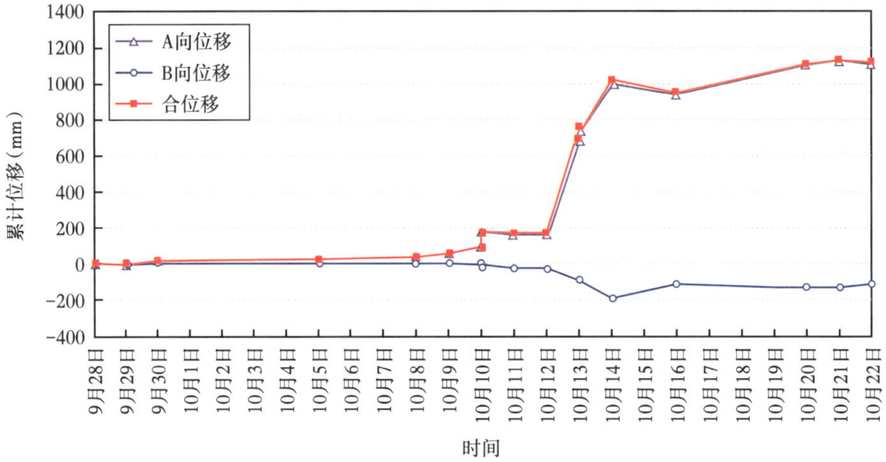

(d) N-4孔口累计位移—时间曲线

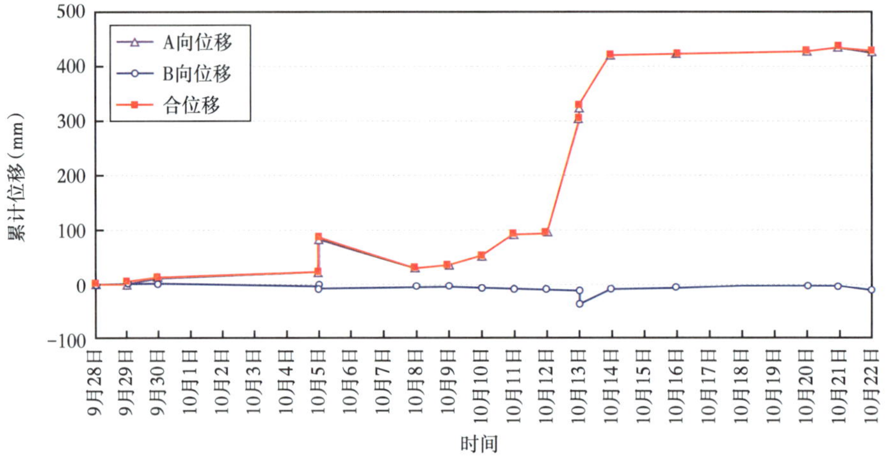

(e) N-5孔口累计位移—时间曲线

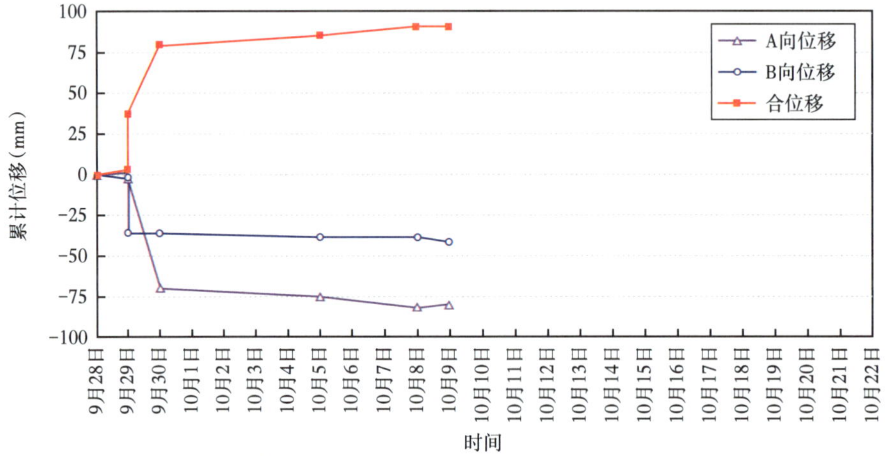

(f) N-6孔口累计位移—时间曲线

图 2-13 各测斜孔孔口处累计位移—时间曲线（续图）

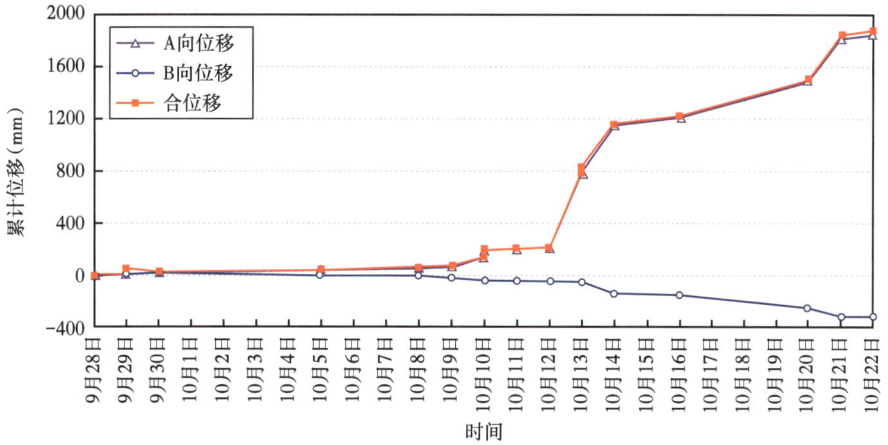

第 2 章 地质灾害对管道影响机理

(g) N-7孔口累计位移—时间曲线

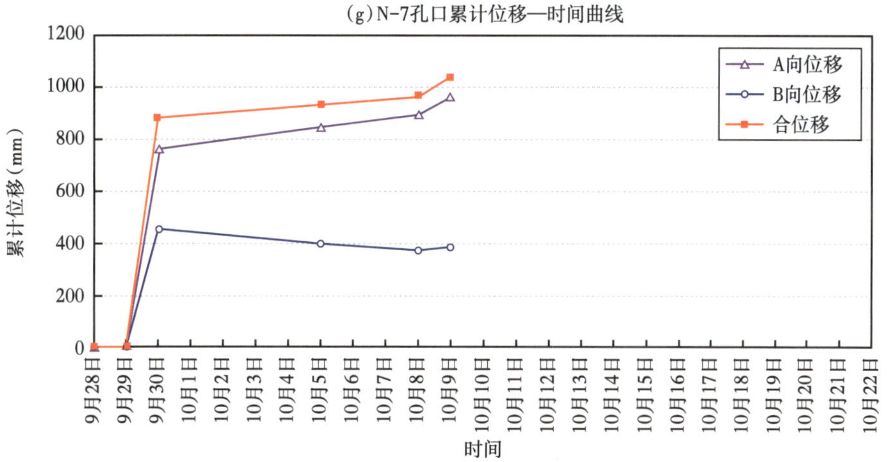

(h) N-8孔口累计位移—时间曲线

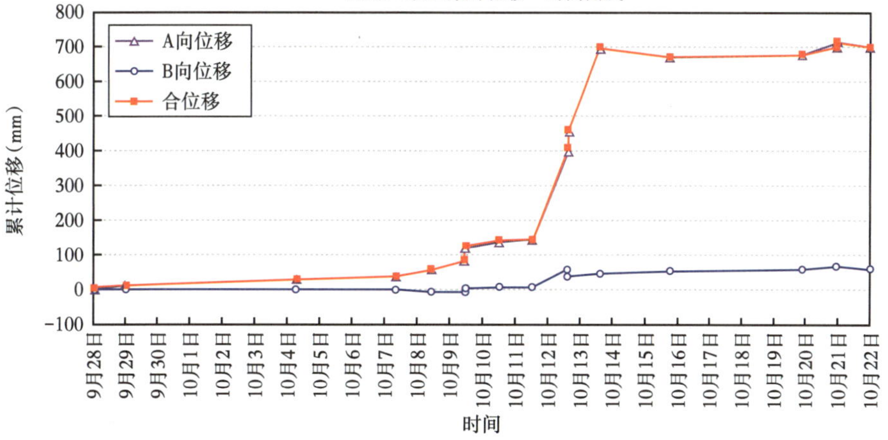

(i) N-9孔口累计位移—时间曲线

图 2-13 各测斜孔孔口处累计位移—时间曲线（续图）

10月8日下午，第1次开挖；10月10日上午，第2次开挖；10月12日至10月14日，注水促滑；
10月19日下午，第3次开挖；10月20日下午，第4次开挖

结合现场试验观察，并由图 2-12 和图 2-13 可知，每一阶段滑坡均表现出了不同的变形破坏特点。

（1）第 1 次开挖阶段。

第 1 次开挖工作主要是在测斜管 N-1 前方平距 2.3m 处，将东西长 16.9m、南北宽 3m、厚度 2.5m 的挡墙土体挖出，使坡体初步出现临空。由于下部大部分挡墙仍然保留，坡体整体变形较小，各测斜管孔口位移在 0.5~5cm，最大值发生在 N-8 部位（可能与该处管沟填埋不密实也有关系）。而地表仅在测斜管 N-9 后缘产生了 1 条极小的微裂缝，断续延伸。

（2）第 2 次开挖阶段。

在第 1 次开挖的基础上对滑坡体前缘进行第 2 次开挖，即沿原开挖形状继续下挖，总深度达 5.5m，开挖见设计滑带。这表明滑坡体前缘挡墙全部去除，滑坡前缘临空面形成。开挖过程中前缘较陡处出现 3 次垮塌，坡体变形明显，产生多条环向裂缝，由于坡体垮塌变形剧烈，测斜管 N-1、N-2、N-6、N-8 损坏，导致后期无法继续观测。

此阶段开挖对坡体的影响明显增大，坡表位移增量为 6~14.3cm，距离坡体临空面较近的 N-3 和 N-7 的坡表位移增量最大，分别为 14.3cm 和 13.3cm，向坡体后缘依次减小，说明滑动变形仍然为牵引式。而从深部位移监测来看，总体上监测曲线呈现地表位移大于下部位移的趋势，深部变形趋于零的位置总体上接近设计滑动带，说明设计滑动带作用未完全体现，这可能由于开挖停滞时间过久，滑动带可能失水强度有所提高所致。而变形曲线所表现的上大下小的变形趋势也符合滑坡前缘临空后坡体卸荷调整过程，塑性区（即滑动面）也处于逐渐贯通的过程中。

（3）注水促滑阶段。

在滑坡体后缘向滑带内注水 2d 后连续进行观测，坡体出现了剧烈的水平位移和沉降变形。其中，沉降变形由坡体前缘向坡体后缘变形量逐渐减小，可观测的 N-3 测斜管地表水平位移最大，增量达 119.3cm，而靠近后缘的 N-5 测斜管地表水平位移增量为 32.4cm。而从孔口下沉变形量测结果可知，此时孔口最大沉降变形达 34cm（测斜管 N-3）。而从深部位移变化来看，虽然位移出现了剧烈猛增，但仍然是坡表位移明显大于深部，呈倒三角形分布。越靠近滑坡前缘浅层滑动越明显，越靠近后缘，顶部和深部差别明显降低。由以上现象判断，此阶段管道的抗滑支挡作用明显，管道上部土体出现浅层滑动，即从管顶飘滑。管道下部由于该模型密实度增大，管道抗滑对下部土体的锁固较强，滑动挤出现象不突出。

（4）第 3 次开挖阶段。

对滑坡前缘滑塌土体进行了开挖，坡体变形进一步加剧，前期产生的裂缝进一步扩展，局部区域形成较高下错台坎。地表孔口水平位移最大增量达 30.6cm（测斜管 N-3），影响区域主要集中在滑坡体前部，即 N-4 测斜管之前。坡体后缘影响轻微，N-5、N-9 孔口水平位移增量仅为 0.4~0.5cm。这种影响在深部位移曲线变化上也体现明显。

（5）第 4 次开挖阶段。

在第 3 次开挖的基础上，为了消除滑坡体右侧前缘滑塌堆积体未清除而造成的抗滑阻挡的影响，进行第 4 次前缘滑塌体的清除工作。此次清除使滑坡体前缘基本无滑塌堆积物。坡体再次表现出强烈变形，其规律基本同第 3 次开挖。此阶段管道已经出露，管道下部土体仍存在滑动挤出现象。

总之,根据坡体变形破坏现象的观察及变形观测结果再次证明,滑坡的变形和破坏方式与其临空条件和地下水的作用关系密切。对于存在油气管道的滑坡,由于油气管道的抗滑阻挡作用,下滑的坡体出现变形破坏方式的分异现象。与模型1相比,模型2管道上方土体在临空条件具备的情况下,出现更为明显的沿管顶向前滑动的次级滑塌体,这一点从监测结果的上部变形明显大于深部也可以说明。

模型1滑坡共安装4台土压力计,观测24次。各土压力计测量时间及土压力值见表2-5,土压力值随时间变化情况如图2-14和图2-15所示。

表2-5 模型1土压力计测量成果　　　　单位:kPa

观测时间	SP-1	SP-2	SP-3	SP-4
2009年8月13日18:00	0	0	0	0
2009年8月14日10:40	13.05	11.06	16.64	501.42
2009年8月14日15:50	12.86	10.86	17.21	507.38
2009年8月15日10:40	14.00	11.66	18.30	515.99
2009年8月15日17:40	13.05	11.06	17.73	515.58
2009年8月16日16:50	12.56	10.86	17.65	522.77
2009年8月17日12:00	11.99	11.16	17.46	522.36
2009年8月18日10:15	11.80	10.57	17.57	522.16
2009年8月18日18:25	8.10	6.70	17.03	522.58
2009年8月18日19:56	8.53	6.70	16.92	522.58
2009年8月19日15:30	9.49	8.24	17.03	535.40
2009年8月20日10:00	8.55	7.28	17.42	535.40
2009年8月20日11:30	11.55	7.28	17.81	535.40
2009年8月20日18:00	10.17	9.50	17.14	534.92
2009年8月21日09:50	11.02	19.61	16.36	536.37
2009年8月21日17:25	10.70	16.24	19.87	535.89
2009年8月22日16:30	9.85	20.09	18.70	536.85
2009年8月23日10:10	9.85	20.57	16.36	536.85
2009年8月23日17:40	9.42	20.09	15.97	536.85
2009年8月24日17:00	8.34	13.07	19.81	545.34
2009年8月25日17:00	7.06	10.66	14.74	545.34
2009年8月26日18:00	7.06	8.74	15.52	545.34
2009年8月27日11:30	8.45	—	16.80	546.78
2009年8月28日17:00	11.77	—	15.63	546.30

注:"—"表示由于电缆拉断而未获得测量数据。

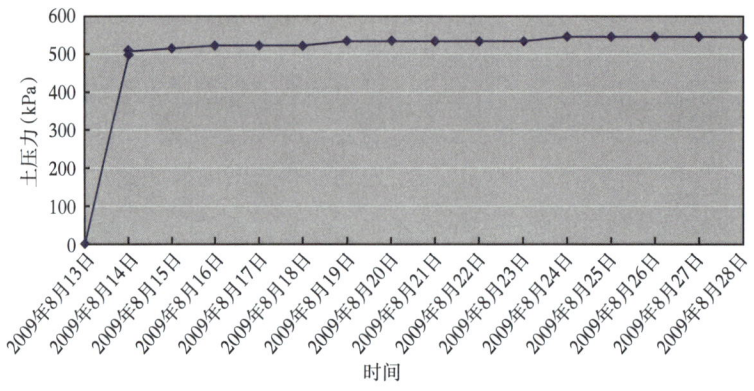

图 2-14 模型 1 管道端部土压力随时间的变化

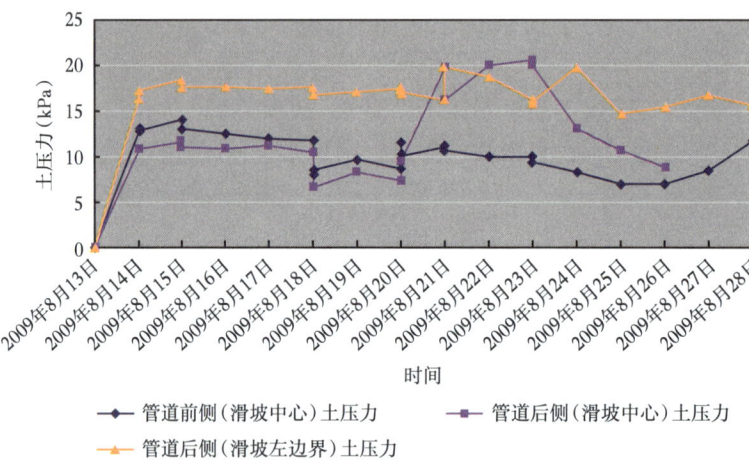

图 2-15 模型 1 滑坡区域内土压力随时间的变化

由图 2-14 和图 2-15 可以看出，管道端部土压力最大且在整个滑坡过程中基本保持不变，滑坡中心处管道前后侧土压力在第 1 次和第 2 次开挖阶段（8 月 20 日前）相差不大。从注水促滑阶段开始，管道后侧土压力明显大于前侧土压力，这是因为滑体整体滑动，管道前侧土体逐渐临空，土压力计所受土体抗力逐渐减小。

模型 2 滑坡共安装 11 台土压力计，观测 26 次，各土压力计观测时间及土压力值见表 2-6，土压力值随时间变化情况如图 2-16 所示。

表 2-6 模型 2 土压力计观测土压力成果　　　　　　　　　　单位：kPa

观测时间	P-1	P-2	P-3	P-4	P-5	P-6	P-7	P-8	P-9	P-10	P-11
2009 年 10 月 4 日 10:00	0	0	0	0	0	0	0	0	0	0	0
2009 年 10 月 5 日 10:00	0.51	0.82	0.08	0.20	0.48	0.57	2.33	0.96	7.53	0.37	0.09
2009 年 10 月 6 日 10:00	0.51	0.91	0.25	0	0.67	0.38	2.33	1.15	7.63	0.37	0.09
2009 年 10 月 6 日 10:30	1.18	1.36	0.75	0.20	1.16	1.71	2.50	2.48	8.13	0.46	0.18
2009 年 10 月 7 日 15:30	1.10	1.36	0.75	0.41	1.25	1.71	2.42	2.29	8.03	0.37	1.09

续表

观测时间	P-1	P-2	P-3	P-4	P-5	P-6	P-7	P-8	P-9	P-10	P-11
2009年10月8日11:10	1.35	0.18	1.00	2.65	1.25	0.95	0.09	1.72	7.33	2.94	1.27
2009年10月9日15:00	1.18	0.54	1.25	0.41	1.44	1.71	2.42	1.91	8.63	4.42	1.18
2009年10月10日12:50	1.01	2.27	4.74	0.82	0.39	2.09	2.85	1.91	6.83	1.47	1.46
2009年10月10日16:00	1.01	2.09	4.41	1.02	0.58	2.28	2.68	1.91	7.53	2.02	1.46
2009年10月11日15:30	1.35	2.09	4.49	1.63	1.35	2.28	2.42	2.29	7.33	2.12	1.55
2009年10月12日11:20	1.52	2.18	4.66	2.86	1.64	2.28	2.59	2.29	7.03	2.21	1.64
2009年10月13日11:30	1.01	10.89	22.87	4.90	1.25	6.65	21.92	15.85	14.56	2.94	2.09
2009年10月13日18:00	1.01	11.25	24.86	5.10	1.25	6.08	19.42	16.24	17.47	3.22	2.64
2009年10月14日11:00	1.01	14.15	38.00	6.32	1.25	4.75	19.85	19.48	14.06	1.47	5.74
2009年10月14日17:40	1.10	14.24	45.74	7.55	0.96	4.18	22.87	12.42	16.06	0.28	7.83
2009年10月15日17:00	1.27	14.52	48.07	8.16	1.16	2.47	19.76	8.21	16.37	1.20	9.38
2009年10月16日17:00	1.27	13.34	48.32	7.96	1.16	1.90	18.99	6.69	16.87	1.47	9.83
2009年10月18日10:00	1.18	11.43	50.81	7.55	1.35	1.33	18.30	4.58	17.17	1.75	10.11
2009年10月19日18:30	1.35	10.98	50.06	7.55	1.35	1.33	18.04	3.82	17.07	2.12	10.20
2009年10月19日19:25	1.18	8.62	57.46	7.75	1.44	0.19	17.26	5.16	17.47	2.39	11.75
2009年10月20日13:00	1.35	13.70	60.79	10.40	0.77	4.56	17.26	—	0.40	2.85	16.84
2009年10月20日17:10	1.35	13.52	60.87	10.20	0.77	0.19	13.46	—	0.40	3.04	17.21
2009年10月20日19:00	1.44	17.33	60.71	16.52	0.10	3.99	9.67	—	0.30	2.94	15.93
2009年10月21日10:10	1.18	24.86	55.88	18.77	0.67	4.75	0.69	—	0.20	5.52	12.93
2009年10月21日17:30	1.18	24.86	56.88	17.54	0.77	4.56	0.78	—	0.40	5.80	12.38
2009年10月22日09:40	1.18	26.22	32.60	17.54	0.77	4.75	—	—	0.30	0.37	13.11

注:"—"表示由于电缆拉断而未获取到观测数据。

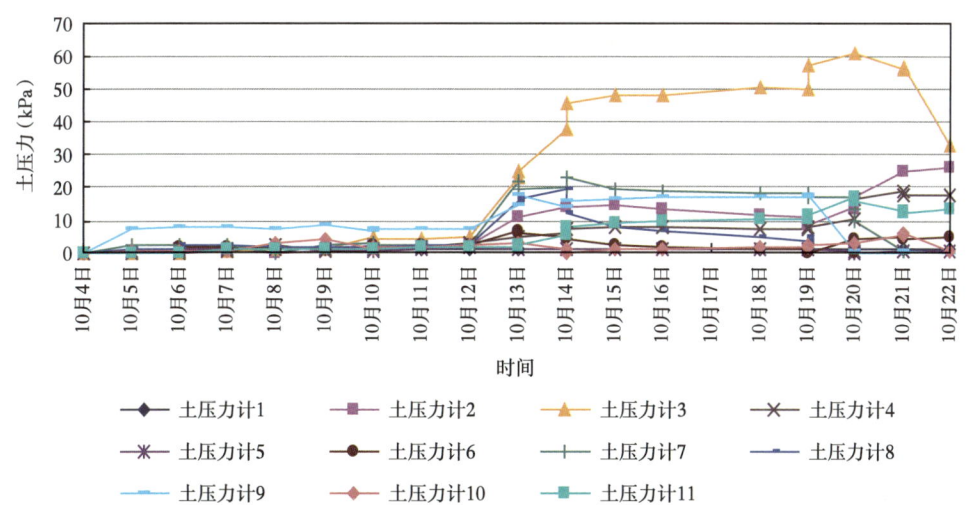

图2-16 模型2土压力随时间的变化

由图 2-16 可以看出，各位置土压力随着滑坡的发展，量值逐渐增大。从注水促滑阶段（10 月 12 日）开始土压力增大较明显。在滑坡发展到加速滑动和逐渐稳定的阶段，土压力计测量值受到仪器误差、滑坡体内碎石挤压、安装位置变化等因素影响，可能与真实土压力值存在一定差异。

模型 1 滑坡共安装 16 支应变计，观测 30 次。各应变计具体观测时间及观测应力见表 2-7，管道应力随时间的变化如图 2-17 所示，管道内外侧应力沿轴向分布如图 2-18 和图 2-19 所示。

表 2-7 模型 1 应变计测量结果　　　　　单位：MPa

观测时间	SS-1	SS-2	SS-3	SS-4	SS-5	SS-6	SS-7	SS-8	SS-9	SS-10	SS-11	SS-12	SS-13	SS-14	SS-15	SS-16
2009 年 8 月 12 日 10：00	0	0	0	0	0	0	0	0	0	0	0	0	0	0	0	0
2009 年 8 月 12 日 16：00	0	0	0	0	0	0	0	0	0	0	0	0	0	0	0	0
2009 年 8 月 12 日 18：30	-26	-8	-9	-2	-2	-1	0	4	-5	-1	-2	0	6	-2	0	0
2009 年 8 月 13 日 10：00	13	29	-11	-26	-31	1	128	10	10	-1	-8	0	21	-4	5	-1
2009 年 8 月 13 日 17：00	76	83	71	-35	-36	-38	126	31	86	31	35	64	55	-10	14	30
2009 年 8 月 14 日 10：37	76	84	73	-37	-71	-36	137	26	96	42	38	71	59	-6	10	32
2009 年 8 月 14 日 15：50	76	90	73	-38	-69	-40	135	26	91	40	38	71	59	-6	10	32
2009 年 8 月 15 日 10：40	79	94	80	-35	-68	-35	132	36	85	39	45	79	61	-18	19	39
2009 年 8 月 15 日 15：40	80	103	-35	-177	-35	127	36	83	34	45	79	61	-17	19	39	
2009 年 8 月 16 日 16：50	80	103	80	-36	-194	-35	130	36	83	35	45	79	61	-17	19	39
2009 年 8 月 17 日 11：40	87	108	80	-36	-199	-35	131	40	85	35	45	79	64	1	33	55
2009 年 8 月 18 日 10：10	89	108	80	-36	-199	-35	132	52	91	35	45	79	66	2	28	52
2009 年 8 月 18 日 18：10	97	163	153	-24	*	-106	48	-34	83	49	54	139	18	31	66	46
2009 年 8 月 18 日 19：52	100	178	274	-36	*	-113	43	-35	80	42	65	132	17	40	75	60
2009 年 8 月 19 日 15：19	105	178	163	-39	*	-106	34	-35	78	43	67	133	15	32	73	64
2009 年 8 月 20 日 10：00	105	178	163	-41	*	-127	33	-46	61	39	67	134	11	26	65	60
2009 年 8 月 20 日 11：30	105	179	163	-41	—	-127	33	-46	61	39	67	134	11	26	64	60
2009 年 8 月 20 日 18：00	116	197	171	-49	—	-143	21	-47	60	39	70	148	10	33	65	60
2009 年 8 月 21 日 9：45	182	*	*	-103	—	*	-62	-122	16	49	132	245	-60	87	122	69
2009 年 8 月 21 日 17：25	218	*	*	-107	—	—	-76	-223	-63	85	246	—	-235	33	—	114

续表

观测时间	SS-1	SS-2	SS-3	SS-4	SS-5	SS-6	SS-7	SS-8	SS-9	SS-10	SS-11	SS-12	SS-13	SS-14	SS-15	SS-16
2009年8月21日 18:30	218	*	*	−107	—	—	−77	−224	−63	85	246	—	−239	28	—	116
2009年8月22日 16:30	210	*	*	−103	—	—	−80	−239	−64	87	249	—	−250	25	—	117
2009年8月23日 10:10	210	*	*	−103	—	—	−82	−240	−64	87	250	—	−253	22	—	118
2009年8月23日 17:40	210	*	*	−102	—	—	−82	−241	−65	87	251	—	−253	22	—	118
2009年8月24日 17:00	221	*	*	−107	—	—	−79	−234	−70	91	*	—	−257	26	—	120
2009年8月25日 17:00	253	*	*	−147	—	—	−84	−250	−107	104	*	—	−268	28	—	122
2009年8月26日 18:00	—	*	*	−149	—	—	−86	—	−109	106	*	—	−268	27	—	119
2009年8月27日 11:30	—	*	*	−148	—	—	−87	—	−109	107	*	—	−267	26	—	118
2009年8月28日 17:00	—								−109	107	*	—	−267	27	—	118
2009年8月31日 10:30	—								−109	108	*	—	−267	26	—	118

注：（1）"*"表示观测成果超过应变计的量程。
（2）"—"表示由于电缆拉断而未获取到观测数据。
（3）正值为拉应力，负值为压应力。

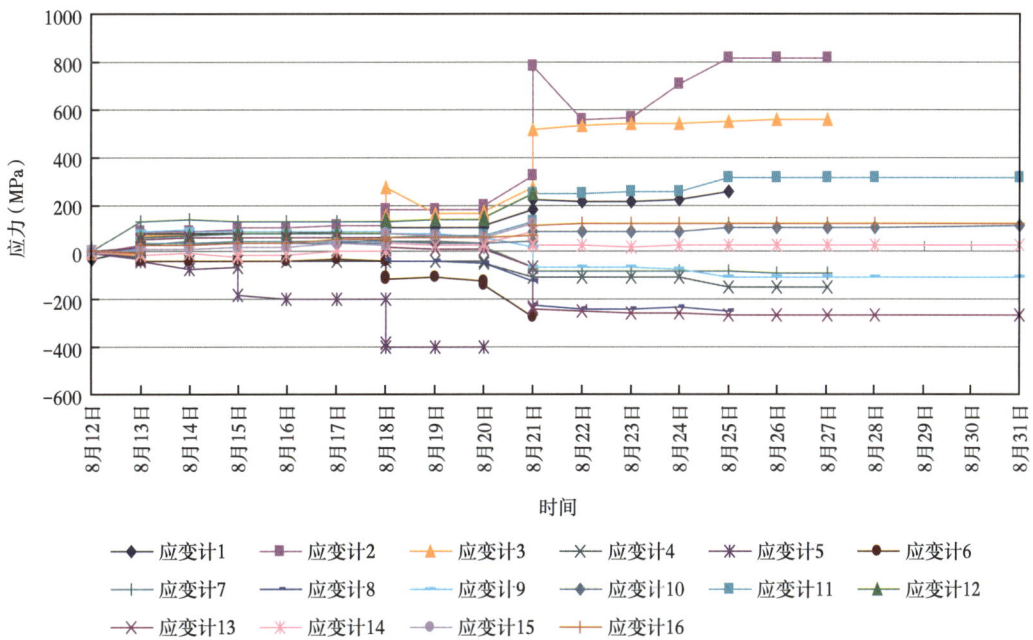

图 2-17 模型1管道表面应力随时间的变化

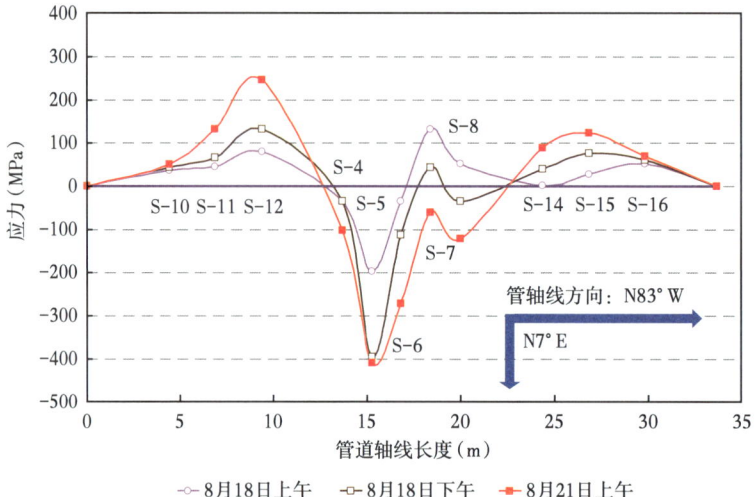

图 2-18 模型 1 管道内侧应力分布

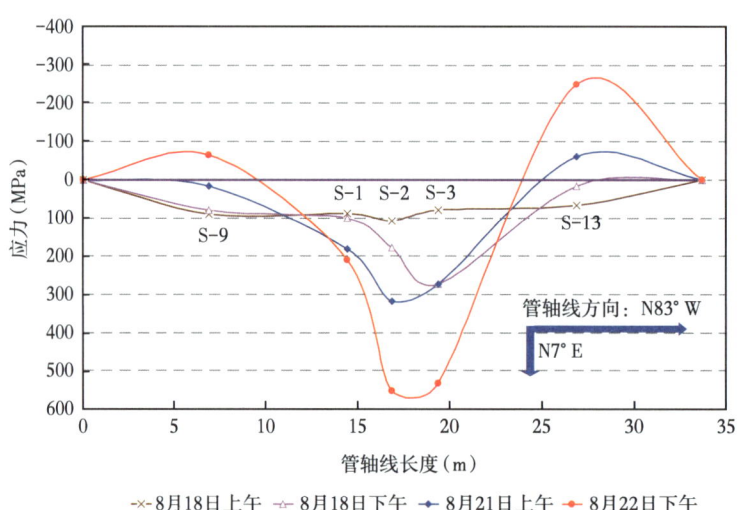

图 2-19 模型 1 管道外侧应力分布

由图 2-18 可知，管道内侧在滑坡推力作用下中部产生较大压应力（拉为正、压为负，下同），滑坡边界存在较大拉应力，总体呈马鞍形分布。由图 2-19 可以看出，管道外侧应力大小分布趋势相同，即滑坡中部、两侧边界最大，方向与内侧相反。8月18日上午、8月18日下午、8月21日上午三个时间节点分别对应第1次开挖、第2次开挖和注水促滑三个阶段，应力在每个阶段均有增大（注水促滑后两个阶段由于仪器损坏，未得到监测数据），在注水促滑阶段管道应力达到屈服极限，此时管道出现屈曲变形。由图 2-18 知 S7 应变计读数异常，可能原因是仪器故障或人工误差。

模型 2 滑坡共安装 22 支应变计，观测 26 次。各应变计具体观测时间及观测应力见表 2-8，管道应力随时间的变化如图 2-20 所示，管道外侧和顶部应力分布如图 2-21 和图 2-22 所示。

表 2-8 模型 2 应变计测量结果

单位：MPa

观测时间	S-1	S-2	S-3	S-4	S-5	S-6	S-7	S-8	S-9	S-10	S-11	S-14	S-15	S-16	S-17	S-18	S-19	S-20	S-21	S-22	S-23	S-24
2009年10月4日10:00	0	0	0	0	0	0	0	0	0	0	0	0	0	0	0	0	0	0	0	0.0	0	0
2009年10月5日10:00	-0.4	-0.2	0.7	-0.2	0	0.4	0.2	0.0	-0.1	0	0.1	0	-0.2	-0.1	0.2	0.0	-0.3	0.6	-0.1	-0.3	0	0.6
2009年10月6日10:00	-1.0	-0.4	1.1	-0.3	-0.1	0.6	0.3	0.1	-0.2	-0.2	1.1	0	-0.2	-0.1	0.4	-0.3	-0.3	0.8	-0.2	-0.6	0	1.3
2009年10月6日10:35	0	1.2	1.7	0.8	0.7	1.1	0.6	0.5	1.4	1.5	1.1	0.1	0.5	0.6	0.6	0.9	-0.4	0.9	0.1	0	0.1	1.3
2009年10月7日15:30	-0.3	1.1	1.2	0.8	0.8	1.4	0.7	0.6	1.3	1.3	1.1	0.1	0.5	0.6	0.9	0.8	0.2	1.1	-0.1	-0.3	0.1	1.8
2009年10月8日11:10	-0.4	0.8	-10.9	2.1	0.6	1.4	-0.1	0.9	2.7	2.8	0.9	0.7	0.7	0.0	-0.5	1.0	1.1	9.3	4.7	-1.0	0	-3.0
2009年10月9日15:00	-0.6	0.3	-13.6	1.9	1.2	2.1	0.4	1.3	2.9	1.5	1.1	0.8	0.4	-0.3	-0.5	0.6	-2.0	10.3	4.6	-1.3	-0.5	-3.2
2009年10月10日12:50	-3.2	-18.8	-45.9	-9.4	31.3	14.5	64.9	13.8	-19.7	-29.8	-1.6	13.5	-67.5	-12.1	30.2	0.3	1.0	77.6	13.2	-69.6	-18.3	38.6
2009年10月10日16:00	-3.3	-19.8	-42.3	-7.2	35.3	18.9	68.2	13.7	-20.1	-29.4	-1.7	11.6	-69.8	-12.5	30.4	0.4	1.9	75.4	6.6	-66.9	-20.2	33.6
2009年10月11日15:30	-3.5	-20.8	-39.6	-4.4	37.6	18.1	70.5	14.2	-20.5	-29.8	-1.4	9.9	-72.0	-13.6	30.9	0.6	2.8	72.7	1.9	-64.9	-22.5	31.3
2009年10月12日11:20	-3.6	-21.1	-38.8	-3.7	38.0	18.6	70.4	14.5	-20.5	-29.8	-1.3	9.5	-72.2	-13.7	31.0	0.6	1.8	72.3	1.0	-64.4	-23.1	30.9
2009年10月13日11:30	-5.7	-60.9	-125.6	17.9	200.6	11.6	164.8	-12.9	-105.0	-74.8	-1.1	-7.4	-269.2	16.0	151.6	1.2	2.8	90.1	-37.4	-131.3	-16.0	88.6
2009年10月13日18:00	-5.7	-63.4	-144.8	15.8	203.4	9.5	193.0	-8.0	-112.3	-82.3	-1.4	-5.5	-288.1	8.6	160.6	1.3	2.6	94.0	-37.9	-136.0	-19.7	90.2
2009年10月14日11:00	-6.4	-73.2	-185.7	13.2	222.5	8.0	229.9	20.6	-121.6	-91.9	-0.6	-4.4	-356.0	-17.1	171.5	1.8	2.8	100.2	-38.2	-154.2	-43.6	90.2
2009年10月14日17:40	-7.0	-80.7	-212.1	16.4	247.5	13.0	239.7	18.6	-139.8	-98.2	-1.2	-7.3	-400.1	-11.7	196.8	1.7	3.4	106.9	-39.6	-202.0	-39.6	105.8
2009年10月15日17:00	-7.4	-82.7	-217.7	16.6	248.0	14.0	245.9	20.5	-142.8	-100.8	-1.1	-7.8	-422.8	-14.3	201.5	1.7	3.1	108.0	-40.3	-216.6	-40.6	107.5
2009年10月16日17:00	-7.3	-82.6	-219.0	17.5	247.2	14.0	245.8	21.1	-143.1	-100.8	-1.1	-8.7	-423.9	-15.0	202.4	1.6	3.4	108.7	-42.2	-218.1	-41.0	108.1
2009年10月18日17:30	-7.7	-83.1	-221.5	19.9	246.8	12.9	247.1	21.4	-145.4	-100.8	-0.9	-11.8	-426.5	-15.7	205.7	1.8	4.7	110.5	-46.5	-219.7	-41.7	110.8
2009年10月19日18:30	-7.9	-82.9	-220.3	21.0	246.1	12.3	246.7	21.7	-145.2	-100.4	-0.8	-12.5	-426.9	-16.0	205.8	1.8	4.6	110.3	-47.6	-220.4	-41.7	110.3
2009年10月19日19:25	-8.5	-87.8	-248.6	7.9	—	16.7	273.6	21.0	-169.0	-114.9	-1.0	-2.3	-482.9	-13.6	236.3	2.5	5.2	137.2	-42.3	-267.3	-41.8	92.1
2009年10月20日13:00	-9.1	-103.6	-339.6	-25.4	—	5.0	286.5	29.3	-225.5	-146.4	-0.4	26.7	-654.0*	-19.3	291.4	2.9	4.8	163.2	-37.2	-475.6	-55.0	106.2
2009年10月20日17:10	-9.1	-103.6	-340.7	-25.4	—	5.2	286.7	29.1	-226.4	-146.1	-0.4	26.8	-654.0*	-19.0	292.1	2.7	4.8	163.1	-37.1	-476.8	-54.9	106.7
2009年10月20日19:00	-11.2	-145.0	-460.6	-0.8	—	4.7	260.1	-44.2	-388.7	-179.4	-0.6	8.3	—	65.7	429.1	3.2	6.3	204.6	-71.2	—	-3.0	88.5
2009年10月21日10:10	-10.3	-150.0	-483.2	6.0	—	4.2	250.8	-44.4	-459.3	-185.4	0	1.5	—	67.5	442.4	3.2	6.4	204.0	-79.0	—	-3.5	101.3
2009年10月21日17:30	-10.2	-150.3	-484.7	8.2	—	4.1	250.2	-44.6	-461.0	-184.1	0	-0.1	—	68.1	444.1	2.9	6.0	204.4	-80.3	—	-2.9	103.8
2009年10月22日9:40	-10.4	-150.6	-484.8	10.8	—	3.2	241.4	-48.3	-450.4	-185.9	0	-3.0	—	68.6	422.5	3.3	6.2	205.1	-83.6	—	10.0	—

注：（1）"—"表示由于电缆拉断而未求取到观测数据。
（2）正值为拉应力，负值为压应力。
（3）"*"表示应变计超量程。

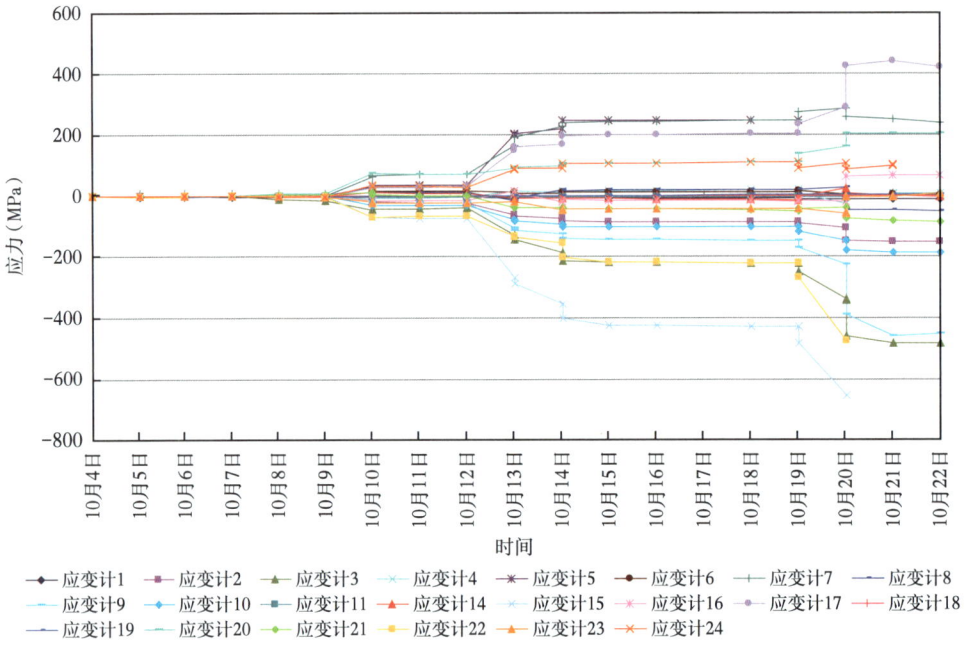

图 2-20 模型 2 管道表面应力随时间的变化

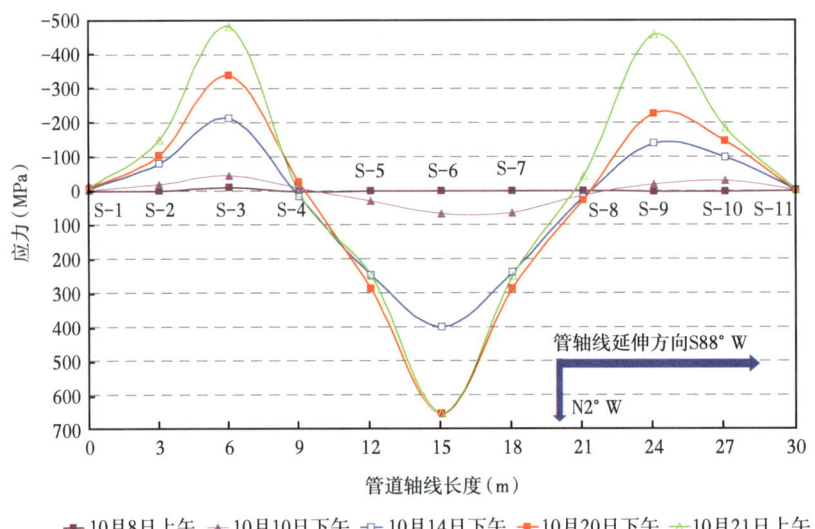

图 2-21 模型 2 管道外侧应力分布

由图 2-21 可知，管道外侧在滑坡推力作用下中部产生较大拉应力，滑坡边界存在较大压应力，总体呈马鞍形分布。由图 2-22 可以看出，管道顶部应力大小分布趋势与外侧情况相同，即滑坡中部、两侧边界最大。10 月 8 日上午、10 月 10 日下午、10 月 14 日下午、10 月 20 日下午、10 月 21 日上午五个时间节点分别对应第 1 次开挖、第 2 次开挖、注水促滑、第 3 次开挖和第 4 次开挖五个阶段。管道外侧及顶部应力在每个阶段均有增大，在注水促滑阶段管道应力达到屈服极限，此时管道出现屈曲变形。第3次、第4次开挖管道应力达到极值，滑坡中部位置管道应力增量已不明显。

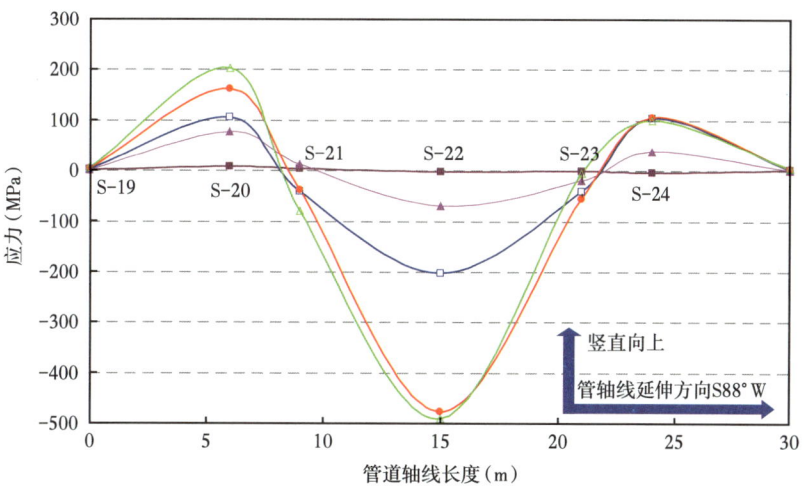

图 2-22　模型 2 管道顶部应力分布

滑坡纵 1-1'剖面对应管道外侧应变计 SS-1 和测斜管 IN-6、IN-7。由于测斜管 IN-6 处于管道前侧，受施工干扰大，因此仅考虑 IN-7 测斜管监测数据；滑坡纵 2-2'剖面对应应变计 SS-2 和测斜管 IN-1、IN-2、IN-3、IN-4 和 IN-5，由于 IN-1 处于滑坡前缘，受施工干扰影响大，因此不做分析；滑坡纵 3-3'剖面对应应变计 SS-3 和测斜管 IN-8 和 IN-9。地表位移与管道应力间的关系见表 2-9，如图 2-23 所示。

表 2-9　模型 1 不同试验阶段纵剖面地表位移与管道应力

剖面及变量		第1次开挖前	第1次开挖后	第2次开挖前	第2次开挖后	注水促滑前	注水促滑后	第3次开挖前	第4次开挖前	第4次开挖后
纵 1-1'剖面	IN-7 测斜管管顶位移（mm）	139.80	144.56	144.89	269.33	339.06	308.25	1683.20	1681.90	2196.26
	SS-1 应变计应力（MPa）	80	87	89	100	105	182	218	253	—
纵 2-2'剖面	IN-2 测斜管管顶位移（mm）	-17.84	-4.68	1.27	345.21	569.45	693.06	2575.50	2843.20	3482.40
	IN-3 测斜管管顶位移（mm）	200.90	203.88	204.60	425.01	614.20	778.63	2306.80	2442.60	3002.20
	IN-4 测斜管管顶位移（mm）	97.76	96.52	92.32	214.90	269.76	417.80	1569.20	1942.30	1380.40
	IN-5 测斜管管顶位移（mm）	83.78	80.29	81.02	139.12	170.46	459.72	882.95	1319.90	1380.40
	SS-2 应变计应力（MPa）	103	108	108	178	178	319	779	818	—
纵 3-3'剖面	IN-8 测斜管管顶位移（mm）	325.25	328.33	340.52	615.90	827.32	1050.80	2424.80	2448.20	2740.60
	IN-9 测斜管管顶位移（mm）	150.99	139.52	142.64	274.38	359.65	535.52	1620.50	1637.30	—
	SS-3 应变计应力（MPa）	80	80	80	274	164	273	513	557	—

注：（1）注水促滑后 = 第 3 次开挖前。
　　（2）表格中"—"表示没有数据。

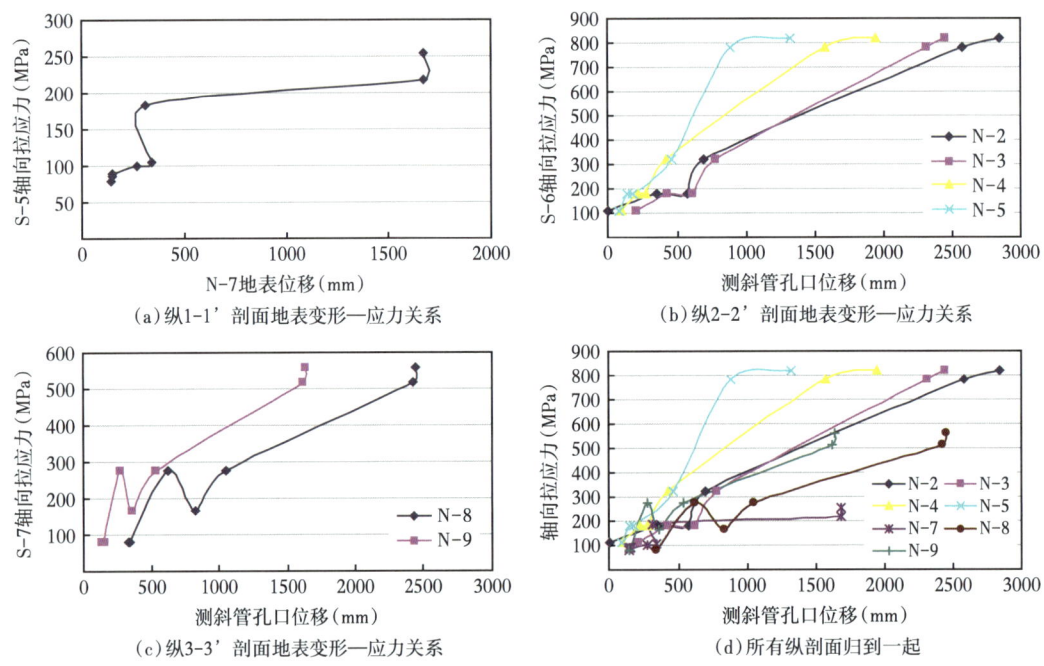

图 2-23 模型 1 不同试验阶段地表变形与管道应力的关系

由地表变形与管道应力关系曲线可知，随着地表滑动变形位移增加，管道拉应力逐渐增大，且滑坡不同纵剖面上变化趋势一致。

对于模型 2，滑坡纵 1-1'剖面对应管道外侧应变计 S-5 和测斜管 N-6、N-7。由于测斜管 N-6 处于管道前侧，在试验最初阶段损坏，因此仅考虑 N-7 测斜管监测数据；滑坡纵 2-2'剖面对应应变计 S-6 和测斜管 N-3、N-4、N-5（N-1、N-2 损坏）；滑坡纵 3-3'剖面对应应变计 S-7 和测斜管 N-9（N-8 损坏）。地表位移与管道应力间的关系见表 2-10 和图 2-24。

表 2-10 模型 2 不同试验阶段纵剖面地表位移与管道应力

剖面及变量		第 2 次开挖后	注水促滑前	注水促滑后	第 3 次开挖前	第 3 次开挖后	第 4 次开挖后
纵 1-1'剖面	N-7 测斜管管顶位移（mm）	132.10	195.51	1145.01	1208.03	1484.33	1816.66
	S-5 应变计应力（MPa）	31.27	37.96	247.55	246.10	286.73	250.79
纵 2-2'剖面	N-3 测斜管管顶位移（mm）	151.33	227.05	1420.26	1483.42	1789.63	—
	N-4 测斜管管顶位移（mm）	100.02	167.90	1003.71	943.00	1100.02	1119.87
	N-5 测斜管管顶位移（mm）	51.04	95.68	419.05	423.22	427.11	432.45
	S-6 应变计应力（MPa）	67.50	72.20	356.00	426.90	654.00	—
纵 3-3'剖面	N-9 测斜管管顶位移（mm）	88.78	145.39	699.01	675.51	680.24	714.77
	S-7 应变计应力（MPa）	64.90	70.40	239.70	246.70	286.70	—

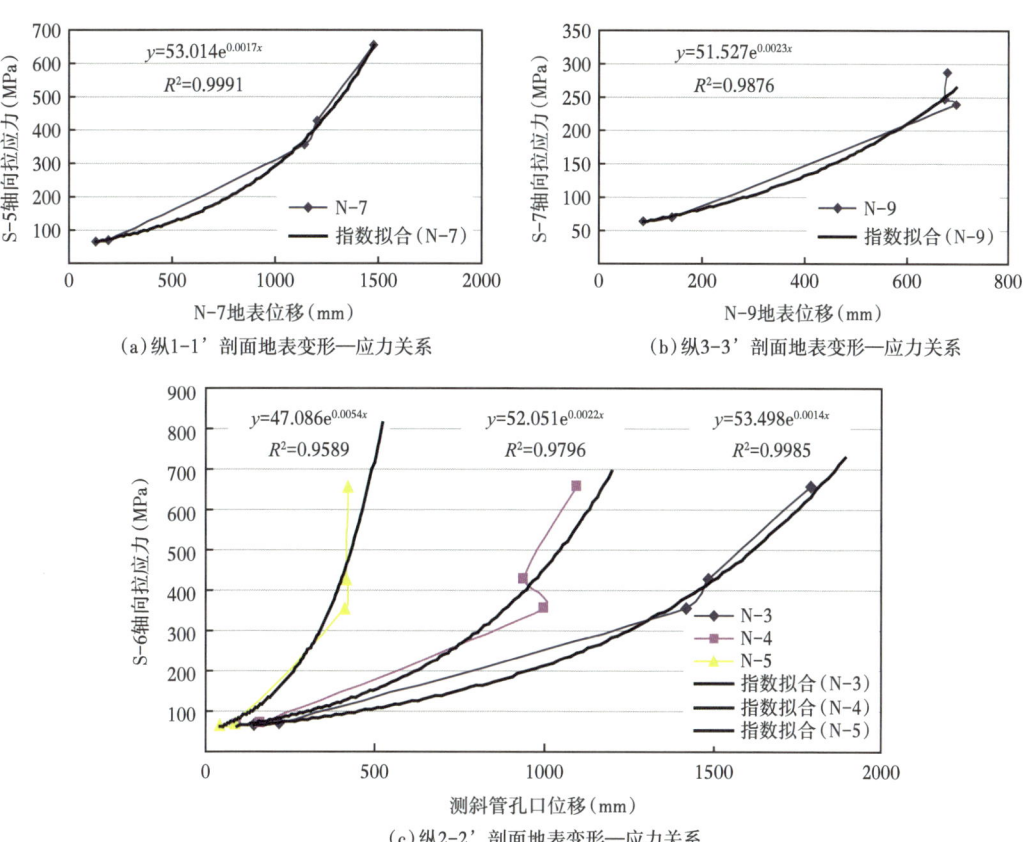

(a) 纵1-1'剖面地表变形—应力关系

(b) 纵3-3'剖面地表变形—应力关系

(c) 纵2-2'剖面地表变形—应力关系

图 2-24 模型2不同试验阶段地表变形与管道应力的关系

由地表变形与管道应力关系曲线可知，随着地表向滑动方向的位移增加，管道应力逐渐增大，二者呈指数关系。

2.1.3 管道力学性能测试

模型1、模型2管道在滑坡作用下均出现了塑性变形，因此对屈曲变形较大位置进行超声波探伤、内径变形测量、拉伸试验、冲击试验和金相分析，以了解试验滑坡对管道物理力学性能的影响。对于模型1，如图2-25所示，取3处管道变形最大部位及未产生变形的管道端部进行物理力学性能的测试。

在最大弯曲处进行打磨处理，利用全数字智能超声波探伤仪（PXUT-350）对打磨处检测，未发现明显裂纹。检测曲线如图2-26所示。

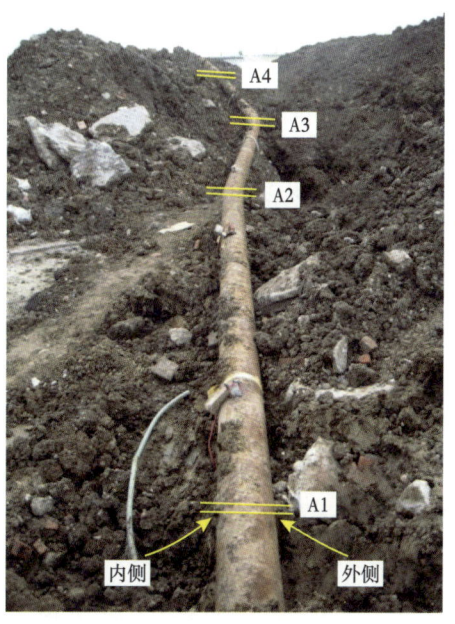

图 2-25 管道测试部位

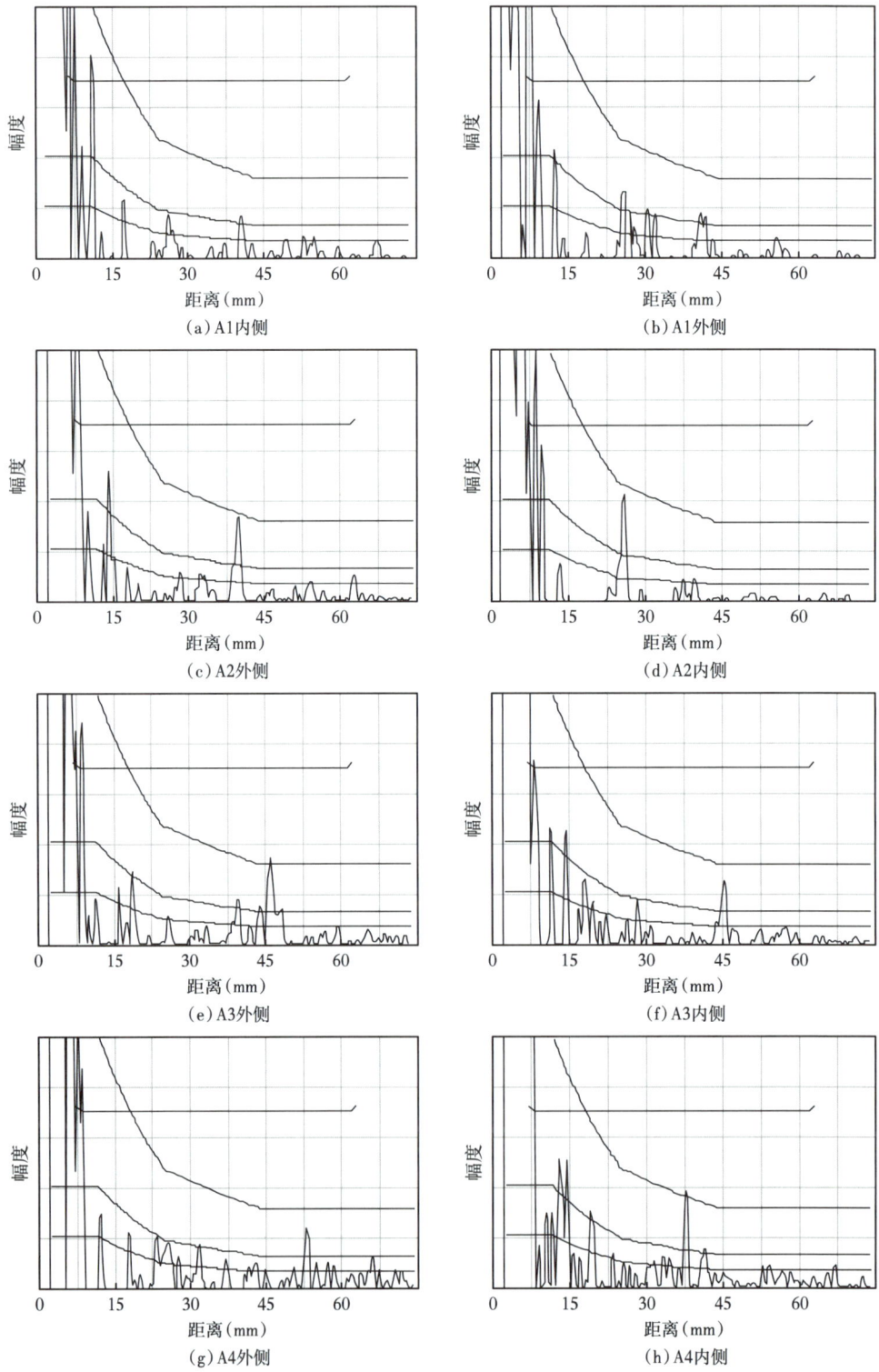

图 2-26 超声波探伤图

对未形处(A1、B1)及变形处(A2、A3、A4、B2)管道内径进行测量，精度0.01mm。使用管道截面椭圆化变形率[式(2-1)]为指标，结果如图2-27和图2-28所示。根据加拿大CSA-Z662-03标准，采用椭圆化变形衡量弯曲导致的管道截面破坏程度。管道椭圆化变形率：

$$\Delta = 2(D_{max} - D_{min})/(D_{max} + D_{min}) \tag{2-1}$$

式中：Δ 为管道椭圆化变形率；D_{min} 为管道最小外径；D_{max} 为管道最大外径。

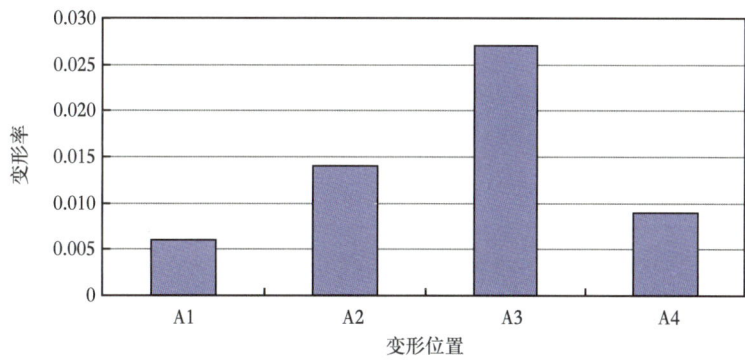

图2-27 模型1管道截面椭圆化变形率

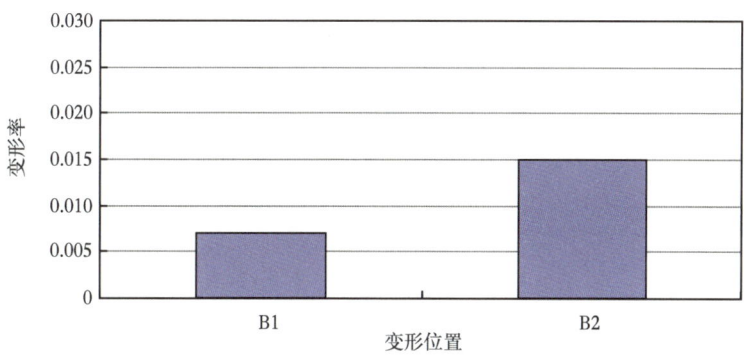

图2-28 模型2管道截面椭圆化变形率

一般情况下管道极限椭圆化变形率取0.03，由图2-27和图2-28可知，两个模型试验后管道最大变形处截面椭圆化变形率均未超过极限变形率。

利用微机控制电子万能试验机（WDW-1000）、冲击试验机（JB30B）进行拉伸和冲击试验，结果见表2-11。

表2-11 拉伸和冲击试验结果

编号	抗拉强度 σ_b（MPa）	屈服强度 σ_s（MPa）	伸长率 ϕ（%）	冲击韧度 a_k（J/cm²）	吸收功 A_k（J）
A1 外	450	370	30.00	8.0	6.4
A1 内	430	350	30.00	7.8	6.2
A2 外	430	325	36.67	8.2	6.4

续表

编号	抗拉强度 σ_b（MPa）	屈服强度 σ_s（MPa）	伸长率 ϕ（%）	冲击韧度 a_k（J/cm²）	吸收功 A_k（J）
A2 内	450	370	38.33	7.8	6.2
A3 外	465	435	41.67	8.1	6.4
A3 内	455	410	35.00	7.9	6.3
A4 外	430	310	38.33	8.0	6.4
A4 内	425	345	38.33	7.8	6.0
B1 外	430	310	36.67	8.0	6.2
B1 内	430	315	35.00	8.0	6.2
B2 外	410	285	26.67	8.3	6.6
B2 内	435	310	35.00	7.9	6.2

由表 2-11 可知，模型 1 管道抗拉强度变化不大，管道变形最大处即滑坡区域中心处材料屈服强度和伸长率有较大提高，冲击性能无明显变化。

切取管道材料进行金相分析。每处均选取"内侧"和"外侧"2 个试样，经切割—镶嵌—打磨—抛光—腐蚀—观察照相（MM6 金相显微镜）分析。从金相分析图像来看，弯曲处管道材料晶粒有不同程度变形，但不明显。

2.1.4 管体易损性评价

物理模型试验发现，在管道横穿滑坡情况下，受管道影响，滑坡变形的破坏方式由最初的整体滑动破坏转变为浅层漂移滑动（沿管顶）和深层挤出变形（沿管底），即出现变形破坏方式的分异现象；管道的存在一方面使坡体稳定性增强，另一方面使滑坡宽度方向的变形破坏范围加大，而长度方向的强烈变形影响范围减小。此外，管道的弯曲变形又关系到管道的受力和破坏方式，即是弯曲折断还是扭断。滑坡体水平和竖直向下的位移使横穿滑坡体的管道出现向滑动方向弯曲的同时又下沉弯曲（图 2-29 和图 2-30）。这种变形和受力总体呈马鞍形，且具有较好的对称性。下沉弯曲和向坡前的弯曲对管道未来的变形破坏产生如下影响：一是弯曲变形导致管道产生较大的拉（或压）应力；二是弯曲后的扭转破坏。

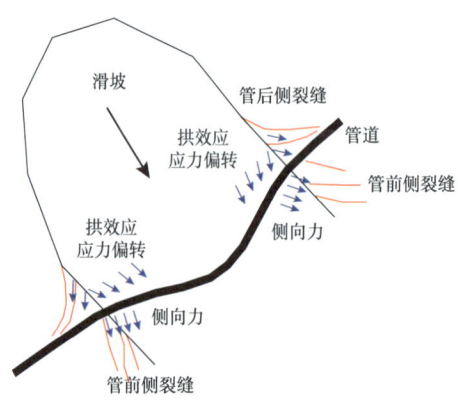

图 2-29　管线变形导致的滑坡边界处的生成力和裂缝示意图

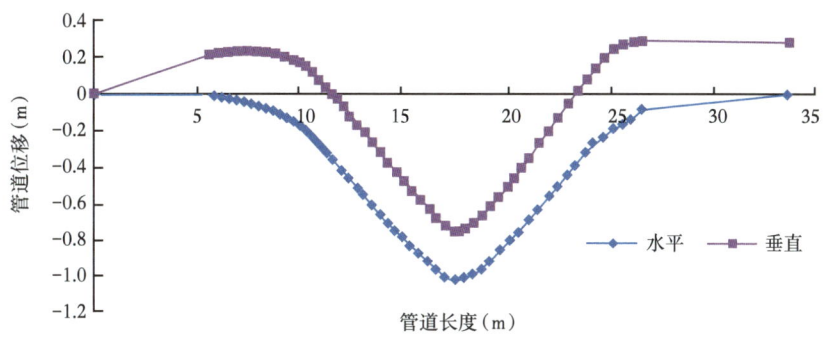

图 2-30　管道最终变形量

为此，进一步采用小型室内物理模型试验，通过控制变量法改变滑坡厚度（H_h）、宽度（B）、长度（L）、管道埋深（h_m），以及滑面倾角（α）和内摩擦角（φ）等，测试研究管道横穿滑坡的受力和变形规律。通过试验数据根据相似理论可以求得实际工程情况滑坡参数指标与管道最大轴向应力之间的关系（图2-31），从而根据滑坡的参数指标可初步估算管道最大轴向应力，见式（2-2）至式（2-4）。

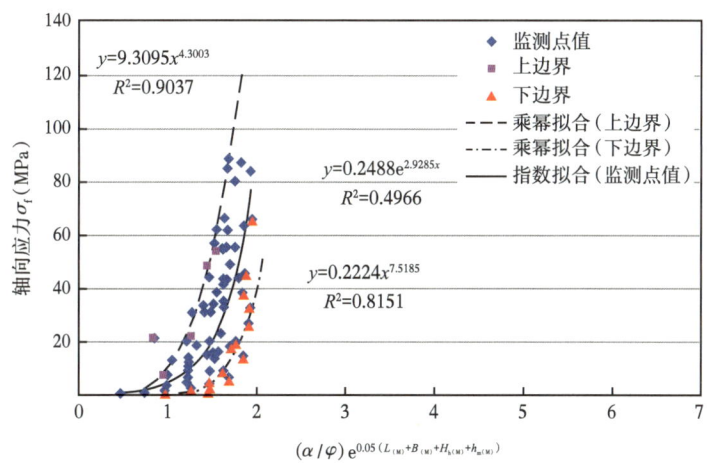

图 2-31　管道轴向应力与滑坡长度、宽度、厚度、管道埋深、坡面变形和不同滑面倾角之间的关系
α—滑面倾角（°）；φ—滑面内摩擦角（°）；$L_{(M)}$、$B_{(M)}$、$H_{h(M)}$、$h_{m(M)}$—物理模型中滑坡长度（m）、宽度（m）、厚度（m）和管道埋深（m）

总体拟合关系：

$$\sigma_{f(P)} = 0.2488\lambda e^{2.9285\left(\frac{\alpha}{\varphi}\right)e^{0.05\left[H_{h(P)}+B_{(P)}+L_{(P)}+h_{m(P)}\right]/C_{\text{几何}}^{-1}}} \tag{2-2}$$

上边界拟合关系（最大值）：

$$\sigma_{f(P)\max} = 9.3095\lambda\left\{\frac{\alpha}{\varphi}e^{0.05\left[H_{h(P)}+B_{(P)}+L_{(P)}+h_{m(P)}\right]/C_{\text{几何}}^{-1}}\right\}^{4.3003} \tag{2-3}$$

下边界拟合关系（最小值）：

$$\sigma_{f(P)min} = 0.2224\lambda \left\{ \frac{\alpha}{\varphi} e^{0.05\left[H_{h(P)} + B_{(P)} + L_{(P)} + h_{m(P)}\right]/C_{几何}^{-1}} \right\}^{7.5185} \quad (2-4)$$

式中：$\sigma_{f(P)}$ 为实际滑坡中管道上的最大轴向应力，MPa；α，φ 分别为实际滑坡中滑坡滑面的倾角和内摩擦角，(°)；$H_{h(P)}$，$B_{(P)}$，$L_{(P)}$，$h_{m(P)}$ 分别为实际滑坡中滑坡体的厚度、宽度、长度和管道的埋置深度，m；$C_{几何}$，λ 分别为几何相似系数（建议取几何尺度最大相似）、应力相似系数，且有 $\lambda = \dfrac{D_{实际}^4 - \left(d_{实验} \times \dfrac{D_{实际}}{D_{实验}}\right)^4}{D_{实际}^4 - d_{实际}^4}$。

根据横向研究规律及单因素显示出的规律推测，管道最大拉、压应力总体符合指数型（拉应力 σ_t）和对数型（压应力 σ_c）曲线关系。据此，现将滑坡模型长、厚、管道埋置深度、滑面倾角和内摩擦角与管道最大拉、压应力进行回归拟合，回归拟合曲线如图 2-32 和图 2-33 所示。

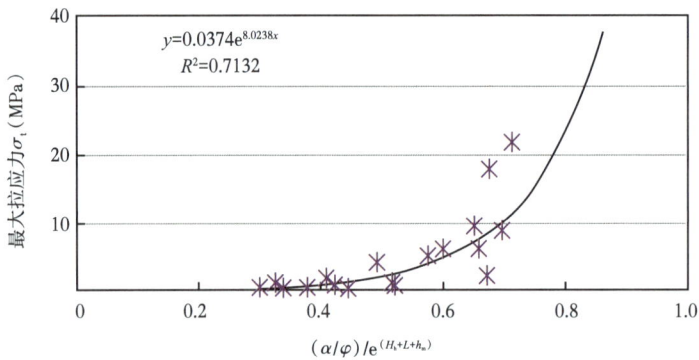

图 2-32 管道最大拉应力与滑面倾角、滑面内摩擦角、坡体厚度、坡体长度及管道埋置深度关系曲线

α—滑面倾角（°）；φ—滑面内摩擦角（°）；H_h—模型坡体厚度（m）；
L—模型坡体长度（m）；h_m—管道埋置深度（m）

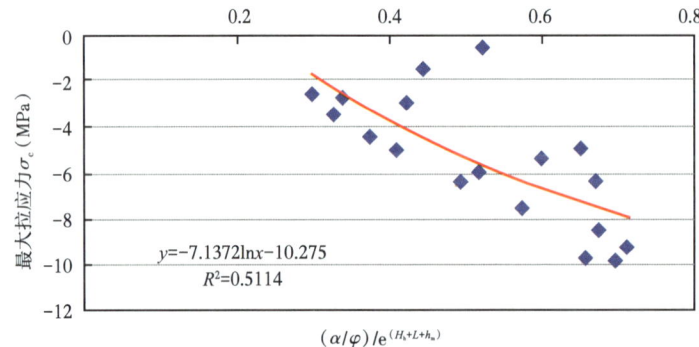

图 2-33 管道最大压应力与滑面倾角、滑面内摩擦角、坡体厚度、坡体长度及管道埋置深度关系曲线

α—滑面倾角（°）；φ—滑面内摩擦角（°）；H_h—模型坡体厚度（m）；
L—模型坡体长度（m）；h_m—管道埋置深度（m）

根据前述相似原理，通过拟合可得管道最大拉、压应力与滑面倾角、滑面内摩擦角、坡体长度、厚度，以及管道埋置深度的关系，可以求得实际滑坡作用下管道最大拉、压应力计算公式：

$$\begin{cases} \sigma_{t(P)} = 0.0374\lambda e^{8.0238\left\{(\alpha/\varphi)/e^{\left[H_{(P)}+L_{(P)}+h_{m(P)}\right]/C_{\text{几何}}^{-1}}\right\}} \\ \sigma_{c(P)} = \lambda\left(-7.1372\ln\left\{(\alpha/\varphi)/e^{\left[H_{(P)}+L_{(P)}+h_{m(P)}\right]/C_{\text{几何}}^{-1}}\right\}-10.275\right) \end{cases} \quad (2-5)$$

对于管道斜穿滑坡，通过拟合可初步获得管道与下滑方向的夹角 θ 和管道实际最大拉、压应力的关系。以此为基础，同时结合纵穿情况，可在同时考虑滑坡体长度、厚度、管道埋深等综合情况下将其进一步进行拟合。拟合结果如图2-34和图2-35所示，管道最大拉、压应力拟合曲线仍基本符合指数型（拉应力 σ_t）和对数型（压应力 σ_c）关系。

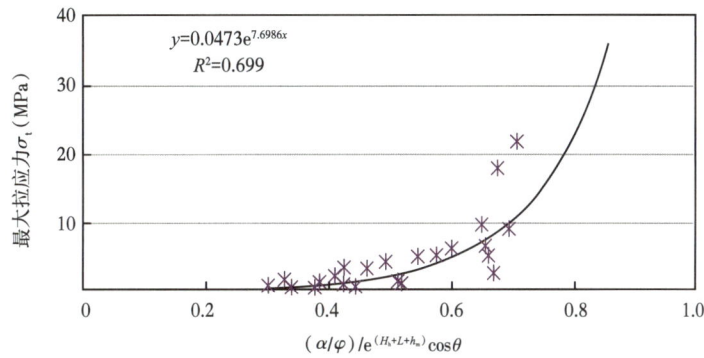

图2-34 管道最大拉应力与滑面倾角、滑面内摩擦角、坡体厚度、坡体长度、管道埋置深度及管道和坡体下滑方向的夹角关系曲线

θ—滑面倾角（°）；φ—滑面内摩擦角（°）；H_h—模型坡体厚度（m）；L—模型坡体长度（m）；
h_m—管道埋置深度（m）；α—管道与坡体下滑方向夹角（°）

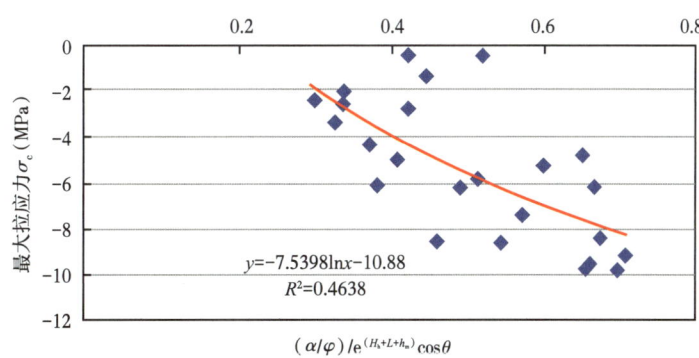

图2-35 管道最大压应力与滑面倾角、滑面内摩擦角、坡体厚度、坡体长度、管道埋置深度及管道和坡体下滑方向的夹角关系曲线

θ—滑面倾角（°）；φ—滑面内摩擦角（°）；H_h—模型坡体厚度（m）；L—模型坡体长度（m）；
h_m—管道埋置深度（m）；α—管道与坡体下滑方向夹角（°）

根据前述相似关系，通过拟合可得管道最大拉、压应力与滑面倾角、滑面内摩擦角、坡体厚度、坡体长度、管道埋置深度，以及管道和坡体下滑方向的夹角关系，求得实际管道竖穿和斜穿的拉、压应力综合表达式，见式（2-6）。

$$\begin{cases} \sigma_{t(P)} = 0.0473\lambda e^{7.6996(\alpha/\varphi)/e^{[L_{(P)}+H_{h(P)}+h_{m(P)}]/C_{\text{几何}}^{-1}} \times \cos\theta} \\ \sigma_{c(P)} = \left(-7.5398\ln\left\{(\alpha/\varphi)/e^{[L_{(P)}+H_{h(P)}+h_{m(P)}]/C_{\text{几何}}^{-1}} \times \cos\theta\right\} - 10.88\right)\lambda \end{cases} \quad （2-6）$$

式中：$\sigma_{t(P)}$ 为实际滑坡中管道上的拉应力，MPa；$\sigma_{c(P)}$ 为实际滑坡中管道上的压应力，MPa；α 为实际滑坡滑面倾角，(°)，其取值与模型滑坡一致；φ 为实际滑坡滑面内摩擦角，(°)，其取值与模型滑坡一致；θ 为实际管道与坡体下滑方向的夹角，(°)，其取值与模型滑坡一致；$L_{(P)}$ 为实际长度，m；$H_{h(P)}$ 为实际滑坡厚度，m；$h_{m(P)}$ 为实际滑坡中管道埋深，m；$C_{\text{几何}}$，λ 为分别为几何相似系数、应力相似系数，详见前述内容，其中，几何相似系数以实际滑坡体尺度为基准，建议取 $C_{\text{几何}}^{-1}$ 中的最大值。

根据 GB 50253—2014《输油管道工程设计规范》，将管道最低屈服强度的 80% 对应的管道轴向应力称为许用轴向应力 $[\sigma_a]$，建立了于滑坡等外荷载作用下管道易损性的第一个判断准则[式（2-7）]。具体如下：

由分析可知：

$$\sigma_a \leqslant [\sigma_a] = 0.8\sigma_s \quad （2-7）$$

根据易损性的定义，则有：

$$K = \frac{\sigma_a}{[\sigma_a]} = \frac{\sigma_a}{0.8\sigma_s} \quad （2-8）$$

式中：K 为易损性系数，此处根据易损性定义，初拟的滑坡地质灾害作用下的易损性评价分级标准见表 2-12，并同时给出了相应的治理措施建议；σ_a 为许用轴向应力，MPa，$\sigma_a = \sigma_{a内} + \sigma_{a温} + \sigma_{a外} = \mu\sigma_h + E\alpha(t_1-t_2) + \sigma_{a外}$；$\sigma_{a内}$ 为管道内压引起的轴向应力（MPa）；$\sigma_{a温}$ 为管体温度变化引起的轴向应力，MPa，规范中一般规定，埋地受约束管段应考虑温度变化引起的轴向应力，没有约束时可不考虑；$\sigma_{a外}$ 为管道由外力（如滑坡）导致的管道轴向应力，MPa，$\sigma_{a外} = \sigma_{e附}$；$\mu$ 为泊松比，对受土体约束的管道，取 0.3；σ_h 为由内压引起的

表 2-12 初拟的滑坡地质灾害作用下的管道易损性评价分级标准

易损性系数	$K < 0.3$	$0.3 \leqslant K < 0.65$	$K \geqslant 0.65$
易损性等级	低易损性	中易损性	高易损性
治理措施建议	对地质灾害的常规巡视、检测和监测	对地质灾害进行勘查和监测，并对管道进行必要的检测。查明地质灾害的情况，进一步对地质灾害的稳定情况进行评估，并对易损性评价结果进行修正，根据评价修正结果采取常规的灾害处置措施对地质灾害进行加固设计，并根据必要的管道检测结果做到治理重点突出，可考虑在重点部位布置适量监测	对地质灾害进行详细勘查及监测，对管道的目前状况进行详细检测。查明地质灾害的情况，进一步对地质灾害的稳定情况进行评估，并对易损性评价结果进行修正。对油气管道应力、变形进行详细监测，并根据结果对灾害地质体进行加固设计，对加固措施效果进行跟踪和评价，必要时更改油气管道线路

管道环向应力，MPa，假定管道按设计压力运行，则 $\sigma_\mathrm{h}=[\sigma]=0.72\sigma_\mathrm{s}$，这样 $\sigma_{\mathrm{a}内}=0.216\sigma_\mathrm{s}$，实际运营时可按实际运营内压来计算，此时 $\sigma_\mathrm{h}=pD/(2\delta)$，$p$、$D$、$\delta$ 分别为输送压力（MPa）、管道直径（m）和管道的公称壁厚（m）；σ_s 为管道最低屈服强度，MPa；E 为钢材的弹性模量，取 2.1×10^5MPa；α 为材料的线膨胀系数，规范推荐值 1.2×10^{-5}℃$^{-1}$；t_1 为施工时管道闭合的温度，℃；t_2 为管道运行温度，℃。

由此可对管道的易损性进行判定。

式（2-7）是针对拉伸轴向应力的判断准则，因为地震、风等荷载主要是拉伸轴向应力。压缩轴向应力如果选用式（2-7）进行判断则较危险。对于滑坡地质灾害体作用下可能导致管道压缩应力直至皱曲破坏的情况，还需要建立压缩轴向应力的判断标准。加拿大、日本则采用第四强度理论进行校核（此时当量应力 $\sigma_\mathrm{e}=\sigma_\mathrm{h}^2-\sigma_\mathrm{h}\sigma_\mathrm{a}+\sigma_\mathrm{a}^2\leqslant 0.9\sigma_\mathrm{s}$），这些强度理论反映了弹塑性材料的屈服条件，是管道必须满足的力学条件。因此可选用式（2-9）作为滑坡等外荷载作用下的另一个判断准则，具体如下：

根据上述条件，由于 $\sigma_\mathrm{e}=\sigma_\mathrm{h}-\sigma_\mathrm{a}\leqslant 0.9\sigma_\mathrm{s}$，即

$$\sigma_\mathrm{a}\geqslant \sigma_\mathrm{h}-0.9\sigma_\mathrm{s}=-0.18\sigma_\mathrm{s} \qquad (2\text{-}9)$$

注意：公式中的负号代表压应力。

根据易损性的定义，则有：

$$K=\frac{\sigma_\mathrm{a}}{-0.18\sigma_\mathrm{s}} \qquad (2\text{-}10)$$

由此可对管道的易损性进行判定。

因此，在滑坡等外荷载作用下，对于无缺陷的管道，管道应力条件同时满足了式（2-7）和式（2-9）即可认为是安全的。对比两公式可发现，对于拉应力，式（2-7）比式（2-9）的条件苛刻，而对于压应力则正好相反。这样，拉应力的判断标准可只选用式（2-7），压应力的判断标准可只选用式（2-9）。

对一个滑坡灾害实体，滑体长度 L、宽度 B、厚度 H_h、管道埋置深度 h_m、滑面倾角和内摩擦角等参数一旦确定，便可计算管道最大附加应力 σ_max，同时，考虑到管道内压和温度变化的影响，根据上述式（2-7）、式（2-9），对管道易损性进行判断。

2.2 水毁对管道的影响机理

（1）水毁对天然气管道破坏模式分类。

随着水流对管道周围土体的不间断冲刷，管道周围土体稳定性越来越差，水流会把管道周围松散的土壤冲走，容易造成悬跨现象；同时管道极容易受地质条件、管道铺设和就位方法、河床不平程度，以及人工采砂活动等各种因素的影响，也会造成悬跨现象。其中，水流冲刷是造成管道出现悬跨段的最主要因素（图2-36）。当管道发生悬跨之后，河流直接作用于管道表面，主要失效模式分两类：

①管道受交变拖曳力和上升力作用，进而容易导致河底输流管道发生屈服破坏；

②水流在管道周围产生旋涡释放,当管道自振频率和漩涡释放频率接近时,管道发生共振破坏。

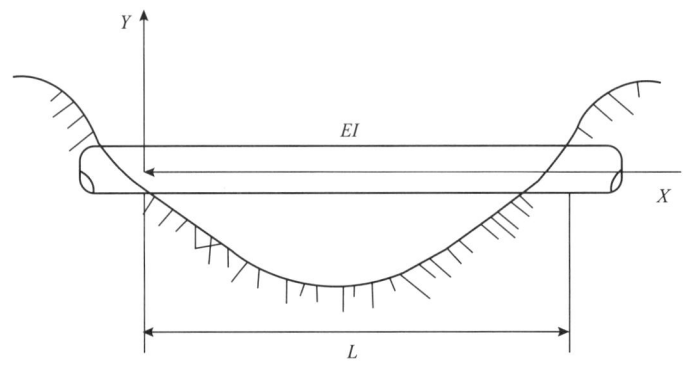

图 2-36 河流冲刷形成的悬跨管道模型

(2)管道发生屈服破坏的机理。

水下穿越管道悬跨段所受载荷如图 2-37 所示,悬跨管道所受载荷类型主要有浮力、管道自重、石油(天然气)自重、管道内部操作压力、水流作用下的水力载荷和管土相互作用摩擦力。

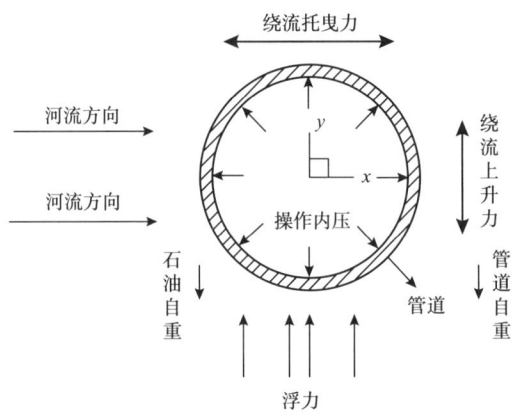

图 2-37 悬跨管段载荷示意图

设管道长 L (m),密度为 $\rho_{钢}$ (kg/m^3),外径为 D (m),内径 d (m),壁厚 t (m),水的密度为 $\rho_{水}$ (kg/m^3),单位均采用国际单位制。则水下穿越管道所受的每种载荷的计算方法如下:

管道的重力:

$$G = mg = \rho_{钢} ALg = \rho_{钢} gL\frac{\pi}{4}\left(D^2 - d^2\right) \tag{2-11}$$

管道所受浮力:

$$F_{浮} = \rho_{水} g V_{钢} = \rho_{水} g \frac{\pi}{4} D^2 L \tag{2-12}$$

重力减浮力：

$$G - F_{浮} = gL\frac{\pi}{4}\left(\rho_{钢}D^2 - \rho_{钢}d^2 - \rho_{水}D^2\right) \quad (2-13)$$

由重力和浮力产生的管道单位长度所受的均布力为：

$$\frac{G - F_{浮}}{L} = g\frac{\pi}{4}\left(\rho_{钢}D^2 - \rho_{钢}d^2 - \rho_{水}D^2\right) \quad (2-14)$$

（3）单位长度管道上的稳定拖曳力（绕流拖曳力）公式：

$$f_D = \frac{1}{2}C_D\rho_{水}Dv_0^2 \quad (2-15)$$

式中：C_D 为稳定拖曳力系数，图 2-38 和图 2-39 为 C_D 与雷诺数的关系曲线图，由此可以确定拖曳力系数；$\rho_{水}$ 为流体的密度，kg/m^3；v_0 为河流垂直于管体的流速，m/s。雷诺数 $Re = v_0 D/\nu$，ν 为流体运动黏滞系数。

在工程应用中，对于水下穿越管道，其雷诺数变化范围大概在 $10^5 \sim 10^7$ 之间，由图 2-38 的雷诺数 Re 与阻力系数 C_D 曲线可知：长径比对圆柱绕流阻力系数的影响还是比较大的。当雷诺数确定时，长径比越大，阻力系数越大。因此，保守起见，将参考长径比为无穷大时的阻力系数曲线。当 $1\times10^5 \leqslant Re \leqslant 5\times10^5$ 时，$C_D=1.2$；当 $5\times10^5 < Re \leqslant 2\times10^6$ 时，$C_D=0.4$；当 $2\times10^6 < Re \leqslant 1\times10^7$ 时，$C_D=0.7$（按实验数据）。

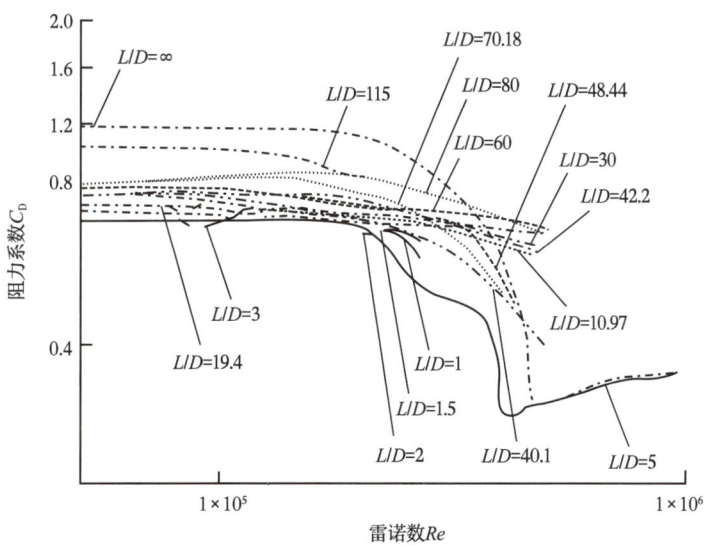

图 2-38　C_D 随长径比及雷诺数的变化规律

河流流经管道会发生涡旋发放现象，悬跨管道除了受到沿流向的稳定拖曳力 f_D 以外，还会受到沿流向的脉动拖曳力 f_D' 和垂直于流向（横向）的脉动上升力 f_L，脉动拖曳力的频率为脉动上升力频率的两倍，而脉动上升力的频率等于旋涡的发放频率。

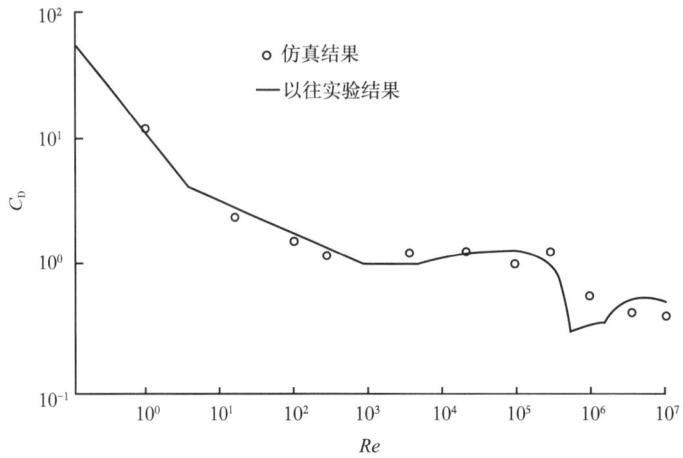

图 2-39 C_D 随 Re 的变化曲线

管道单位长度所受横向脉动上升力 f_L 呈下列形式：

$$f_L = \frac{1}{2} C_L \rho_水 D v_0^2 \cos(2\pi f_0 t) \quad (2-16)$$

管道单位长度所受流向的脉动拖曳力 f'_D 呈下列形式：

$$f'_D = \frac{1}{2} C'_D \rho_水 D v_0^2 \cos(4\pi f_0 t) \quad (2-17)$$

式中：f_0 为河流的涡旋发放频率，Hz；C_L 为脉动横向力系数；C'_D 为脉动拖曳力系数；C_L 和 C'_D 与雷诺数有关；t 为时间，s。

图 2-40（a）和 2-40（b）分别为两个系数与雷诺数的关系曲线图，由水下穿越管道的雷诺数就可以确定两个系数。

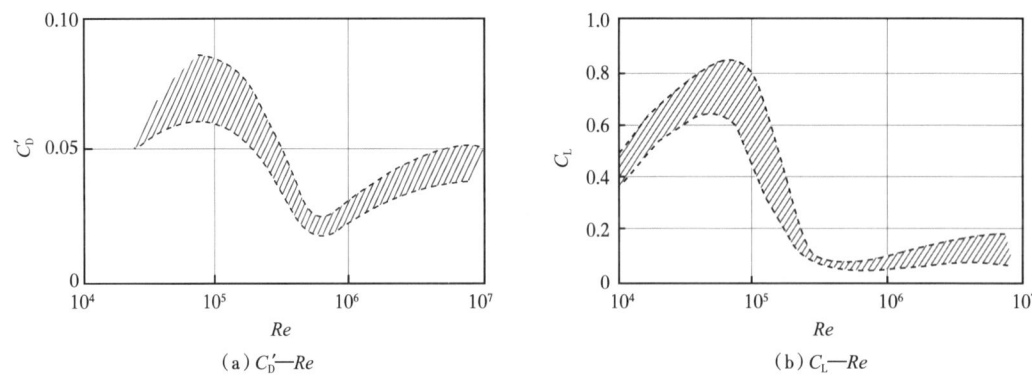

(a) C'_D—Re (b) C_L—Re

图 2-40 管道的脉动拖曳力系数 C'_D 和横向力系数 C_L 与雷诺数 Re 的关系图

综上所述：水下穿越管道由于水流的冲击作用和自身重量，悬跨管道单位长度所承载的均布力之和为 q。静强度分析时将管道所受的流向和横向两个方向上的载荷叠加在一起。

$$q = \frac{G-F_{浮}}{L} + f_D + f_L + f'_D = g\frac{\pi}{4}(\rho_{钢}D^2 - \rho_{钢}d^2 - \rho_{水}D^2) + \frac{1}{2}C_D\rho Av_0^2 + \frac{1}{2}C_L\rho Dv_0^2 \cos(2\pi ft) + \frac{1}{2}C'_D\rho Dv_0^2 \cos(4\pi ft) \quad (2-18)$$

根据材料力学知识，对于简支结构，当管道均布载荷为 q 时，悬跨管道的最大弯矩值为：

$$M_{max} = \frac{qL^2}{8} \quad (2-19)$$

式中：M 为弯矩，N·m；q 为均布载荷，N/m；L 为管道悬跨长度，m。

悬跨管道弯矩最大截面上的弯曲正应力计算公式为：

$$\sigma = \frac{My}{I_z} \quad (2-20)$$

对于空心圆截面（管道截面），其横截面对于中性轴的惯性矩：

$$I_z = \frac{\pi D^4}{64}(1-\alpha^4), \quad \alpha = \frac{d}{D} \quad (2-21)$$

式中：I_z 为截面对于中性轴的惯性矩，m⁴；D 为管道外径，m；d 为管道内径，m；y 为求应力的点距中性轴的距离，m。显然，当管道受到水流冲刷后的最大弯曲应力大于管道屈服应力时，管道将发生破裂失效。

（4）管道发生共振破坏的机理。

"共振"或"频率锁定"现象，是指当悬跨管道的固有频率与河流流经管道涡旋发放频率较接近时，悬跨管道的振动响应出现大振幅，其振幅足以控制涡旋发放过程中悬跨管道与流体之间这一复杂的相互作用过程，整个振动过程称为涡激振动。

当河水流过悬跨管道时，因雷诺数大小的不同，会出现不同形式的涡旋发放现象，如图 2-41 所示。

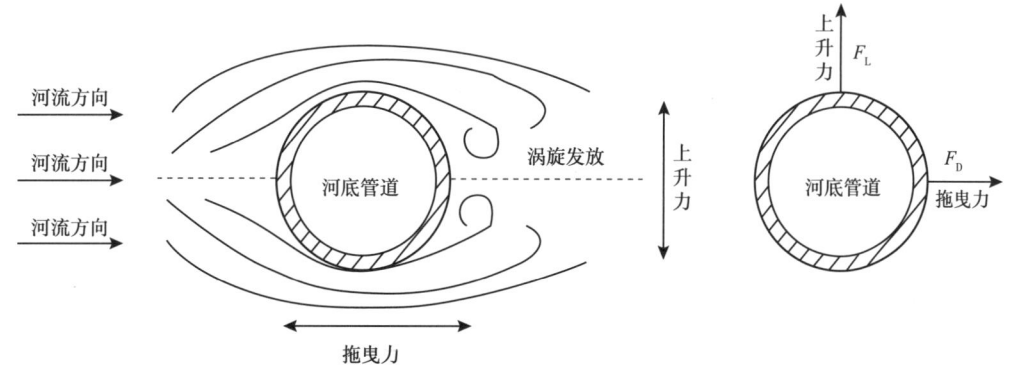

图 2-41 涡旋发放示意图

涡旋发放会在悬跨管道的周围形成一个由时变的流场引发的时变的压力场。压力场最终作用在管道的表面上，此压力可分解成流向和横向（垂直于流向）两个压力分量。沿流动方向的力,称为流向脉动拖曳力,其作用频率等于涡旋发放频率;沿横向方向的力称为横向脉动上升力,其作用频率等于涡旋发放频率的一半。

河流流经管道过程中,一方面,悬跨管道可能会出现"频率锁定"现象,极易导致管道悬跨段的断裂失效。另一方面,伴随着周期性的涡旋发放,悬跨管道可能会发生周期性振动,导致悬跨管道的疲劳失效。由此可见,水流引起的管道涡激振动是影响悬跨管道正常运营的主要因素。

悬跨管道固有频率的计算公式综合考虑了轴力、混凝土保护层,以及横向静挠度的影响,计算公式如下:

$$f_n = C_1\sqrt{1+\mathrm{CSF}}\sqrt{\frac{EI_z}{m_e L_{\mathrm{eff}}^4}\left[1+\frac{S_{\mathrm{eff}}}{P_{\mathrm{cr}}}+C_3\left(\frac{\delta}{D}\right)^2\right]} \quad (2-22)$$

式中:f_n 为悬跨管道的固有频率,Hz;C_1、C_3 为边界条件系数,两端简支时 C_1 取 1.57,C_3 取 0.8,两端固支时 C_1 取 3.56,C_3 取 0.2,两端线弹性支撑时 C_1 取 3.56,C_3 取 0.4;L_{eff} 为悬跨段的有效跨长,m;m_e 为有效质量,kg;EI 为管道弯曲刚度,N·m²;S_{eff} 为管道两端的有效轴向力,N;P_{cr} 为屈曲载荷,N;δ 为管道初始静挠度;CSF 为混凝土刚度的增强因子;D 为管道外径,m。

流经悬跨管道时,管道迎水面、背水面及管道顶部、底部形成压强差,从而导致悬跨管道发生涡激振动现象。当水流涡旋发放频率 f_0 与悬跨管道的固有频率 f_n 两者接近时,水下穿越管道将发生共振现象,此时悬跨管道将发生大幅度振动,由此可能导致管道强度破坏或者疲劳破坏。在水下穿越管道设计中,必须避免或者控制发生"共振"现象。因此可以通过改变悬跨段的跨长来改变悬跨管道的固有频率,使管道的固有频率 f_n 与水流涡旋释放频率 f_0 不接近。

涡激振动现象发生的频率范围采用如下方法判定。折合速度 v_R(又称为约化速度)表征了一个振动周期内水质点的位移路径长度与模型宽度的比值,折合速度的计算公式如下:

$$v_R = \frac{v_0}{f_n D} \quad (2-23)$$

式中:v_R 为折合速度;v_0 为来流速度,m/s。

当水下穿越管道的固有频率与河流的涡旋发放频率比较接近时,悬跨管道会发生涡激振动,工程中常用折合速度 v_R 来表示是否会发生涡激振动,图 2-42 和图 2-43 分别为管道流向涡激振动幅值、横向涡激振动幅值与折合速度的关系曲线图。

图 2-42 和图 2-43 中横坐标是折合速度,纵坐标分别是流向涡激振动幅值和横向涡激振动幅值,每条曲线代表一种不同的工况,曲线以外认为是没有发生涡激振动。曲线最大值处即是发生了共振。由图 2-42 和图 2-43 可以看出:在不同工况下,流向涡激振动发生在折合速度 $v_R=1\sim4.5$ 范围内,且最大流向振幅(与管径做了无量纲化)约为 0.18;横向涡激振动发生在折合速度 $v_R=2\sim16$ 范围内,且最大横向振幅约为 1.3。由此可以看出横向涡激振动要比流向涡激振动更为严重,工程上一般可以忽略流向涡激振动,只考虑横向涡激振动。

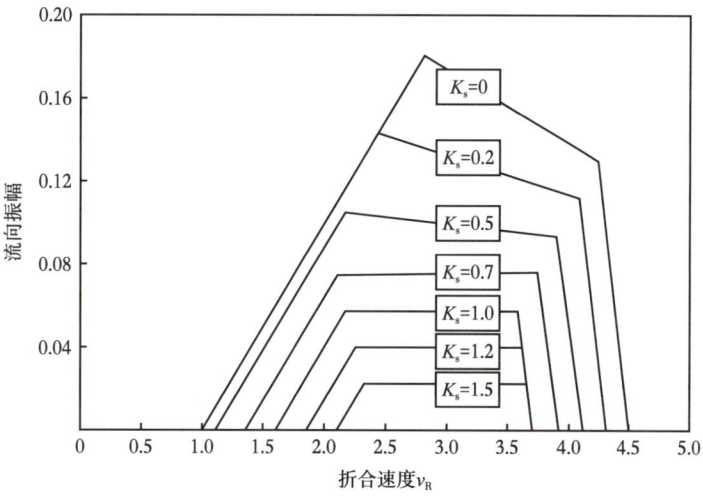

图 2-42 流向振幅与折合速度的关系

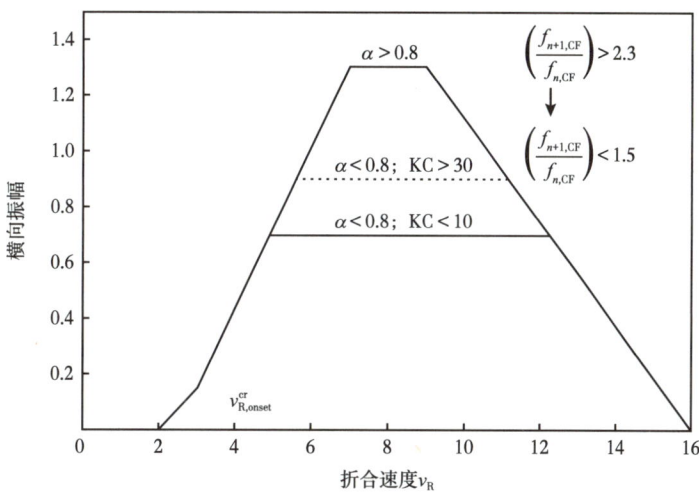

图 2-43 横向振幅与折合速度的关系

由图 2-43 可以确定出悬跨管道横向发生涡激振动的折合速度范围为：$v_R=2\sim16$。则相应的固有频率范围为：

$$\frac{v_0}{16D}<f_n<\frac{v_0}{2D} \quad (2-24)$$

悬跨管道发生共振（即最大振幅的涡激振动）时的固有频率范围为：

$$\frac{v_0}{10D}<f_n<\frac{v_0}{6D} \quad (2-25)$$

（5）管道涡激振动疲劳失效机理。

河水流经管道，当悬跨管道的固有频率与河水涡旋发放频率比较接近时，悬跨管道就会发生涡激振动,悬跨管道的振动呈现大振幅,悬跨管道会发生疲劳损伤,缩短悬跨管道的疲劳寿命,对管道的安全运营产生较大的影响。本节着重分析悬跨管道发生涡激振动时的振动幅值和疲劳寿命。不发生涡激振动的管道在不考虑其他因素如腐蚀等的情况下,认为是无限疲劳寿命。

当材料或结构受到多次重复变化的载荷作用后,应力值虽然始终没有超过结构的强度极限,甚至比弹性极限还低的情况下就可能发生破坏,这种在交变载荷重复作用下材料或结构的破坏现象,就叫作疲劳破坏。疲劳载荷指的是造成结构疲劳损伤的重复变化的载荷。结构疲劳性能的好坏是用疲劳强度来衡量的。所谓疲劳强度就是指结构抵抗疲劳破坏的能力。疲劳破坏与静力作用下的失效有着本质区别,疲劳破坏是一个累积的过程。

对于水下穿越管道,疲劳破坏主要是由涡激振动引起的交变应力造成的。悬跨管道在交变荷载作用下,会逐渐发生疲劳失效。疲劳分析就是在给定的疲劳环境和环境载荷条件下,分析悬跨管道各内场(如应力、应变、位移、刚度等)的变化过程,求解悬跨管道的疲劳损伤和疲劳寿命。

对于铺设在深水域的管道,波浪的影响可以忽略,只考虑水流的作用。水流对悬跨管道的作用力分为沿着水流方向(In-line)的稳定拖曳力,流向方向脉动拖曳力和横向方向(Cross-flow)的脉动上升力。对于悬跨管道的疲劳分析,流向脉动拖曳力由莫里森公式计算后,证明其数值很小,通常可以不考虑。主要考虑横向涡激振动造成的疲劳损伤,疲劳载荷的形式是脉动上升力。

一般来说,水下穿越管道的疲劳分析其分析步骤如下:

①选定管道材料的 S—N 曲线。工程中常用 S—N 曲线来表示结构的疲劳强度。其中,S 是结构承受的交变应力的应力幅值(疲劳应力幅),N 是结构在应力幅值为 S 的恒幅交变应力作用下发生疲劳破坏需要的应力循环次数,即预测的疲劳寿命。

②修正 S—N 曲线。计算悬跨管道的疲劳寿命时需要考虑悬跨管道的悬空长度、管径、壁厚、所处环境、打磨加工程度,以及残余应力等因素。因此需要对 S—N 曲线进行修正,考虑平均应力 σ_m(静应力)对疲劳寿命的影响。所求工况的交变应力幅值加上平均应力得到悬跨管道总应力的幅值,根据修正后的 S—N 曲线便可以得出所求工况下疲劳破坏时的交变应力循环次数,循环次数乘以每个循环过程所用的时间,便可以得出该工况下悬跨管道的疲劳寿命。

③确定疲劳应力幅的概率分布。根据水下穿越管道涡激振动的特点,涡激振动引起的交变应力进程可以看作是零均值的平稳正态随机进程,那么涡激振动引起的长期应力范围分布可以用 Rayleigh 分布来描述,其概率密度函数表达式如下:

$$f(S) = \frac{S}{4\sigma_x^2} \exp\left(-\frac{S^2}{8\sigma_x^2}\right) \quad (2\text{-}26)$$

式中:S 为交变应力幅值;σ_x 为交变应力进程的标准差。

④计算管道在一年中的总疲劳累积损伤。悬跨管道在一年中总的损伤为:

$$D_{\text{fat}} = \sum_{i=1}^{K} \frac{n_i}{N_i} \quad (2\text{-}27)$$

式中：D_{fat} 为悬跨管道累积疲劳损伤；n_i 为交变应力幅值 S_i 相应的一年中实际循环的次数；N_i 为交变应力幅值为 S_i 的疲劳循环总数。

线性疲劳累积损伤理论认为：当 $D_{fat}=1$ 时，悬跨管道发生疲劳破坏。

⑤计算水下穿越管道的疲劳寿命（单位：年）。悬跨管道疲劳寿命 T 为：

$$T = \frac{1}{D_{fat}} \tag{2-28}$$

这样经过以上五个步骤便可以求得水下穿越管道的疲劳寿命，并且考虑了一年中多种工况的作用。接下来要进行疲劳等级评定，验算所求悬跨管道疲劳寿命是否满足要求。

⑥疲劳等级评定。进行详细的疲劳寿命计算之后，应该检验疲劳寿命是否满足疲劳标准。疲劳标准由式（2-29）确定：

$$\eta T_{life} > T \tag{2-29}$$

式中：η 为与安全等级相关的系数，见表 2-13；T_{life} 为悬跨管道的设计疲劳寿命；T 为计算得出的管道疲劳寿命。

如不满足此疲劳标准的要求，则必须采取相应的防护补救措施。

表 2-13　不同安全等级所对应的安全系数

安全系数	安全等级		
	低	中	高
η	1.00	0.50	0.25

第 3 章　管道地质灾害风险监测与检测系列技术

3.1　常用监测技术

在总结梳理管道监测与滑坡监测现有技术方法的基础上，将管道滑坡监测内容分为三大类：管道本体监测、滑坡变形监测、相关因素监测，分别实现受灾体、灾害体和致灾因素的监控。

3.1.1　管体监测

3.1.1.1　管道应力应变监测技术

目前用于应变测试的传感器技术主要包括电阻式应变传感器、振弦式应变传感器、光纤光栅式应变传感器等。

（1）电阻式应变传感器技术。

电阻式应变传感器技术通常采用应变片（图3-1），应变片主要根据金属应变效应来进行测量，即利用电阻随着其变形而改变的一种现象。将被测量的应变通过所产生的金属弹性变形转换成电阻变化，然后把应变片接成惠斯通电桥的形式，让其电阻值的变化对电路的电压进行控制，最后通过电阻应变仪进行信号解调将电压信号记录并显示。

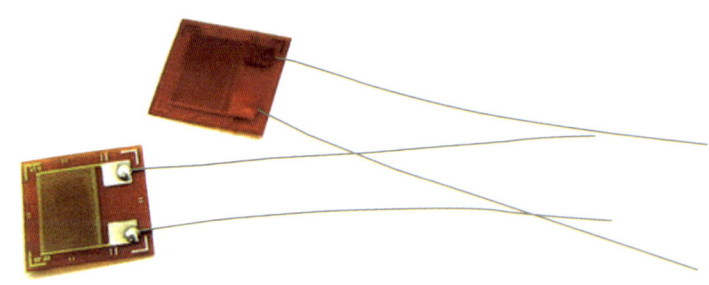

图 3-1　电阻式应变片

电阻应变片测量技术是目前对应变进行测量的一种成熟的技术，它具有精度高、测量范围广、频率响应特性好等很多的优点；且价格低廉、品种多样、便于选择也是一般工程中应变测量常使用的原因之一[77]。但存在以下不足之处[78]：

①每次测量需要调零，无记忆性。

电阻应变片在每次测量前，必须保证惠斯通电桥平衡，即电桥输出为零。如果在测量前,电桥失去平衡,测量得到的读数就是电桥不平衡的输出和应变片对结构应变测量得到的输出的共同体现。因此应变片每次测量都是一个相对变化值,没有记忆性。而且对于复杂的情况下,如电力供应不足断电的情况下,将会中断测试过程的继续,影响测量结果。

②存在零漂,不能进行长期测量。

应变片在恒温和不受力的情况下,会随着时间的变化而发生变化,这种现象称为应变片的零漂,极大地限制了应变片使用寿命。

③多点测量不方便。

由于电阻应变片需要通过两根引线将其连接到电桥或者电阻应变仪中,在需布置多个测量点的情况下,采用应变片测量连接线路非常繁杂。

④抗电磁干扰能力差。

由于应变片主要是通过电量进行解调与转换,容易受到外界强电磁的干扰。

⑤防水性较差。

应变片由敏感元件线栅、基底和引线组成。应变片受潮后,水分在线栅之间产生电解,腐蚀线栅,导致电阻值发生变化,桥路输出有所变动。

因此从原理上,电阻应变片由于自身的零漂及受环境影响较大的原因不能满足长期监测的要求[79]。

(2)振弦式应变传感器技术。

振弦式应力应变传感器工作原理是弦固有频率与外界应变存在线性关系,结构如图3-2所示。在起支撑和保护作用的金属管内,一根金属钢丝弦两端固定,金属管外中间位置放置一个激励线圈和热敏电阻。振弦式传感器主要有两种工作方式:一种是单线圈激励方式,另一种为双线圈激励方式。单线圈激励方式的工作原理是激励线圈既激励弦产生振动也接收弦的振动所产生的激励信号,双线圈激励方式是一个线圈激励,一个线圈接收。除了线圈外,传感器还带有一个热敏电阻,用以测试传感器周围环境温度,以便进行温度修正。

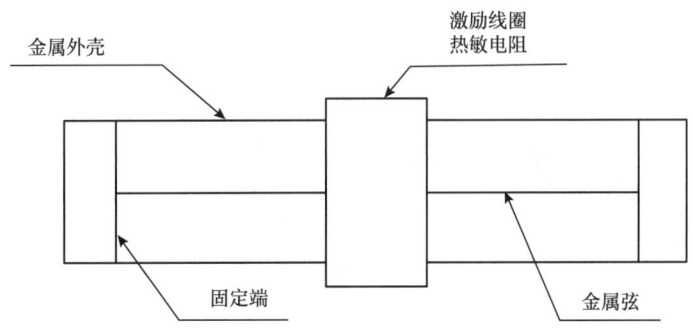

图3-2 振弦式应变传感器的基本结构

振弦式应变传感器的最大特点就是它克服了电阻式应变传感器稳定性较差的缺点,它没有零漂,温度修正效果明显。目前国际上生产振弦应变传感器的厂家主要有美国的基康(GEKON)公司和加拿大的ROCTEST公司,其产品各项性能稳定可靠,占领了国内外绝大部分市场(图3-3)。

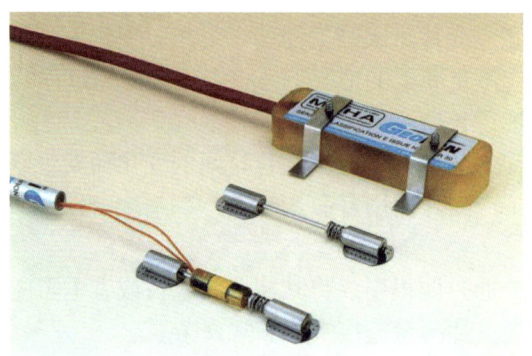

图 3-3 振弦式应变传感器

（3）光纤光栅式应变传感器技术。

光纤光栅布拉格光栅（fiber bragg grating，FBG）传感器是新一代进行应变监测的传感器。它优于常规的应变测量技术，最主要的特点就是通过光传输和传感技术，FBG 传感器具有灵敏度高、体积小、耐腐蚀、抗电磁干扰能力强等优点，非常适合复杂条件下结构应变信息长期监测工作。相关试验表明[80-81]，FBG 在结构的整个寿命周期内，都可以保证其可靠性，实现全寿命、长周期监测。因此基于现代结构监测技术的要求，FBG 传感器是满足结构需要的应变长期监测的理想传感器。其原理图如图 3-4 所示，其实物图如图 3-5 所示。

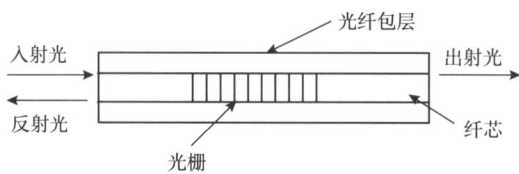

图 3-4 光纤光栅结构示意图

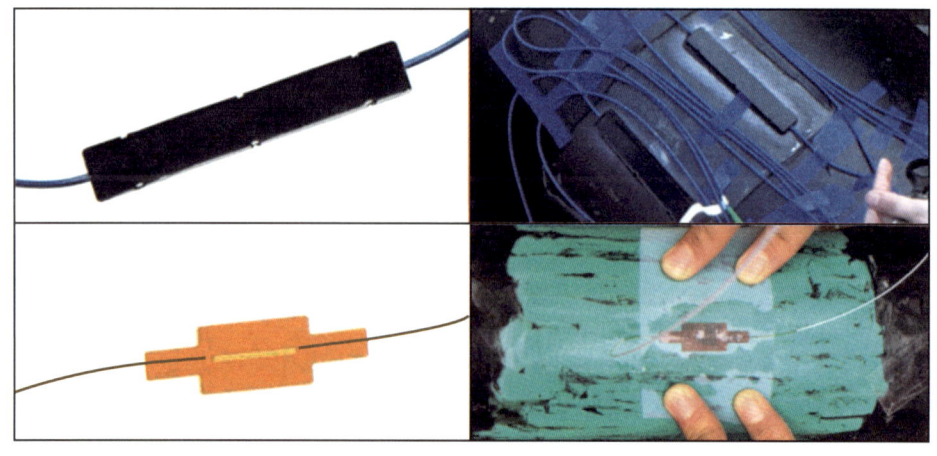

图 3-5 光纤光栅应变传感器

光纤光栅应变传感器具备以下优点：

①无须调零，且有记忆性。

FBG光波检测，每次测量或者记录的都是反射波长的绝对值。测量以传感器被安装时的值作为参考，当电子设备被关掉，传感器不需要重新标定参考值，也就是FBG不像电阻应变片技术，需要"电桥平衡"。由于这个特性，FBG在测量时，测量得到的应变受到前一段时间状态的影响，具有一定的记忆效应[82]。

②多点测量。

FBG是波长调制型传感器，波分复用技术是光纤传感技术的重要特点之一。利用波分复用技术，可实现分布式多点测量。FBG的一个传感阵列可以在一根光纤上写入一系列的不同周期的空间分布的光栅。

③抗电磁干扰，防水性能好。

光纤在整个传输过程中都是采用光信号，与电磁波信号不在同一个频段，不会受到电磁波的干扰。另外，光纤是由高分子材料组成，具有良好的耐水性能，在防水封装上要比电阻式应变片简单。

基于光纤光栅传感器技术的监测系统在各工程领域应用较为广泛，且体现出技术的优越性和在各个领域的极大应用前景[83]。世界著名的油田设备服务商Schlumberger和Weather Ford，在过去的两年，分别投资超过一个亿美元购买光纤光栅传感器技术，广泛用于陆地油井和海上石油平台监控[84]。

3.1.1.2 管道位移监测技术

目前管道位移监测主要有两种途径：一是通过监测管道位置的地表位移间接反映管体位移，通常的地表位移监测可以间接达到监测管道位移的目的，如全站仪、卫星定位、水准测量等监测手段；二是通过直接测量管道一定时间内的位置变化来反映管体的位移，如采用惯性导航内检测器（IMU）测量管道中心线位置，两次数据的比对可以计算管道产生的位移（图3-6）。

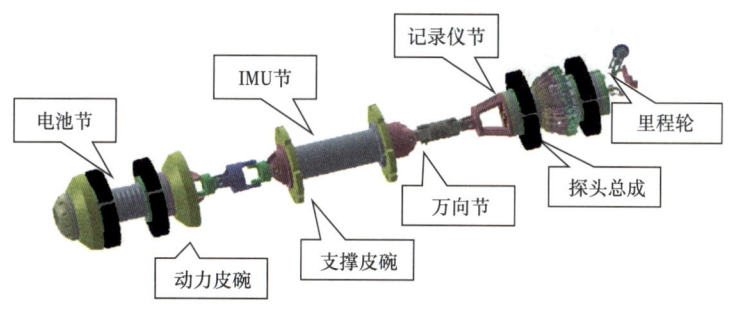

图3-6 管道惯性内检测

3.1.2 滑坡体监测

滑坡体监测主要指以测量滑坡体几何变形信息、滑坡土体推力信息为主的监测方法。这两者是发生滑坡的直观信息，也是直接对管道造成影响的重要物理量。

3.1.2.1 滑坡变形监测

（1）地表位移监测。

地表位移监测包括地表绝对位移监测、地表相对位移监测。

①地表绝对位移监测。

这是最基本的常规监测方法，可以采用的监测方法有大地测量、GNSS 测量、三维激光扫描、遥感遥测（RS）、合成孔径雷达干涉（InSAR）等。

a. 大地测量技术。

大地测量的内容包括精密导线测量、水准测量、三角测量、大地测量计算等，常用的监测仪器包括全站仪（图 3-7）、经纬仪、水准仪、测距仪等。其具有精度高、技术成熟、资料可靠等优点，是工程测量及地形测量的基础工作，是用于建立大地控制网的基本手段。一般用精密导线测量、三边测量、三角测量、边角测量等建立平面控制网。用水准测量建立高程控制网。传统的大地测量方式工作量比较大，并且受气候和地形视通条件影响。现在大地测量法已经延伸到使用卫星技术进行更广阔区域的测量。

图 3-7　全站仪

b. 全球导航卫星系统（GNSS）。

GNSS 技术已经在斜坡变形监测领域广泛应用，并取得了较好的效果（图 3-8）。GNSS 是以卫星为基础的无线电导航定位系统，因而具有全能性（陆地、海洋、航空和航天）、全球性、全天候、连续性和实时性的特点。目前，GNSS 技术主要包括美国的全球定位系统（GPS）、俄罗斯的全球轨道导航卫星系统（GLONASS）、欧盟的伽利略（Galileo）系统、中国的北斗（BeiDou-2）卫星导航系统。然而，卫星对地测量中复杂的误差源和通视条件的要求使山区滑坡高精度变形监测受到了一定的限制，设备状况和操作技术亦对其精度构成影响。和传统的经纬仪、全站仪大地测量方法相比，GNSS 技术优势与缺点共存，其具有点位选择的自由度较低、整体环境对 GNSS 观测不利、函数关系复杂、误差源多等缺点。

图 3-8　GNSS 监测设备

c. 三维激光扫描技术。

三维激光扫描技术又被称为实景复制技术，是测绘领域继 GPS 技术之后的一次技术革命，突破了传统的单点测量方法的局限性，具有高效、高精度的独特优势（图 3-9）。三维激光扫描技术能够提供扫描物体表面的三维点云数据，因此可以用于获取高精度高分辨率的数字地形模型。

传统的变形监测是基于点的变形监测，是通过测量手段获得监测点的水平位移量、垂直位移量及变形速率。三维激光扫描设计技术是在传统变形监测方法的基础上，结合多次扫描区域的点云数据，通过对比地表特征点的信息、特定区域土石方量的变化信息，利用点、面结合的方法对灾体进行监测，掌握灾体变化规律。

图 3-9　三维激光扫描技术

d. 遥感遥测技术。

遥感（Remote Sensing，RS）是指通过某种传感器装置，在不与被研究对象直接接触的情况下，获取其特征信息（一般是电磁波的反射辐射），并对这些信息进行提取、加工、表达和应用的技术[85]。遥感技术包括传感器技术，信息传输技术，信息处理、提取和应用技术，目标信息特征的分析与测量技术等。遥感已被用来监测地表变形，遥感方法适用于大范围、区域性的滑坡监测。根据遥感图片，进行滑坡的判别，根据不同时期图像变化了解滑坡体的变化情况。遥感影像对地面的分辨率越来越高，美国 Land Star 卫星的 TM 遥感影像对地面的分辨率为 29m，有的卫星分别率已达到 1m。利用高分辨率遥感影像对地面进行动态监测能反映丰富的地面信息，并能周期性获取同一地点影像的特点，可以对同一地质灾害点不同时相的遥感影像进行对比，进而达到对地面动态监测的目的（图 3-10）。

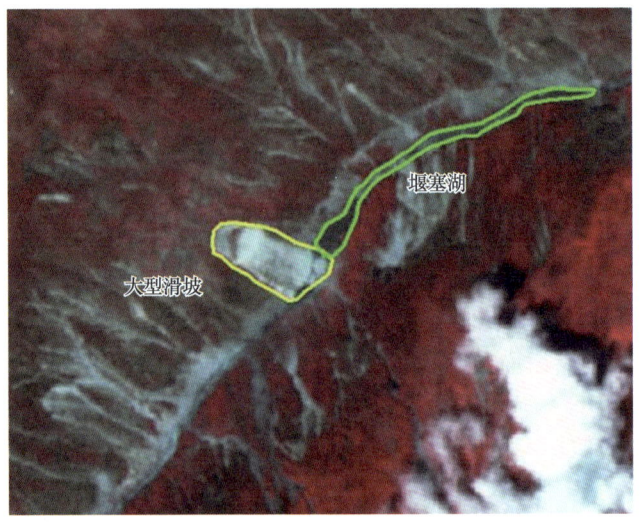

图 3-10　滑坡遥感影像

e. 合成孔径雷达干涉（InSAR）。

合成孔径雷达干涉（InSAR）测量是近年来微波遥感发展的一个重要方向，而将其应用于滑坡监测中则是国内外的研究热点问题[86]。目前，InSAR 的主要应用除进行地形制图，生成大范围高精度的数字高程模型及坡度测量外，在干涉雷达基础上发展起来的雷达差分干涉测量（DINSAR）技术对动态的高灵敏度、高空间分辨率及宽覆盖率使得这项技术在火山监测、地表下陷、山体滑坡监测和地震形变监测等方面具有重要的研究意义。具体来讲，InSAR 的基本原理是通过雷达卫星在相邻重复轨道上对同一地区进行两次成像，利用其所记录的相对相位进行干涉处理，可获取地形高程数据。如果把同一地区的不同时相的两幅干涉图像进一步地差分干涉处理，就可得到该地区地面沉降或者水平位移的信息（图 3-11）。

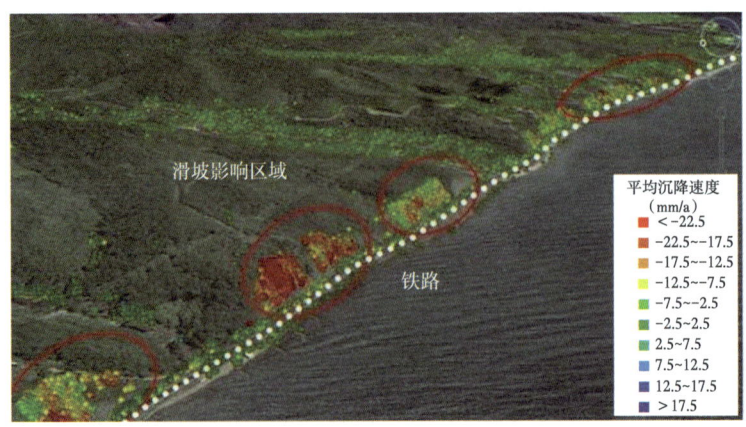

图 3-11　滑坡 InSAR 影像

②地表相对位移。

a. 拉线式位移计。

拉线式位移计又称为电位计式大量程位移计,量程一般从 500mm 到 2000mm 不等,非线性度一般小于量程的 0.5%,灵敏度一般为量程的 0.02%(图 3-12)。

图 3-12　拉线式位移计

b. 振弦式位移计。

振弦式位移计分为单点位移计和多点位移计,可直接安装在钻孔里,以监测多个滑动面和区域的变形或沉降位移(图 3-13)。多点位移计可根据钻孔地质条件选用合适类型的锚头,如灌浆锚头、液压锚头、抓环锚头等,以达到最佳监测效果。

c. 裂缝计。

滑坡体表面通常会含有裂缝,裂缝会呈现出特定的规律性。如:崩塌坡体通常会含有大量的拉张裂缝,裂缝、裂隙将坡体切割开,极易出现贯通的现象,从而使崩塌体脱离山体。扇形张裂缝通常位于滑坡体舌部、中部或前部。在压力的影响下,滑坡体前部的裂缝方向通常是与滑移方向垂直的,为鼓张裂缝。剪切裂缝通常位于滑坡体的中部两侧,呈羽毛的形状。拉张裂缝通常位于滑坡体上部,且裂缝呈弧形。裂缝计对裂缝的测量通常能直接反应滑坡灾害的发展情况(图 3-14)。

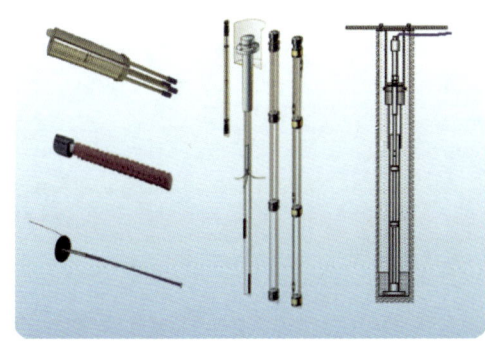

图 3-13　振弦式位移计

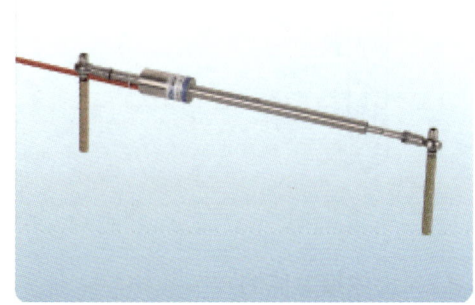

图 3-14　裂缝计

（2）深部位移监测。

在滑坡变形监测中，滑坡体深部位移监测是重要的监测内容。钻孔倾斜仪监测是常见的深部位移监测技术。钻孔倾斜仪能够准确捕捉到滑体深部变形情况，不同类型的斜坡都可以采用钻孔倾斜法，该方法具有良好的可靠性、稳定性和准确性，在滑坡变形测量中普遍使用，现已成为观测深部横向（或水平）位移的标准手段。滑坡滑动时，滑坡体钻孔内的测斜管在变形部位发生弯曲而产生一定的倾斜，以一定的步长（探头的导轮间距长）测定全孔每段测斜管的斜率（倾角）变化，利用三角函数公式即可得出每段的水平变化量。由于测斜管和滑体是结合在一起的整体，从而也就获得了滑坡变形的深度位置和该位置的水平位移量、位移速率和方向。钻孔倾斜仪的成本较高，主要原因是需要在待测变形区钻孔，如图 3-15 所示。

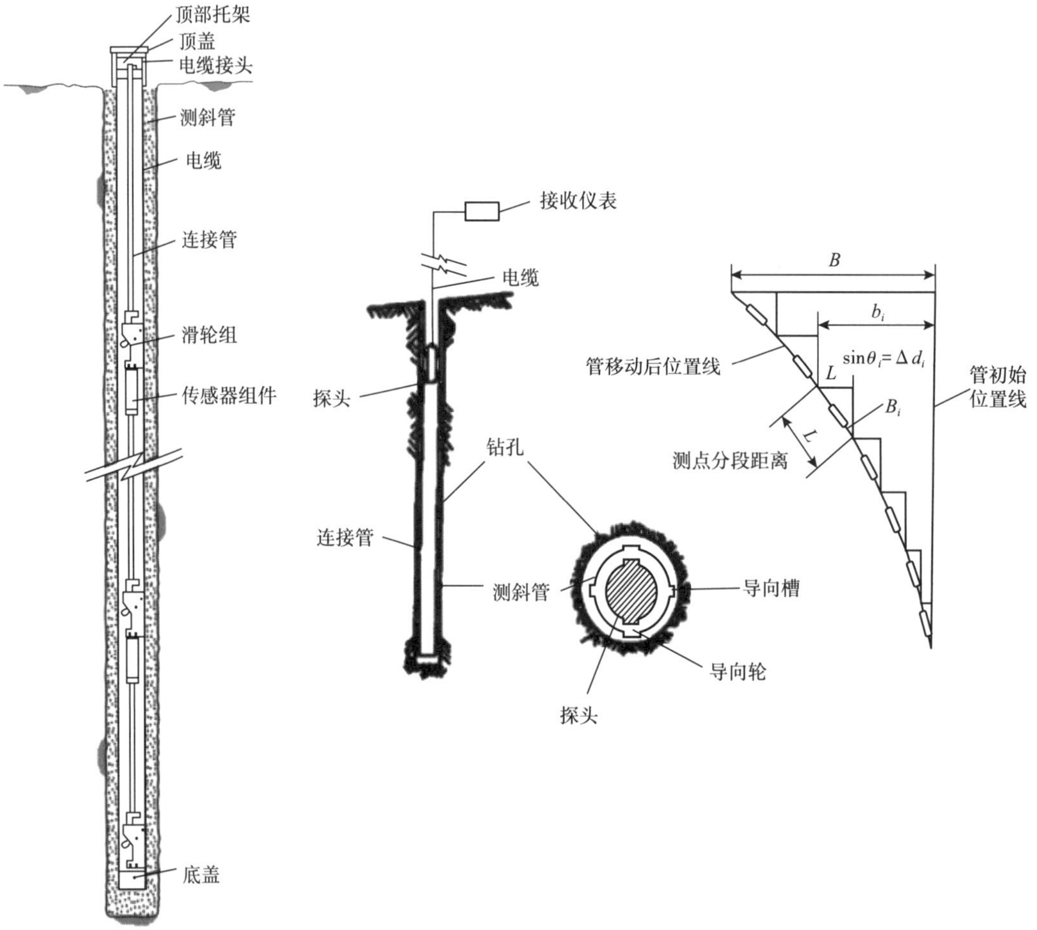

图 3-15　钻孔倾斜仪及技术原理

3.1.2.2　土体推力监测

土体推力监测一般使用土压力盒及数据采集模块，土压力盒分为液压式土压力盒、振弦式土压力盒和光纤光栅式土压力盒。土压力计如图 3-16 所示。

第3章 管道地质灾害风险监测与检测系列技术

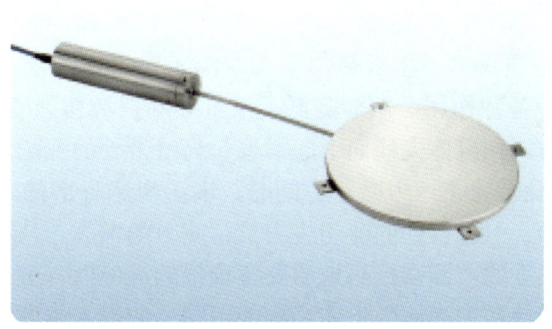

图 3-16　土压力计

3.1.3　相关因素监测

相关因素主要包括物理场监测、地下水监测和外部诱发因素监测。

3.1.3.1　降雨量监测

降雨量监测获取的是一次降水过程的降水量和降水强度，表征了降水的多少和降水的强度。一般情况下，强降水和持续降水会对滑坡等地质灾害产生较大影响，但作用的机理与过程并不相同。强降水表现为强烈的坡面冲刷、动水压力作用，时间短，速度快；而持续降水过程表现为降水入渗至灾害体内部，引起地下水位升高或饱水度增大，静水压力增加，水岩作用加强，相比时间较长、速度较慢。

雨量计是检测降雨量大小的重要气象仪器设备，雨量计的精确与否，对于正确评估地质灾害危险，进行灾害预警，以及政府部门及时下发抗灾抢险的指令，尽量减少灾害带来的损失，切实维护人身和财产安全，起着至关重要的作用。雨量计由以往的虹吸式发展到目前常用的翻斗式，翻斗式雨量计通过"翻斗"进行降水量的记录，其具有左右两个平衡的翻斗，在翻动的过程中就能够观测降雨量（图 3-17）。

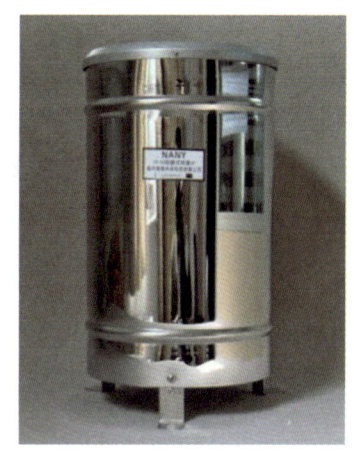

图 3-17　翻斗式雨量计

3.1.3.2　含水率监测

土壤含水量会影响到其抗剪强度，并且也是泥石流形成的重要因素。土壤水分传感器可以采用 FRD 频域反射或 TDR 时域反射技术。FDR 以电磁脉冲理论为基础，按照介质中电磁波的传播频率，能够对土壤介电常数进行推算，进而将土壤含水量计算出来。其测量原理是：传感器（图 3-18）对外发射特定频率的电磁波，探针中的电磁波传播到底部后会反射回来，此时探头会存在一定的电压，这是由电磁波往返传播而形成的。土壤含水量的高低会影响

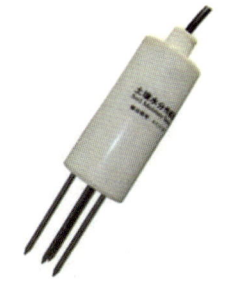

图 3-18　含水率传感器

土壤的介电常数，根据水分和探针电压的公式，能够推算出含水量，进而实现含水量检测的目的。

3.1.3.3 孔隙水压监测

降雨之所以诱发地质灾害，主要是由于雨水渗入灾害体内部，产生了容重增加、润滑、流动、孔隙水压等各种作用，例如降低了滑带处的抗剪切强度及滑床面的摩擦阻力，使得滑带处产生剪切破坏，滑体失稳而引起滑坡，当滑带处的孔隙水饱和后，滑体受到向上的"浮力"，滑体对滑床的正压力减小，同时，由于滑床上部的水分增加，加大了滑体重量，使得下滑力增加，引起各处的剪切应力及拉应力的增大，从而造成滑坡。人们试图通过对降雨量和降雨强度的监测来提高地质灾害预报的准确性，但是雨水入渗有一定的滞后性，由于地表径流条件和灾害体内土体结构的不同，使得入渗到灾害体深部的入渗量不同，所以根据降雨量的大小，只能粗略地估计灾害体内部的水分含量变化。

孔隙水的正压力值反映了测量探头至饱和层上界限的水柱高度，也就是测量探头至饱和层上界限水柱的厚度，而孔隙水的负压值的变化则反映了土体内水分含量的变化规律。所以孔隙水压力是判断暴雨和连续降雨滑坡可能性的关键参数。

孔隙水压力监测系统通过埋设于钻孔内不同深度的监测探头感知不同层面的地下水压力及温度变化（图 3-19）。通过长期对地下水压力的观测分析，可以为地质灾害，特别是滑坡的预测提供依据。地下水压力的突变也可以作为判断地质灾害体的突变的依据。

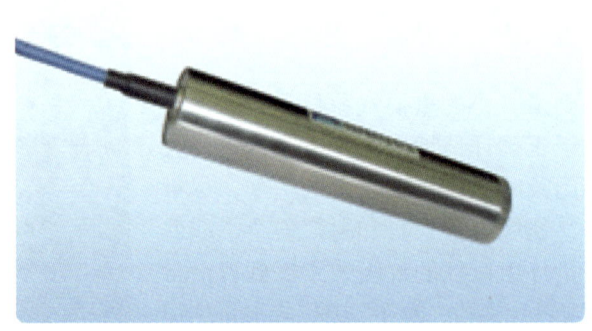

图 3-19　渗压计

在本节对各类常用监测技术研究的基础上，对管道本体监测、滑坡变形监测、相关因素监测三大类监测项目涉及的应力—应变、管体位移等 10 项监测参数，振弦式应变计、光纤光栅式应变计等 20 项技术手段进行综合分析，表 3-1 列出各自的技术特点、适用条件和费用，并给出综合评价结果。

研究形成的综合评价结果，依据以下四点原则：

（1）适用于单体管道滑坡监测，不考虑区域监测；

（2）适用于自动化远程监测；

（3）技术手段成熟可靠；

（4）具备良好的经济性。

第3章 管道地质灾害风险监测与检测系列技术

表 3-1 管道滑坡监测技术综合分析结果

监测项目	监测参数	技术手段	技术特点、适用条件	费用	综合评价
管道本体监测	应力—应变	振弦式应变计	均适用	中	优选
		光纤光栅式应变计	均适用	高	一般
		电阻式应变片	不适用于长期监测	低	不推荐
	管体位移	惯性导航测量（IMU）	具备内检测条件的管道，直接检测管道位移	高	一般
		与地表位移监测相同	根据地表位移结果间接反映管道位移	中	一般
滑坡变形监测	地表相对位移	拉线式位移计	量程大、精度相对低，安装条件相对宽松	中	优选
		振弦式位移计	量程小、精度相对高，安装条件相对严格	中	一般
		裂缝计	适用于滑坡裂缝处	中	一般
	地表绝对位移	全球导航卫星系统（GNSS）	均适用	中	优选
		全站仪	不适用于自动化监测	低	一般
		三维激光扫描	不适用于自动化监测	高	不推荐
		InSAR	适用于区域性滑坡监测	高	优选
		遥感（RS）	适用于区域性滑坡监测	高	不推荐
	滑坡深部位移	测斜仪	均适用	高	优选
		多点位移计	均适用	高	一般
	土推力	振弦式土压力盒	均适用	中	优选
		光纤光栅式土压力盒	均适用	高	一般
相关因素	降雨量	雨量计	均适用	低	优选
	地下水动态	孔隙水压力计	均适用	低	优选
		土壤含水率传感器	均适用	低	一般
	人工活动	视频监测	均适用	中	优选

3.2 管道线路地质灾害动态识别技术

针对管道地质灾害实时动态监测，通常采用基于管道伴行通信光缆进行。管道伴行通信光缆多为单模光纤组成，其传输距离长，传输效率高，利用分布式光纤传感中的 φ-OTDR 技术，通过激光器沿着光纤发出编码光脉冲，与光纤作用以三种量子叠加态（传输态、散射态和吸收态）在光纤中传播，某处受到振动场外界扰动时光纤晶格皮变，在相干长度内背散射信号曲率与扰动成比例，振动场专用解码解调获得任意片段扰动，由于光速保持不变，因此可得到每米光纤受到振动扰动的测量结果。目前国内通过该种技术进行同步解算应用到实际管道地质灾害监测的数据维度较单一，在对管道遭受地质灾害的识别判断上，容易造成定位偏差大、误报等问题。

采用瑞利背散射光解调分布式振动传感，由一组 $[n, m, n, \cdots, m, n]$ 奇数个元素的行向量 S 完成，n 对应不大于 10ns 光脉冲，m 对应不大于 10ns 的空闲，根据光纤非线性理论，不大于 10ns 光脉冲在光纤中传输，几乎不产生后向受激布里渊散射，分布式光纤振动传感的初始相位差几乎恒定，大于 1ns 光脉冲在光纤中传输，看成准连续系统，偏振也可以不考虑，这样解调振动信息变得可行。分割成不大于 10ns 光脉冲，振动位置精度可以控制在 1m 内，如图 3-20 所示。

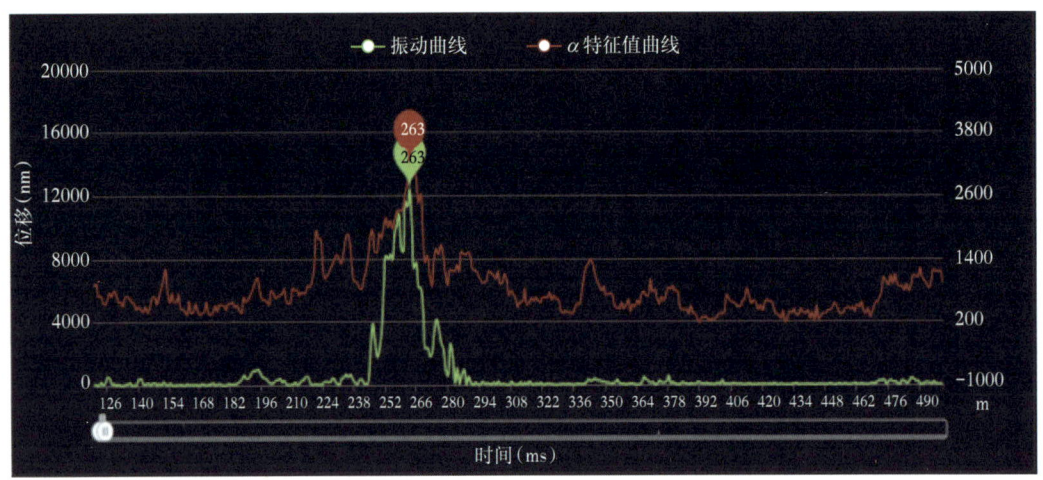

图 3-20 振动、α 特征值变化定位精度

本节用 $2N+1$ 阶 S 矩阵编码作为探测信号的光纤振动传感器，每次发射编码包括了 N 个光脉冲，其测量曲线的均方误差为 σ^2/N^2，可得使用阶数为 $2N+1$ 的 S 矩阵编码作为探测信号后，传感器检测信噪比与传统单脉冲经过 $2N+1$ 次普通累加平均处理后得到的信噪比改善，即编码增益 CG：

$$CG = \sqrt{\dfrac{\dfrac{\sigma^2}{2N+1}}{\dfrac{\sigma^2}{N^2}}} = \dfrac{N}{\sqrt{2N+1}} \quad (3-1)$$

采用此种方法，编码脉冲比单脉冲产生更高的增益，传感器信噪比得到改善，提高了传感器的动态范围和空间分辨率。结合相应算法处理，最终达到解相位纠缠，提取多维数据的目的，可提取的数据维度包括光路质量、振动、声音、α 应变、β 应变，如图 3-21 所示。

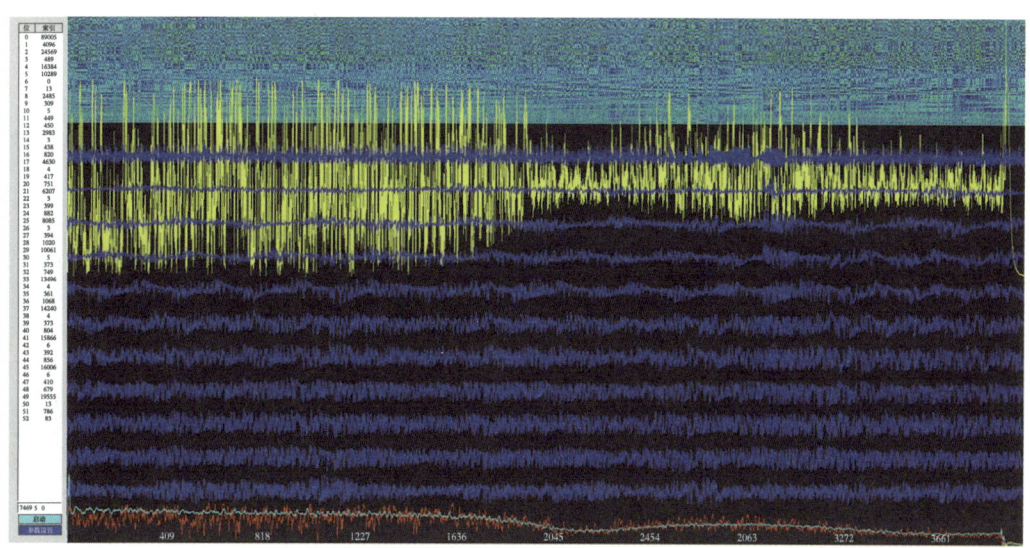

图 3-21　多维度数据解析图谱

利用编码矩阵：

S={（001010101），（100101010），（010010101），（101001010），（010100101）}

解出传感光纤上每点的背散射反斯托克斯光信息，并使用背散射瑞利光信息解调背散射反斯托克斯光信息，获得传感光纤上每点的温度值。当入射激光与光纤分子产生非线性相互作用散射，放出一个声子称为斯托克斯拉曼散射光子，吸收一个声子称为反斯托克斯拉曼散射光子，光纤分子的声子频率为13.2THz。光纤分子能级上的粒子数热分布服从玻尔兹曼（Boltzmann）定律，在光纤里反斯托克斯背向拉曼散射光强I_α：

$$I_\alpha = I_0 \zeta \Delta V^4 R_\alpha(T)\exp[-(\alpha+\alpha_0)L] \tag{3-2}$$

式中：I_α为反斯托克斯背向拉曼散射光强，W；I_0为入射光强，W；ζ为散射系数；Δ为光放大增益；V为入射光频率，Hz；$R_\alpha(T)$为反斯托克斯布居数；α为瑞利损耗系数，m^{-1}；α_0为反斯托克斯损耗系数，m^{-1}；L为传感光纤长度，m。

它受到光纤温度的调制，温度调制函数$R_\alpha(T)$：

$$R_\alpha(T)=\left[\exp\left(\frac{h\Delta v}{kT}\right)-1\right]^{-1} \tag{3-3}$$

式中：h为普朗克（Planck）常数，J·s；Δv为光纤分子的声子频率，取值为13.2THz；k为玻尔兹曼常数，J/K；T为热力学温度，K。

只需在初始端设置电子温度计T_0，工控机存储有同温传感光纤的定标曲线$\bar{I}_\alpha$：

$$\bar{I}_\alpha = I_0 \zeta \Delta V^4 R_\alpha(T_0)\exp[-(\alpha+\alpha_0)L] \tag{3-4}$$

传感光纤上温度：

$$R_\alpha(T)=I_\alpha R_\alpha(T_0)/\bar{I}_\alpha \tag{3-5}$$

通过以上对光纤温度传感算法的优化，温度测量升温速度达到了20℃/min，如图3-22所示，恒温50℃测量精度达到±1℃，见表3-2。

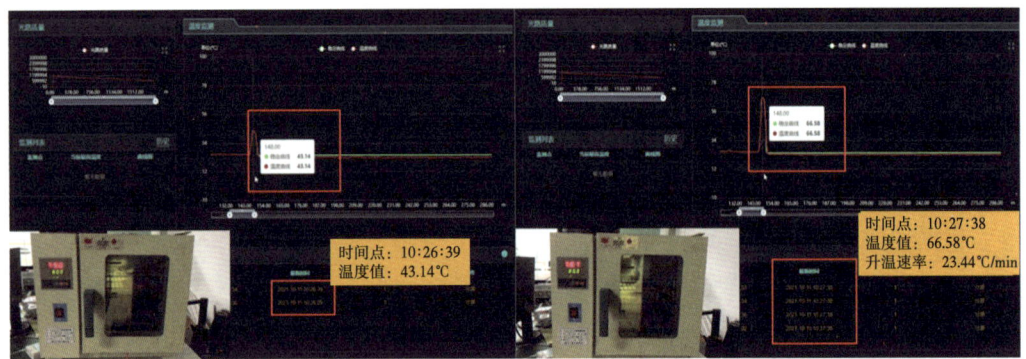

图 3-22　系统温升效果

表 3-2　50℃精度测试结果

系统读数	误差	系统读数	误差
49.60	-0.4	50.4	0.4
49.09	-0.91	49.4	-0.6
49.73	-0.27	50.1	0.1
49.23	-0.77	50.29	0.29
49.80	-0.20	50.93	0.93
50.00	0	50.15	0.15
49.93	-0.07	50.69	0.69
50.16	0.16	49.59	-0.41
50.21	0.21		

采用AI算法模型基于机器学习的大数据挖掘及分类识别方法对所采集到的管道受地质灾害影响的数据进行分事件分类和判别。大数据处理AI算法模型的建立具体可分为训练和识别两个板块，如图3-23所示。

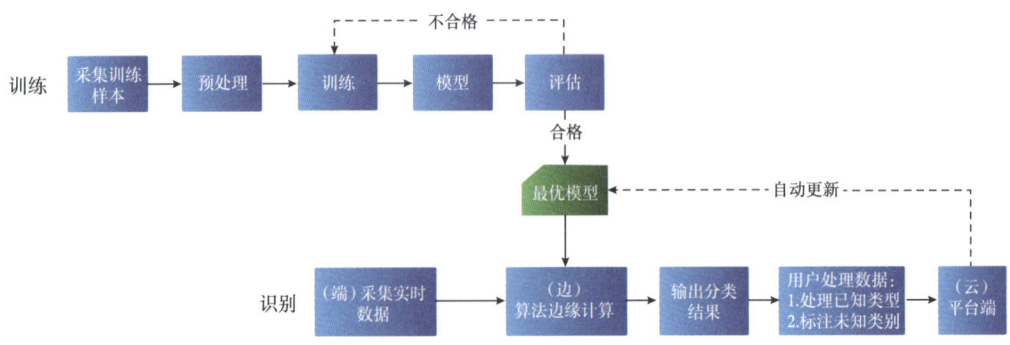

图 3-23　AI算法训练和识别总体架构图

训练板块通过采集训练样本、数据预处理、模型设计和建立、训练和评估这几个步骤，最终生成最优模型，如图 3-24 所示。

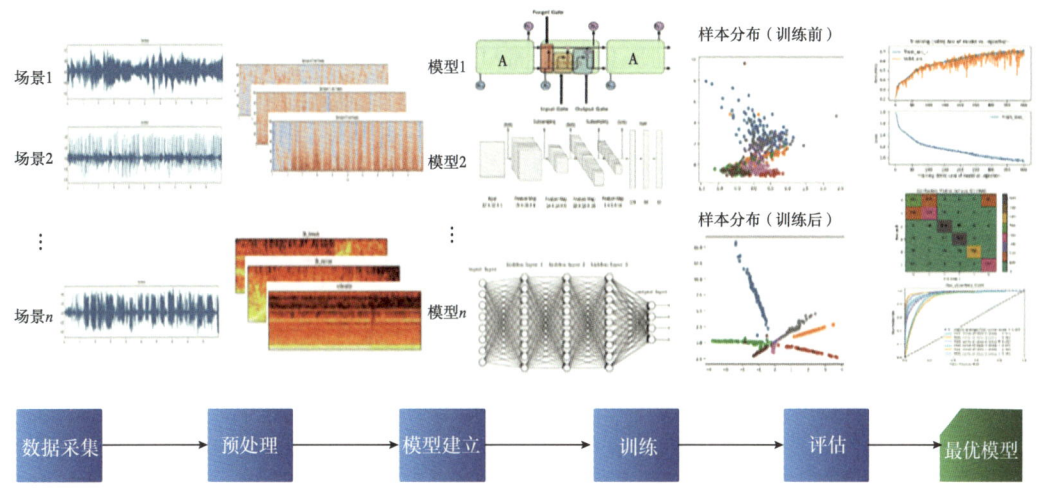

图 3-24　AI 算法训练模块流程示意图

在数据预处理阶段，针对振动弱的信号，采用卷积递归网络（CRN），提取信号中噪声特征值，通过深度学习训练调整模型参数，在处理信号之前对光纤底噪及环境噪声进行预处理，大幅减弱光纤底噪及环境噪声对有效信号的干扰（图 3-25）。

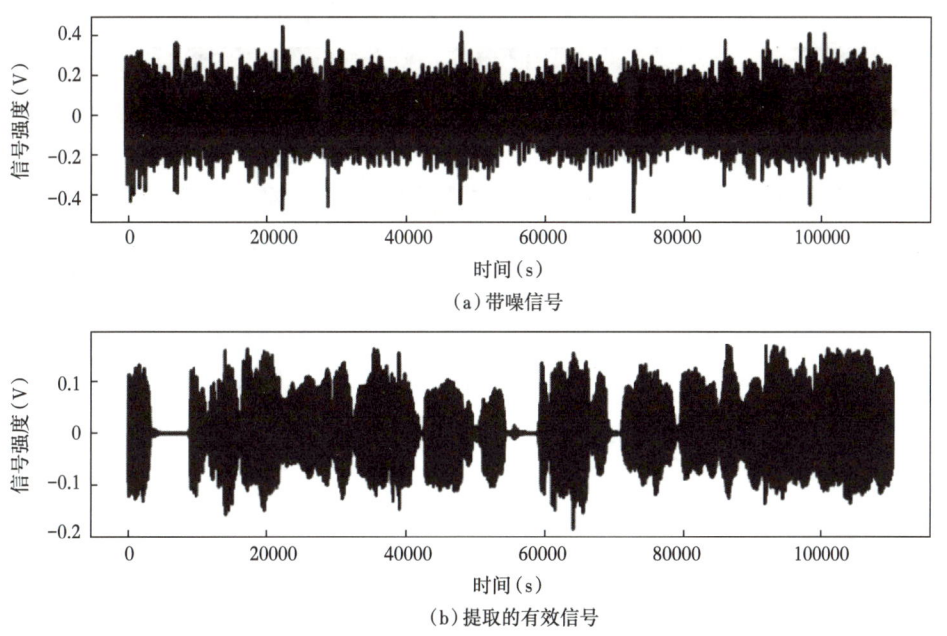

图 3-25　带噪信号和提取的有效信号

将提取后的有效信号转化为语谱图，如图 3-26 所示，以便后续提取特征值。

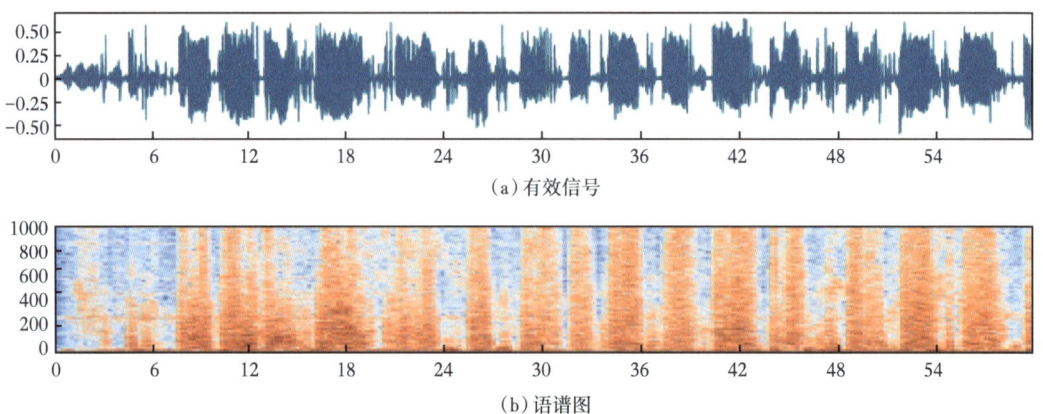

图 3-26 有效信号及其语谱图

特征提取阶段：通过算法提取声音特征向量。

声音特征：

（1）梅尔滤波器能量特征有 128 个特征值［图 3-27（a）］；

（2）MFCC 特征有 40 个特征值［图 3-27（b）］；

（3）语谱图特征有 120 个特征向量。

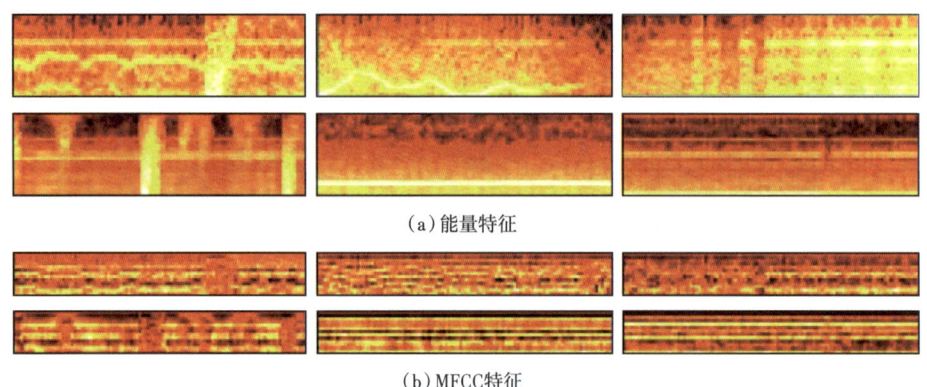

图 3-27 梅尔滤波器能量特征和 MFCC 特征

建立数据集：分别建立训练集、验证集和测试集用于训练和优化 AI 算法模型。

模型设计和建立：

循环神经网络（RNN）是一种用于处理序列数据的神经网络。相比一般的神经网络来说，它能够处理序列变化的数据。

在传统神经网络模型中，从输入层到隐藏层再到输出层，层与层之间是全连接的；但是在每层之间的平行节点，却是无连接的，这样每一个输入只能对应固定的一个输出。这样会导致传统的神经网络模型无法胜任预测的工作。

循环神经网络引入了记忆的概念，它不仅会对输入层进行判断，还会对上一个隐藏层的内容进行判断。长短时记忆模型（图 3-28）是一种特殊的循环神经网络。长短时记忆模型（LSTM）引入了注意力 Attention 机制和门的概念。LSTM 的内部结构更加复杂，每个神经元中都包括了输入门、遗忘门、输出门。每一个门都对应着一个权重，从而决定了是否记住或者遗忘。如果普通循环神经网络的输入为 1 个的话，LSTM 的输入则是 4 个（输入信息、输入门、遗忘门、输出门）。相比于普通循环神经网络，LSTM 模型的维数更高。

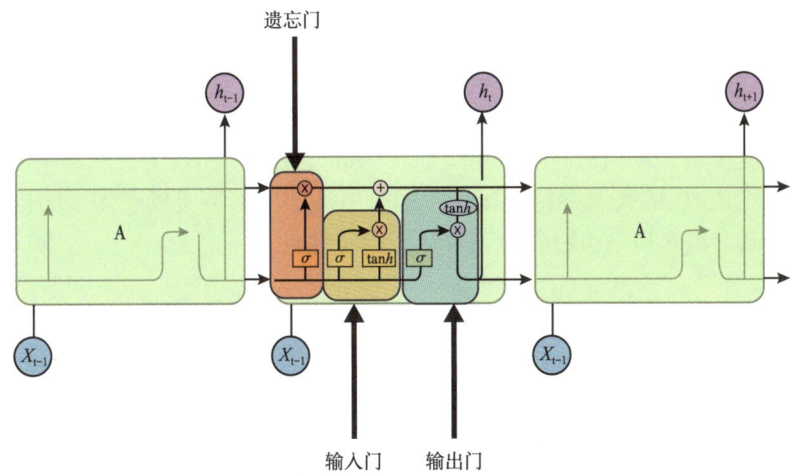

图 3-28　长短时记忆模型结构示意图

其中引入注意力 Attention 机制在于能够捕捉到全局信息，经过这个模块的输出结果，是通过输入结果两两运算得出了权重，再对输入进行加权求和得到。除了捕捉全局信息，更好地弥补了循环网络长期依赖的问题。

得到最优模型后，将训练后的 AI 算法模型进行部署，进入算法识别阶段，包括实时采集数据、算法边缘计算、输出分类结果、用户处理数据，以及云平台自动更新这几个阶段（图 3-29）。

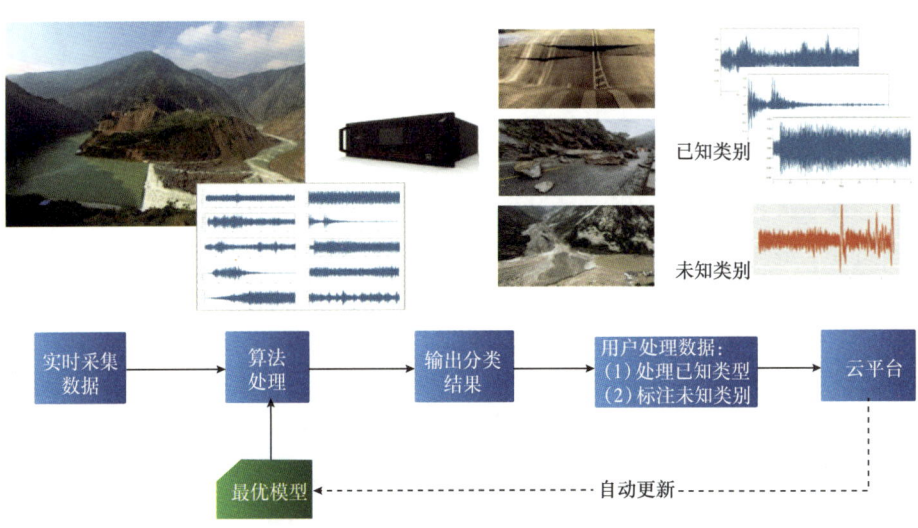

图 3-29　AI 算法识别模块流程示意图

基于上述分布式光纤传感技术与人工智能算法结合，成功研制出基于人工智能识别算法，针对管道地质灾害预警的分布式光纤预警系统（图3-30），该系统结合优化后的光纤传感解调算法和模式识别算法，响应时间缩短到3s，定位精度精确到±5m，可以在灾害发生时做到及时准确报警。基于传统 φ-OTDR 算法，P-OTDR算法中振动和应变的解调算法，应变测量精度优化到 nε 级，可以在灾害发生初期的微小变化时，及时进行预警。

在预警主机硬件设计和结构设计时，特别注意稳定性和耐用性。针对静电放电，电磁场辐射，电脉冲，浪涌冲击，漏电阻燃等工业设备常见问题做了针对性的优化。针对管道场站阀室的工况特点，特别对高、低温工作状态进行优化，加入了低温加热模块和高温散热模块，可以在55℃的高温中持续运行；同时对高湿度等特定场景做了结构化和元器件硬件优化，在高湿度环境下可以保障系统运行稳定性。

图 3-30　管道地质灾害分布式光纤预警系统

3.3　管道应力与地质灾害协同监测技术

滑坡等地质灾害对管道的影响过程可以描述为：受降雨等诱发因素的影响，斜坡上的土体或者岩体变形运动对埋地敷设的管道产生作用力，管道受力变形甚至断裂。这个过程如图3-31所示。由图3-31可以看出，整个过程主要涵盖三个环节：一是诱发因素，二是滑坡变形，三是管道受力。

图 3-31　滑坡对管道的作用过程

地质灾害作用下管道安全监测应考虑全过程多参数指标的综合协同监测。采取的技术路线如下：(1)以管道监测为主，管道是监测预警关注的主体，监测的目的是关注管道本体的安全状态；(2)易于监测：各项指标参数应在实际现场中易于监测，如位移、管道应力等适合作为判据建立对象，而比如地震、声发射等不易监测的因素不作为工程实际中的监测对象。

3.3.1 预警及响应

提出的预警判据构成如下：

(1) 预警指标。

根据监测站（点）分级原则，提出各级监测站（点）预警指标，见表3-3。

表3-3 管道滑坡灾害监测预警指标

分级	前期参考指标	过程参考指标	直接预警指标
Ⅰ级监测站（点）	日降雨量	滑坡位移速率	管道轴向应力
Ⅱ级监测站（点）	—	滑坡位移速率	管道轴向应力
Ⅲ级监测站（点）	—	—	管道轴向应力

日降雨量、滑坡位移速率作为参考指标，管道轴向应力预警指标优于前两者。

(2) 预警等级。

各类预警指标的预警等级划分如下：

①一级：警报级，红色；

②二级：警示级，橙色；

③三级：关注级，黄色。

(3) 响应措施。

各预警级别的响应措施如下：

①一级（警报级）：

a. 启动相应的应急准备与响应控制程序；

b. 组织包括管道设计、地质灾害等方面的专家进行现场评估，依据专家意见开展应处置；

c. 必要时采取停输、改线或其他工程防治措施。

②二级（警示级）：

a. 提高监测频率，必要时增加监测内容、布点数量，提升监测站（点）级别；

b. 委托地质专业机构开展地质灾害趋势及对管道的危险性的专项评估；

c. 制定相应的应急预案，必要时采取工程防治措施。

③三级（关注级）：

a. 宜提高监测频率，加强现场巡检；

b. 详细调查周边自然环境与人工活动，了解可能诱发滑坡的成因及对管道的影响范围；

c. 委托地质专业机构分析判断滑坡发展趋势。

3.3.2 监测设备

通过设计集成采集电路，研发管道与地质灾害一体化监测设备，建立管道应力、土压力、地表位移、降雨量、土壤含水率、孔隙水压力6项参数的协同监测技术。

(1) DTU 功耗：最大工作电流 100mA@+12V DC。

(2) 振弦采集仪功耗：最大工作电流 1.25A@+12V DC，15W 待机电流：10MA@+12V DC。

(3) 485 集线器功耗：最大工作电流 500mA@+12V DC。

(4) 继电器模块功耗：工作电流 10mA@+12V DC。

整体最大功耗为 1.86A@+12V DC、22.32W（未接 485 传感器）。

在实际的使用中一些使用 RS-485 串行总线标准进行数据传输的设备采集频率低，通常为 1d 采集一次数据，所以在需要采集该设备的数据时，继电器自动打开该设备的供电，待该设备读数稳定后采集该数据，采集完毕后自动关闭该设备的供电以达到节约用电的目的。

现场安装或使用中总会碰见现场设备有问题，需要调试设备，找出故障的原因，但有些现场条件恶劣，不具备现场调试的条件，所以需要远程调试的功能，能让工作人员不用在现场就能了解设备的运行状态，判断故障位置。

DTU 模块支持虚拟串口功能，可以通过此功能将 DTU 映射到虚拟串口，用组态软件或者其他串口软件打开该虚拟串口就可和 DTU 所连下位串口设备进行通信。

使用此功能可以让工作人员不用在现场就可以远程配置设备，判断设备运行状态。达到节约工作人员时间，缩短工作人员危险作业时间的目的。

多参数监测设备包括 1 个集成电路模块、1 个振弦量采集模块、2 个模拟量采集模块、1 个 4G 信号远传模块、1 个电源模块、1 个继电器模块、8 路振弦量及模拟量采集接线端子（图 3-32 和图 3-33）。协同监测技术性能指标见表 3-4，现场应用如图 3-34 所示。

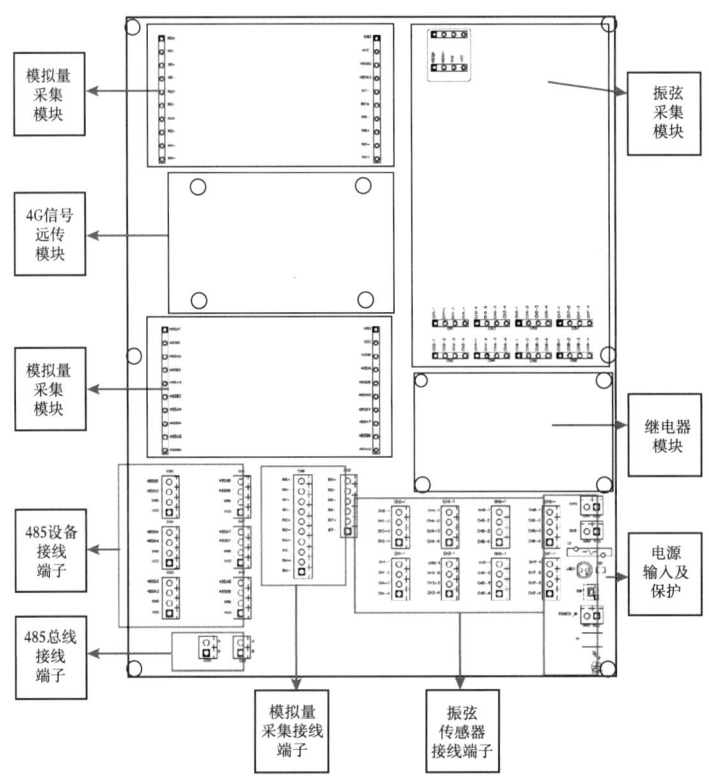

图 3-32　多参数协同监测集成电路设计

 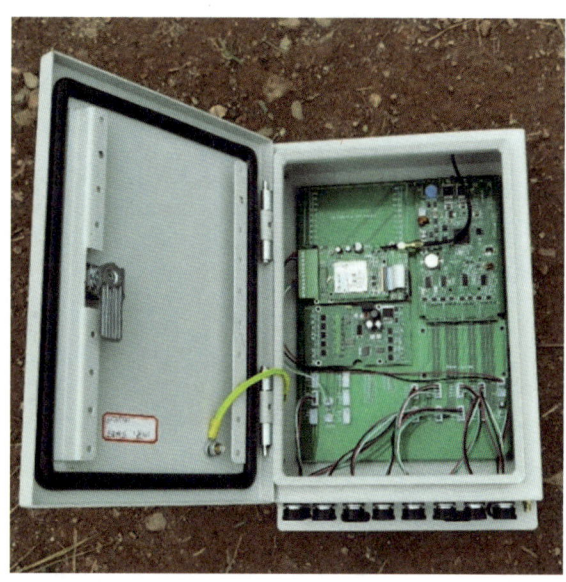

图 3-33 多参数监测设备实物照片

表 3-4 协同监测技术性能指标

测量范围	500~5000Hz		
测量精度	<0.1Hz（≤0.0015%F.S.）		
不确定度	0.03Hz（≤0.006%F.S.）		
温度精度	0.5℃		
每通道测量时间	<5s		
通信方式	4G、5G（可选）		
时钟精度	+1min/mon		
工作温度	-20~60℃		
系统功耗	AYY-6-8	待机	≤80mA
		测量	<300mA
电源系统	供电方式 1	太阳能＋锂电池/铅酸蓄电池	
	供电方式 2	12V DC	
数据存储容量	10 万条记录		
箱体尺寸	230mm×300mm×100mm		
防护等级	IP66		

图 3-34 管道与地质灾害协同监测技术现场应用

3.4 河流穿越管道绝对电磁声波检测技术

3.4.1 基本原理

电磁声波法以电磁法和声波测深技术为基础,辅以实时动态载波相位差分技术(RTK),将电磁设备、声呐设备和 GPS 组合应用于穿越段管道敷设情况检测。电磁声波法属于定量方法,能有效检测管道埋深数据,能判断管道埋深变化趋势,但对于存在电磁干扰的管道若不能排除干扰则无法使用。相对电磁声波法可应用于检测面至管道 10m 深度范围内的河流穿越管段检测,绝对电磁声波法可应用于检测面至管道 40m 深度范围内的河流穿越管段检测。

绝对电磁法的总体思路是在检测开始之初建立出一个能适用于全管段的管道埋深计算模型,检测过程中在接收机上只需用单个探棒读取沿线各点的磁感应强度即能运用模型反算出该点埋深。建立适用于全管段的计算模型必须考虑电流沿管道方向不断衰减的问题,这种衰减主要由管道电流从防腐层破损点泄漏导致,解决这个问题的方法是用一根电缆将被检管段两端连通,将管段与电缆形成回路,此时,在防腐层破损处管道外土壤与回路电缆形成并联,由于土壤电阻远大于电缆电阻,整个管段的电流泄漏量极小,如图 3-35 所示。

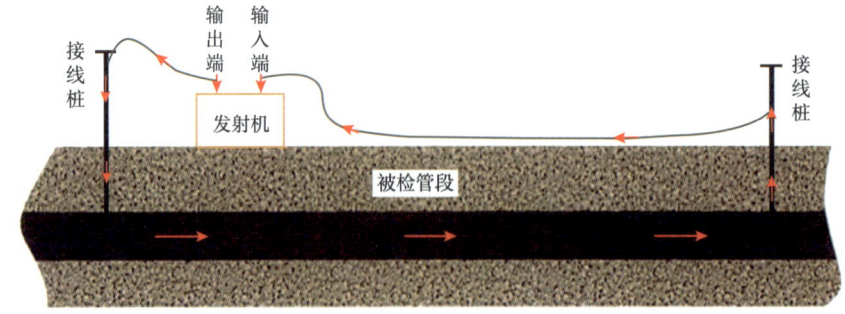

图 3-35 绝对电磁法检测管道埋深的线路连接示意图

绝对电磁法对管道埋深的计算由建立埋深计算模型、对计算模型在空间上进行修正、对计算模型在时间上进行修正、计算等步骤组成。

（1）建立埋深计算模型。

在检测管段的两端各寻找一个埋深已知分别为 h_{01}、h_{02} 的点，设置其为校准点，由此在该点可读取埋深为 h_{01}、h_{02} 时的磁感应强度值 B_{01}、B_{02}。在该点保持探棒垂直于管道，不断上升探棒位置，可记录探棒升至不同高度 h 的磁感应强度。

其中：

$$h = h_0 + \Delta h \tag{3-6}$$

根据两侧校准点所记录的数据，可拟合出 2 条磁信号随管道埋深的变化曲线，进而得到对应函数关系：

$$B = \varphi(h) \tag{3-7}$$

即使将电缆与被检管段连接形成回路，由于检测现场各种复杂的原因，电流沿管道依然存在小幅度的衰减，为避免这种衰减的影响，需要在空间上对模型进行修正，引入空间修正系数 α。

受电磁信号发射系统性能影响，同时由于检测过程中环境磁导率的变化，被检管段各点的磁场分布规律会随时间发生变化，为避免这种变化的影响，同理，必须对埋深计算模型在时间上进行修正，引入时间修正系数 β。

由此，可将管道埋深计算模型表达为：

$$B = \alpha \beta \varphi(h) \tag{3-8}$$

（2）空间修正系数。

空间上对模型的修正方法如下：

分别记录在校准点 1 和 2 处探棒与管道距离同为 h_1 时的读数，读取各自磁感应强度值，分别为 B_{11} 和 B_{12}，则被检管段任意点 Q 的函数应修正为：

$$\alpha = 1 - \left(1 - \frac{B_{11}}{B_{12}}\right) \frac{S_{Q1}}{S_{12}} \tag{3-9}$$

式中：α 为空间修正系数；B_{11} 为校准点 1 处，探棒与管道距离 h_1 时的磁感应强度，T；B_{12} 为校准点 2 处，探棒与管道距离 h_1 时的磁感应强度，T；S_{Q1} 为检测点 Q 与校准点 1 的空间距离，m；S_{12} 为校准点 1 与校准点 2 的空间距离，m。

（3）对计算模型在时间上进行修正。

时间上对模型的修正方法如下：

在检测开始时，选择任意校准点，记录碳棒置于地面时的读数 B_{start}；在检测结束后，在相同校准点记录探棒置于地面时的读数 B_{end}；则被检管段任意点 Q 的时间修正系数计算公式为：

$$\beta = 1 - \left(\frac{t_Q - t_{\text{start}}}{t_{\text{start}} - t_{\text{end}}}\right) \frac{B_{\text{end}}}{B_{\text{start}}}, \quad B_{\text{end}} < B_{\text{start}} \tag{3-10}$$

$$\beta = 1 + \left(\frac{t_Q - t_{\text{start}}}{t_{\text{start}} - t_{\text{end}}}\right) \frac{B_{\text{end}}}{B_{\text{start}}}, \quad B_{\text{end}} > B_{\text{start}} \tag{3-11}$$

式中：β 为时间修正系数；B_{start} 为校准点 1 处，探棒与管道距离 h_1 时的磁感应强度，T；B_{end} 为校准点 2 处，探棒与管道距离 h_1 时的磁感应强度，T；t_Q 为读取检测点 Q 磁感应强度值的时刻，s；t_{start} 为检测开始的时刻，s；t_{end} 为检测结束的时刻，s。

绝对电磁法采用了动态埋深计算方法进行数据拟合，其检测精度主要在于检测流程的合理性及每条管道埋深计算模型的准确性，即校准点的有效性。由于其检测单一电磁感应信号，虽然电磁信号随着接收天线与管道的距离不断减小，但是在 40m 范围内依然具有可读性，故通过增大发射机发射功率、提高信噪比等强化硬件设施的途径可有效提高检测系统的最大量程，适用于 40m 以下超大埋深管道的检测。

3.4.2 设备设计及主要功能模块介绍

（1）信号发射装置。

如 3-36 图所示，发射机电路设计包括电源模块、信号产生模块、主控芯片、低通滤波模块、功率放大模块，以及电路检测模块。

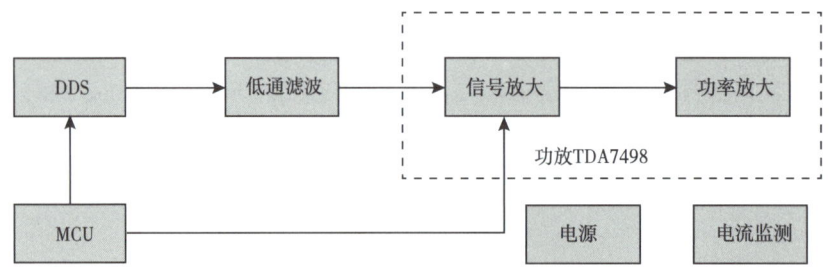

图 3-36　发射机结构框图

发射机功能如下：
①能够产生频率为 256Hz、512Hz、1024Hz、2048Hz 正弦信号；
②输出正弦信号幅度可实现四档调节；
③带有电流检测模块与数据存储模块，输出信号实时监测与数据存储；
④带有显示模块，实时显示系统工作状态。

发射机整体实物结构如图 3-37 至图 3-39 所示。

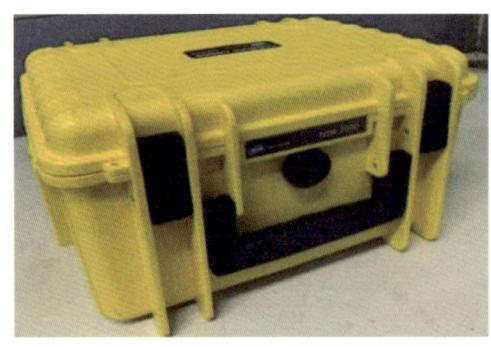

图 3-37　发射机外观图

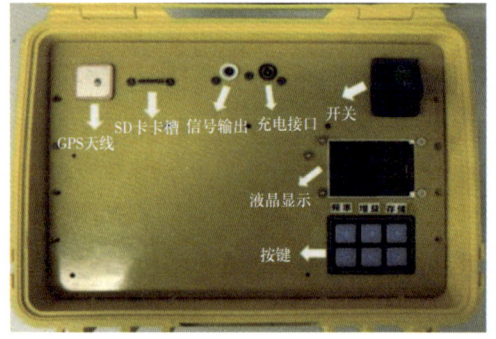

图 3-38　发射机操作面板结构图

图 3-39 发射机内电路板实物图

信号发射装置各主要模块功能如下：

主控芯片模块：主控芯片选用 TI 公司的 MSP430F5529 系列，该芯片的供电电压为 3.3V，芯片包含 128kB 的 Flash，能够实现多种低功耗工作模式，系统最高运行时钟达 25MHz，芯片内部自带 12 位高精度 ADC，可用于电流检测中的模数转换，芯片包含多个通信模块，能够完成 SD 卡与 GPS 芯片的通信。

发射机电源模块：供电电源为 33V 直流电，开关电源转换芯片 LMR14050 将 33V 降压至 5V，LM2776 可将 5V 电压转换为 -5V，LP5907 将 5V 电压降压至 3.3V。

信号产生及输出模块：信号产生选用 ADI 公司的 AD9833，该芯片能够输出 0~12.5MHz 的正弦信号，输出信号频率分辨率 0.1Hz；输出级功率放大器使用 D 类功放 TDA7498，输出功率最高达 100W，效率最高为 90%。

电流检测模块：电流检测采用分流电阻的方法，采用高侧电流检测方式，通过前级差动放大器 AD629 与后级低噪声运放 AD8638 将信号放大，经过 AD637 提取有效值后，得到电流检测结果。

GPS 模块及天线：GPS 模块使用 ATGM336H，该模块能与 GPS、北斗卫星建立通信，用于对系统授时，给整个系统提供时间参考。

液晶显示模块：显示模块选用 ILI9225，2.2in 液晶彩色显示，用于显示电流检测结果与系统工作状态，其中包括当前输出正弦信号频率、系统增益、电流检测结果、时间与存储信息。

（2）信号接收装置。

如图 3-40 所示，接收机电路设计包括前级放大模块、程控放大模块、带通滤波模块、采集处理电路，以及主控芯片。

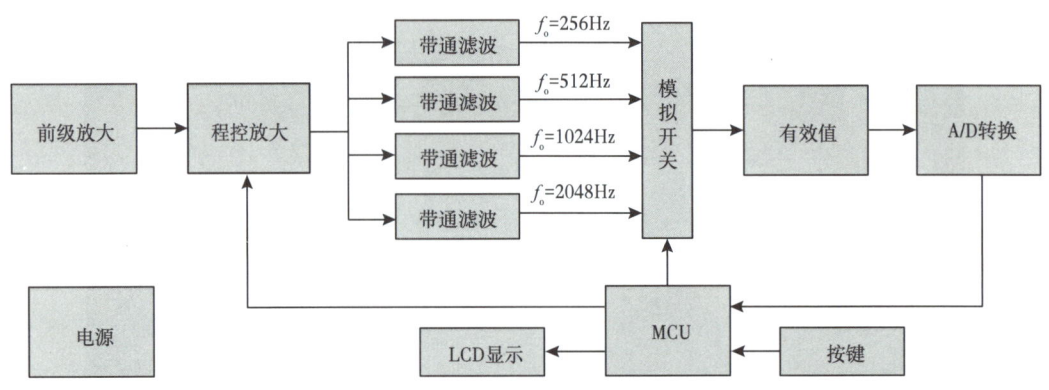

图 3-40　接收机结构框图

外观设计：接收机外壳为金属材料，长度 14cm，宽度 16cm，高度为 30cm。

接收机功能包括：向探棒中的电路提供控制信号，实时显示控制状态与测量结果，与上位机建立通信，将测量结果每隔 0.2s 向上位机发送一次，同时能将有效数据存储在 SD 卡中，装配有收线功能的线盘，方便线缆的收集与使用。接收机整体实物如图 3-41 至图 3-43 所示。

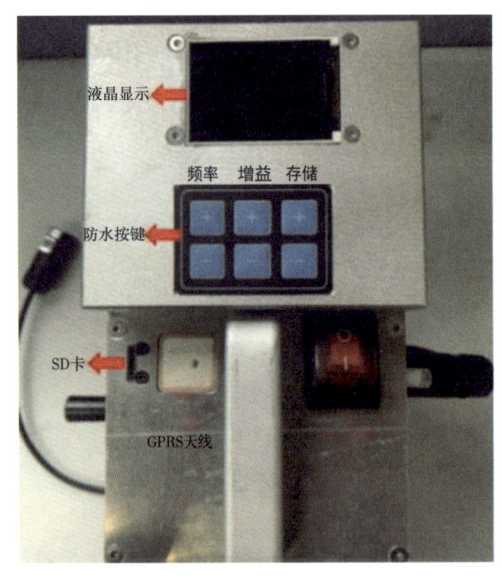

图 3-41　接收机操作面板实物图

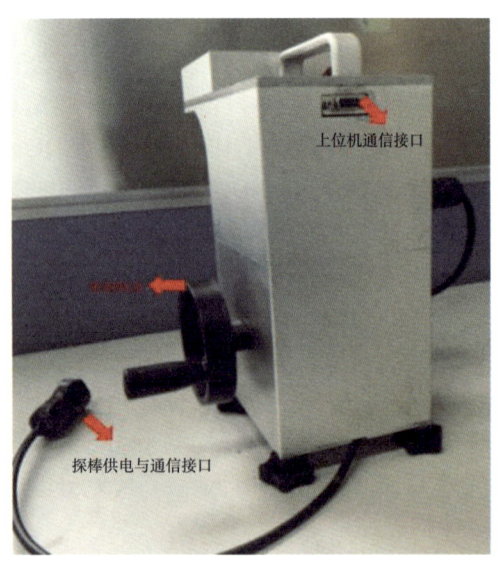

图 3-42　接收机整体结构实物图

①磁场探头感应电动势计算。

ONEPASS 河流穿越管道检测系统利用导线连接河流两岸的两个测试桩与穿越管道构成一个闭合环路，整个环路通过发射机持续发射低频信号供能。测量前，经过多次校准步骤对不同的时间、空间，以及高度进行定标，测量时利用接收机在水面上沿"S"形路径来回跨越管道采集电磁信号，并实现河流穿越管线位置的定位及埋深的反演。

图 3-43　接收机核心电路板实物图

由于整个测量过程中，发射机始终向管线上注入低频电流，因此管线上的电流会在空间中产生环形磁场，在地面或水上进行测量时，需要设计磁场探头以检测管线电流产生的磁场。

对于柱形磁棒，在磁棒上缠绕多匝线圈，则线圈的感应电动势为：

$$e(t)=-\frac{\mathrm{d}\Psi}{\mathrm{d}t} \tag{3-12}$$

式中：Ψ 为磁链。

而对于多匝数的线圈，假设线圈匝数为 N，则：

$$\Psi=N\Phi \tag{3-13}$$

式中：Φ 为磁通。

于是可得：

$$e(t)=-\frac{\mathrm{d}\Psi}{\mathrm{d}t}=-N\frac{\mathrm{d}\Phi}{\mathrm{d}t} \tag{3-14}$$

令 $\Phi=\Phi_\mathrm{m}\sin(\omega t)$，$\Phi_\mathrm{m}$ 为磁通最大值，则有：

$$e(t)=-N\frac{\mathrm{d}[\Phi_\mathrm{m}\sin(\omega t)]}{\mathrm{d}t}=N\Phi_\mathrm{m}\omega\sin(\omega t-90°) \tag{3-15}$$

式中：$e(t)$ 为感应电动势，V；Ψ 为磁链，Wb；Φ 为磁通量，Wb；B 为磁感应强度，T；S 为磁芯横截面积，m^2；f 为频率，Hz。

由于磁通 $\Phi=BS$，S 为磁芯的横截面积，则磁感应强度 $B=B_\mathrm{m}\sin(\omega t)$，$\omega=2\pi f$，$f$ 为频率，则有：

$$e(t)=-N\frac{\mathrm{d}\Phi}{\mathrm{d}t}=-2\pi fNB_\mathrm{m}S\sin(\omega t-90°) \tag{3-16}$$

于是，$e(t)$的有效值为：

$$E = \frac{2\pi f N B_\mathrm{m} S}{\sqrt{2}} = \sqrt{2}\pi f N B_\mathrm{m} S \qquad (3-17)$$

②不同磁芯材料的线圈设计。

在空间中的场不变的情况下，穿过不同磁芯材料线圈的磁通也不同，从而会影响磁场探头接收到的信号大小。而常用的磁芯材料有镍锌铁氧体、锰锌铁氧体、硅钢片、微晶等材料，其相对磁导率各不相同，镍锌铁氧体的相对磁导率可达10~1000，锰锌铁氧体的相对磁导率可达300~5000，硅钢片的相对磁导率则可以达到7000~10000，而微晶材料的相对磁导率甚至可达数十万。

采用不同相对磁导率的磁芯材料来设计、制作磁场探头，其探头的线圈匝数、磁芯直径，以及磁芯磁导率对磁场探头检测的信号强弱均有影响，除此之外，还与发射电流频率、探测距离（及管线埋深）有关，因此，对于不同的磁芯材料，需要进行不同的线圈设计。

a. 镍锌铁氧体。

对于镍锌铁氧体材料，假设磁芯材料的相对磁导率为200，磁芯直径为1cm，若管线上电流为0.1A，则管线上电流在40m位置产生的磁场为：

$$H = \frac{I}{2\pi h} = \frac{1}{800\pi}$$

因此，对于相对磁导率为200的磁芯，其磁感应强度为：

$$B = \mu H = \mu_0 \mu_\mathrm{r} H = 1 \times 10^{-7} \mathrm{T}$$

由于磁芯横截面积：$S = \pi \times r^2 = \pi \times (0.005)^2 = \pi \times 2.5 \times 10^{-5} \mathrm{m}^2$，若接收机能检测到的最小电压为100μV，则所需的线圈匝数：

$$N = \frac{E}{\pi f B S} = \frac{1 \times 10^{-4}}{f \pi^2 \times 2.5 \times 10^{-12}} = \frac{4.04 \times 10^5}{f}$$

当发射电流频率分别取为256Hz、512Hz、1024Hz、2048Hz时，线圈所需的匝数N分别为1578匝、789匝、395匝、197匝，即不考虑线圈损耗的情况下，在最低发射频率256Hz的情况下，至少需要1578匝线圈。

b. 锰锌铁氧体。

对于锰锌铁氧体材料，假设磁芯材料的相对磁导率为2000，磁芯直径为1cm，若管线上电流为0.1A，则管线上电流在40m位置产生的磁场为：

$$H = \frac{I}{2\pi h} = \frac{1}{800\pi}$$

因此，对于相对磁导率为2000的磁芯，其磁感应强度为：

$$B = \mu H = \mu_0 \mu_\mathrm{r} H = 1 \times 10^{-6} \mathrm{T}$$

由于磁芯横截面积：$S=\pi\times r^2=\pi\times 0.005^2=\pi\times 2.5\times 10^{-5}\text{m}^2$，若接收机能检测到的最小电压为 10μV，则所需的线圈匝数：

$$N=\frac{E}{\pi fBS}=\frac{1\times 10^{-5}}{f\pi^2\times 2.5\times 10^{-11}}=\frac{4.04\times 10^4}{f}$$

当发射电流频率分别取为 256Hz、512Hz、1024Hz、2048Hz 时，线圈所需的匝数 N 分别为 158 匝、79 匝、40 匝、20 匝，即不考虑线圈损耗的情况下，在最低发射频率 256Hz 的情况下，至少需要 158 匝线圈。

c. 硅钢片。

对于硅钢片磁芯，假设磁芯材料的相对磁导率为 10000，磁芯直径为 1cm，若管线上电流为 0.1A，则管线上电流在 40m 位置产生的磁场为：

$$H=\frac{I}{2\pi h}=\frac{1}{800\pi}$$

因此，对于相对磁导率为 10000 的磁芯，其磁感应强度为：

$$B=\mu H=\mu_0\mu_r H=5\times 10^{-6}\text{T}$$

由于磁芯横截面积：$S=\pi\times r^2=\pi\times(0.005)^2=\pi\times 2.5\times 10^{-5}\text{m}^2$，若接收机能检测到的最小电压为 10μV，则所需的线圈匝数：

$$N=\frac{E}{\pi fBS}=\frac{1\times 10^{-5}}{f\pi^2\times 1.25\times 10^{-10}}=\frac{8.1\times 10^3}{f}$$

当发射电流频率分别取为 256Hz、512Hz、1024Hz、2048Hz 时，线圈所需的匝数 N 分别为 31 匝、16 匝、8 匝、4 匝，即不考虑线圈损耗的情况下，在最低发射频率 256Hz 的情况下，至少需要 31 匝线圈。

d. 磁场探头磁芯材料选择。

对于相对磁导率较低的磁芯材料，若需要接收到电路所能处理的最小信号，则需要相当多匝数的线圈，这样会增加线圈探头的线损，其分布参数的影响也会变大，此外还会增加磁场探头的体积；而对于相对磁导率较高的磁芯材料，其磁芯的磁损也会较大，会对探头带来较大的涡流损耗，因此磁芯材料的选择需要综合考量以上因素。

通过上述计算考察，选用锰锌铁氧体作为磁场探头的磁芯材料，其磁芯大小、线圈匝数等参数通过上述计算已进行了初步确定，通过与电路联合调试可以进行后续改进。

检测系统探棒 PCB 设计图纸如图 3-44 所示，探棒电路为四层 PCB，长度 32cm，宽度 2.8cm，厚度 1.6mm。

图 3-44　探棒 PCB 设计图纸

机械结构设计图纸如图 3-45 所示，探棒外壳为塑料材料，长度 45cm，中间结构宽度 5cm，探头宽度 14cm。

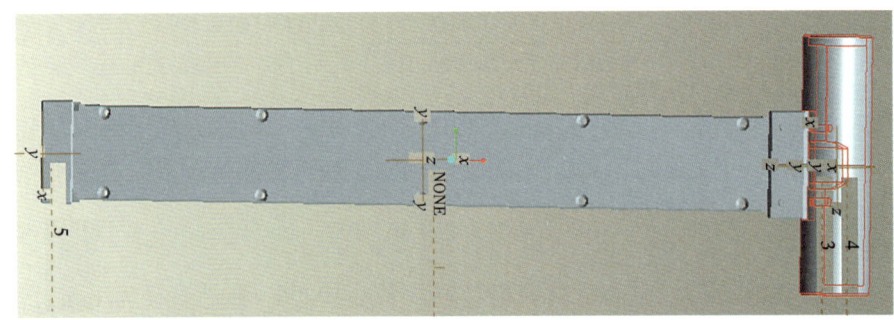

（a）设计图纸1

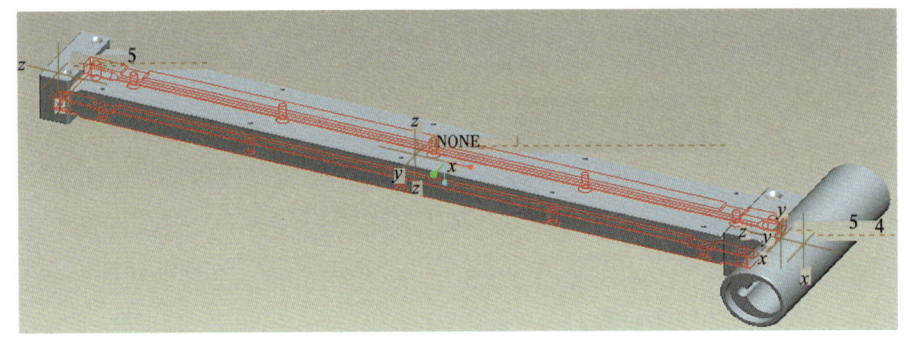

（b）设计图纸2

图 3-45　机械结构设计图纸

接收机各主要模块功能如下：

主控芯片模块：同发射机，采用 MSP430F5529 系列。主控芯片选用 TI 公司的 MSP430F5529 系列，该芯片的供电电压为 3.3V，芯片包含 128KB 的 Flash，能够实现多种低功耗工作模式，系统最高运行时钟达 25MHz，芯片内部自带 12 位高精度 ADC，可用于电流检测中的模数转换，芯片包含多个通信模块，能够完成 SD 卡与 GPS 芯片的通信。

电源模块：系统采用正 12V 单电源供电，采用 L7805 稳压电源芯片，将 12V 电压降压至 5V，使用 LP5907MFX-3.3 线性稳压芯片，将 5V 电压降压至 3.3V，线性稳压芯片能够降低电源部分噪声对系统的干扰。

通信模块：接收机电路与探棒内部通信采用 RS422 协议，使用芯片 MAX3074，该芯片支持最大通信速度为 500kbps，全双工，最大通信距离为 4000ft；接收机与上位机建立通信采用 RS232 协议，使用芯片 MAX3232，该通信为半双工通信，最大传输速率 120kbps，传输距离小于 15m。

连接器：接收机电路与探棒内电路连接器选用支持快速插拔 7 芯防水航空插头连接器，防水防尘等级达到 IP67。

（3）信号采集天线。

由于整个测量过程中，发射机始终向管线上注入低频电流，因此管线上的电流会在空间中产生环形磁场，在地面或水上进行测量时，需要设计磁场探头以检测管线电流产生的磁场。

对于柱形磁棒，在磁棒上缠绕多匝线圈，则线圈的感应电动势计算见式（3-17）。

检测系统探棒电路为四层 PCB，长度 32cm，宽度 2.8cm，厚度 1.6mm，探棒外壳为塑料材料，长度 45cm，中间结构宽度 5cm，探头宽度 14cm。

电磁信号接收天线功能如下：探棒中的探头将接收到的磁场信号转变为电信号；将微弱的电信号经多级放大、滤波、有效值提取处理；接收接收机的控制信号，完成对电路的控制工作；处理和运算检测结果，将结果实时发送至接收机的控制板中；设计有标准信号产生模块，可用于系统的温度校准；可通过模拟开关，将输入信号短接到地，完成对电路中噪声的测试。探棒整体实物如图 3-46 所示。

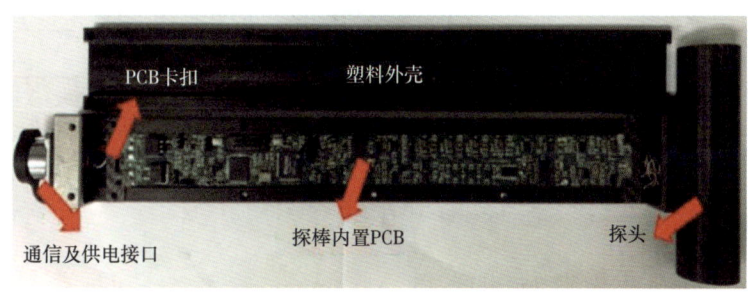

图 3-46　探棒内部结构实物图

探棒各主要模块功能如下：

主控芯片模块：主控芯片选择 FPGA 与 MSP430 多核结构，MSP430 主要负责控制与通信工作，FPGA 主要完成 ADC16 的控制与运算工作，MSP430 与 FPGA 采用 SPI 建立通信，采用多核结构使系统运行更加高效稳定。

标准信号产生模块：该模块可产生峰值为 3mV、300μV 及 100μV 的标准正弦信号，为保证该模块产生信号的精确性，模块中的电阻均采用精度为千分之一的低温漂电阻，该模块所产生的标准正弦信号可用于电路调试和温度校正。

信号处理模块：该模块主要对微弱信号进行无失真地放大、滤波，电路整体放大倍数四档可调，其中包括 120000 倍、30000 倍、10000 倍及 1000 倍，可通过程序控制，在电路输入级、中间级、输出级均设计有带通滤波器。

有效值提取模块及 ADC 转换模块：有效值提取选用 AD637，将放大、滤波后的正弦信号转换成直流信号，该直流信号的幅度为输入正弦信号的有效值，16 位 ADC 模块使用 ADI 公司的 LTC2326，支持双极性信号输入，采用 2.5V 外部参考电压，分辨率高达 0.19mV。

探头模块：探头的中心为磁芯，外部围绕线圈，探头将接收到的磁场信号转变为电信号，该输出电信号为差分信号。

（4）检测/数据处理两用软件。

河流穿越管线检测软件主要用于实现河流穿越管线埋深的反演，根据电路测量得到的读数信息，通过选择合适的校准模型，比对择优选择相应的校准文件，实现陆地段管线埋深反演与河流段管线埋深反演，在反演过程中加入时间校准功能与空间校准功能，最终生成管线埋深数据并实现管线埋深成像，如图 3-47 所示。

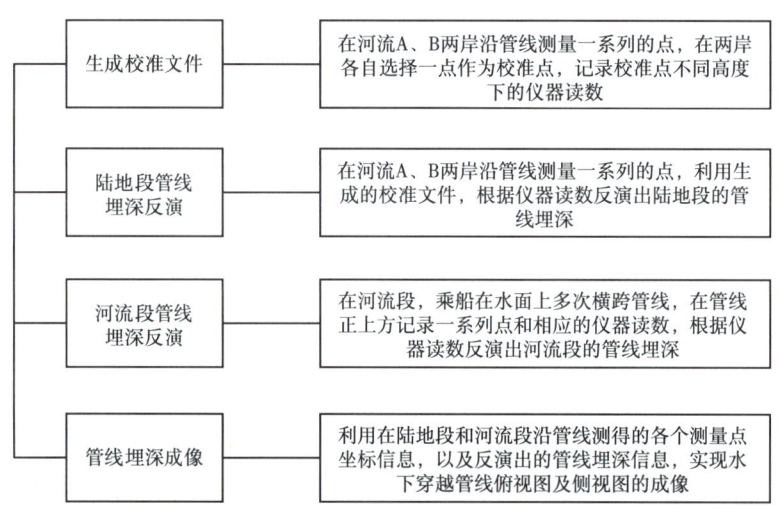

图 3-47 河流穿越管线检测软件工作流程

检测软件工作流程主要分为四个部分：

生成校准文件：在河流两岸沿管线测量一系列的点，各自选择合适的校准点，测量校准点处不同高度的仪器读数，根据测量读数比对不同的电磁模型，选择合适的校准模型，用以实现陆地段和河流段管线埋深的反演。

陆地段管线埋深反演：在河流两岸沿管线测量一系列的点，利用上述生成的校准模型，根据不同位置的测量读数反演陆地段管线埋深。

河流段管线埋深反演：在河流段，乘船多次横跨管线，记录横跨管线正上方的仪器读数，此外，由于河流穿越管线较长，加入空间校准和时间校准功能，最终实现河流段管线埋深的反演。

管线埋深成像：利用在陆地段和河流段各自反演得到的管线位置及埋深信息，实现河流穿越管线的埋深及走向成像。

河流穿越管线检测软件主要分为五个模块，如图 3-48 所示，其中包括定标校准模块、陆地段反演模块、河流段数据检测模块、河流段反演模块，以及管线埋深成像模块。

定标校准模块包括两个部分：A 岸定标校准和 B 岸定标校准，该模块实现 A、B 岸测量数据的定标校准，包括电磁模型的建立、误差分析对比，以及校准后数据生成等。

模块界面上可以录入在河流两岸各自选择的校准点处的校准数据，自动生成不同校准模型的定标数据及对应残差，并将校准数据与测量数据同时以图像的形式显示，方便对比择优选择合适的校准模型。根据选择的校准模型，保存对应模型的数据，用以后续实现陆地段和河流段管线埋深的反演。

陆地段反演模块包括两个部分：A 岸陆地段反演和 B 岸陆地段反演，该模块实现 A、B 岸沿管线走向系列点的测量数据的埋深反演，包括 GPS 陆地坐标转换，以及陆地段沿管线走向系列点的管线埋深反演。模块界面上可以录入在河流两岸沿管线测量的系列点的数据，导入数据并实现陆地坐标转换，坐标转换后的测量结果将显示在界面上，此外，点击陆地段反演按钮即可实现陆地段的管线埋深的反演。

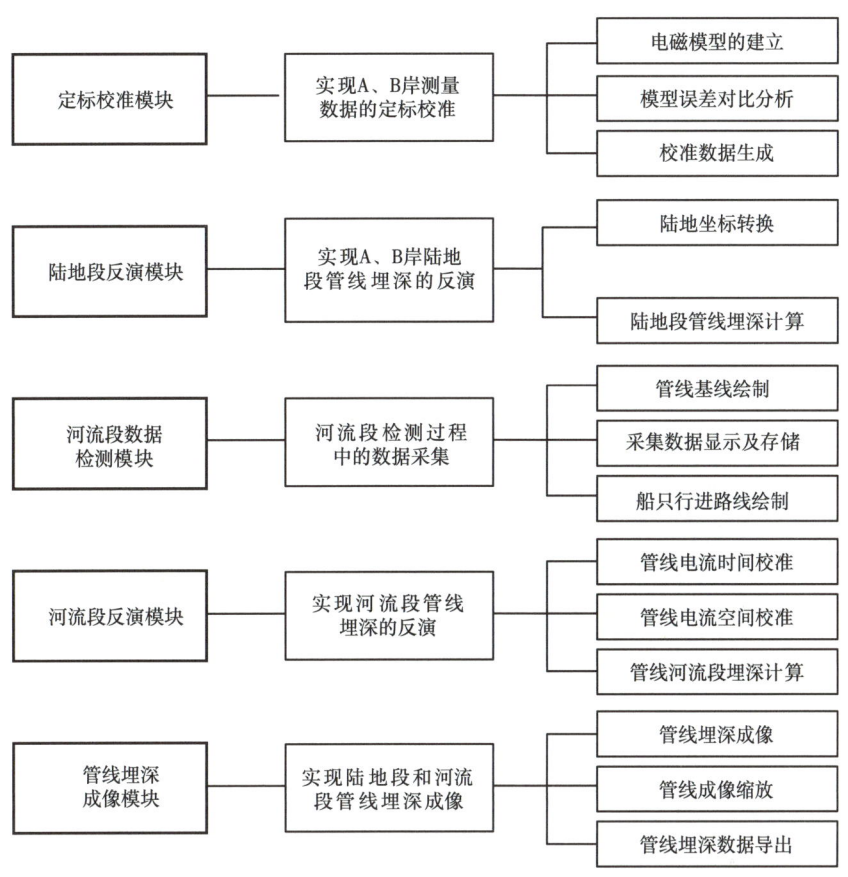

图 3-48 检测软件主要模块

河流段数据检测模块可以实现河流段检测过程中的数据采集功能。该模块功能包括：管线基线绘制，采集数据实时显示，手动采集数据及存储，船只行进路线绘制等。模块界面上可以从两岸测量点中选择合适的基线点以绘制管线基线，实时采集数据窗口可以实时显示测量数据，手动记录数据可以记录并显示在河流段采集数据窗口中，在获得船只位置数据时，可以绘制船只行进路线。

河流段埋深反演模块可以实现河流段所有测量数据的管线埋深反演。该模块功能包括：河流段管线埋深反演，管线电流空间校准，管线电流时间校准，以及河流覆土层高程和管线高程的计算等。

模块界面上导入水上测量数据，选择河流两岸的校准点，添加开始测量时间与结束测量时间的测量数据以实现管线电流时间校准，添加两岸等高点测量数据以实现管线电流的空间校准。此外，该模块与测量电路联调，还具有导入实时电流数据的功能，能够更准确地实现管线电流的时间校准，点击河流段管线埋深反演按钮即可实现河流段管线埋深的反演。

管线埋深成像模块可以实现陆地段及河流段管线埋深的反演功能。该模块功能包括：陆地段及河流段管线埋深成像，管线成像缩放，管线埋深数据导出等。

模块界面上导入绘图数据，点击绘图按钮即可实现陆地段及河流段管线埋深的成像，通过管线成像缩放窗口可以实现管线成像的缩放，此外可以随时导出管线埋深数据以作后续处理。

为便于绝对电磁法河流穿越管段敷设状态检测设备的集成应用，并实现现场测试数据的快速处理，开发了检测/数据处理两用软件，软件主要分为五个模块：定标校准模块，陆地段反演模块，河流段数据检测模块，河流段反演模块，以及管线埋深成像模块。检测软件主界面如图3-49所示，通过主界面上方按钮可以实现检测软件其他模块之间的切换，随时调出所需模块的操作界面（图3-50）。

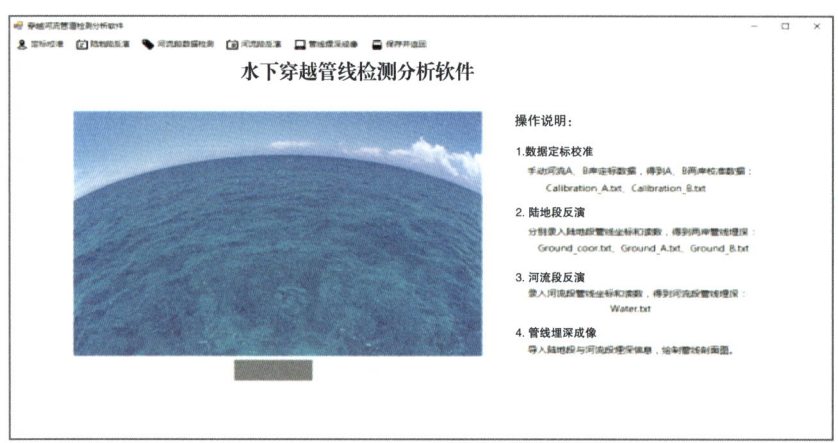

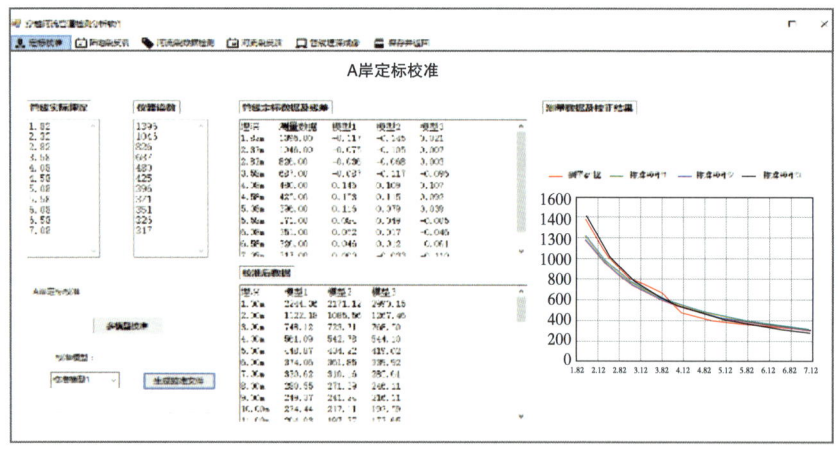

图3-49 河流穿越管线检测软件主界面

依据本节研究成果，基于绝对电磁信号原理，创新建立出一个能适用于全管段的管道埋深计算模型，检测过程中在接收机上只需用单个探棒读取沿线各点的磁感应强度绝对值即能运用模型反算出该点埋深，通过增大发射机功率，提高信噪比，可以实现最大深度40m以下管道的准确测试。新型绝对电磁法河流穿越管段敷设状态检测设备应用在管道最大深度小于40m的穿越管段时和国外进口同类设备具有同等准确度，技术水平已达到国际领先。

第 3 章 管道地质灾害风险监测与检测系列技术

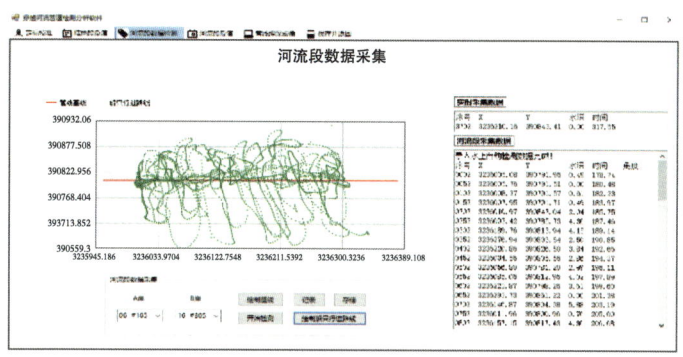

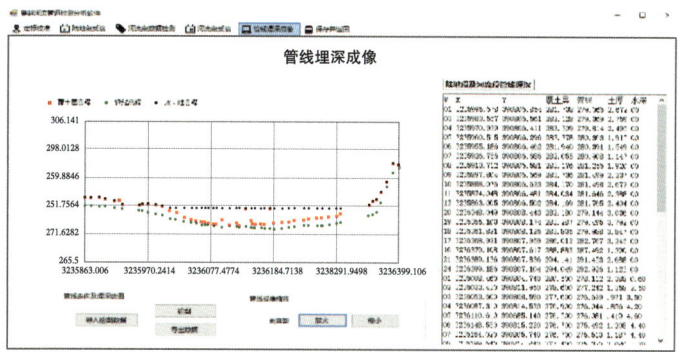

图 3-50 河流段数据采集界面

第4章 山区地质灾害作用下的天然气管道多维数据综合预警体系

4.1 滑坡临界预警技术

当管道垂直滑坡主滑方向（横向）敷设时，滑坡下滑力对管道的作用可分为两种：（1）在滑坡宽度范围内，管道外侧由于特定原因形成临空面，滑坡下滑力与此面垂直。此时土壤抗力较小，忽略为零，下滑力直接作用于管道内侧。此种工况在下文分析中称作"临空"。滑坡体处于剧滑破坏阶段时，管道外侧土体随之垮塌，失去对管道的支持作用，此种情况也属于"临空"工况。（2）滑坡下滑力平行于斜坡方向，即管道外侧是连续的坡体，无临空面形成，此时土壤抗力符合 Winkler 假定。此种工况在下文分析中称作"非临空"。

在临空和非临空两种工况下，管道受到滑坡下滑力作用，都会发生一定的应力集中和变形。改变滑坡宽度、管道规格、管道内压、地基土模量、载荷分布形式，考察滑坡宽度范围内管道轴向应力、Mises 应力和最大横向位移（挠度）的变化，以得到各因素对管道受力的影响规律。各因素影响取值见表 4-1。根据调查分析，川渝管道沿线多为小型滑坡，因此选取 10m、20m、30m、40m 四种滑坡宽度；根据川渝在役管道和运行情况，选取 ϕ325mm、ϕ559mm、ϕ711mm、ϕ813mm 四种管道规格和 3MPa、5MPa、7MPa、9MPa 四种运行压力；由于川渝管道沿线多为土质滑坡，参照文献资料[87]选取 4.8MPa、10MPa、16MPa、36MPa、59MPa 五种土体变形模量；依据常见的滑坡裂缝分布形式，选取二次函数（圈椅）、半圆、均布三种平面形态视为载荷分布形式。本模型边界条件及材料力学参数见表 4-2，其中管道长度取 100m 是为了消除管道两端部的固定约束对计算的影响。

表 4-1 管道受力各影响因素取值

滑坡宽度（m）	管道规格（mm×mm）	管道内压（MPa）	土体变形模量（MPa）	载荷分布形式
10	ϕ325×8	3*	4.8*	二次函数
20*	ϕ559×8.8	5	10	半圆
30	ϕ711×10*	7	16	均布*
40	ϕ813×11	9	36	
			59	

注："*"代表基本工况。

表 4-2 模型边界条件及材料力学参数

载荷	约束条件	管道钢泊松比	土体泊松比
50kN 下滑力;内压	100m 管道两端固定	0.3	0.37

4.1.1 滑坡宽度

保持其他基本工况参数不变,计算不同滑坡宽度下管道内侧与外侧的轴向应力、Mises 应力和管道变形最大挠度,如图 4-1 至图 4-10(因管道受力左右对称,图中横坐标只取以滑坡宽度中心为对称中心的左半部分,以下各图类似)所示。

在临空条件下,随着滑坡宽度的增大,管道内外侧的轴向应力与 Mises 应力、最大挠度均相应增大。滑坡宽度越大,两侧边界处管道应力增大越快。

在非临空条件下,管道应力随滑坡宽度变化较小,轴向应力均为拉应力。最大挠度则是在 10m 宽度时最大。

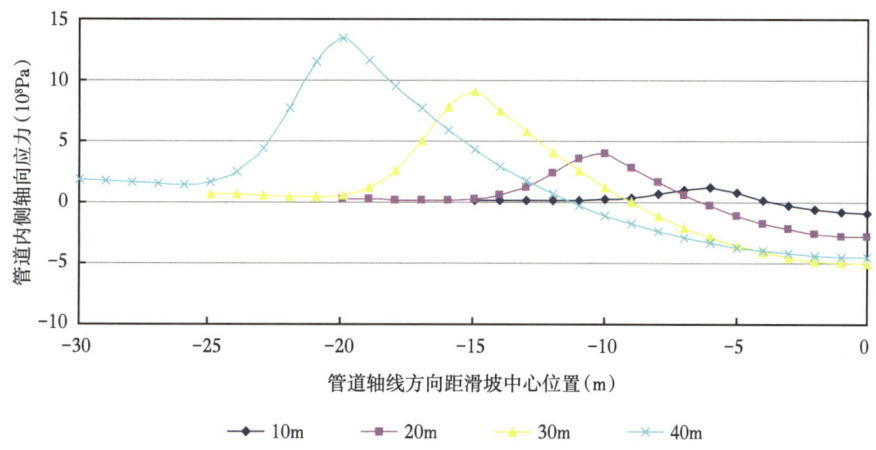

图 4-1 临空条件下不同滑坡宽度管道内侧轴向应力

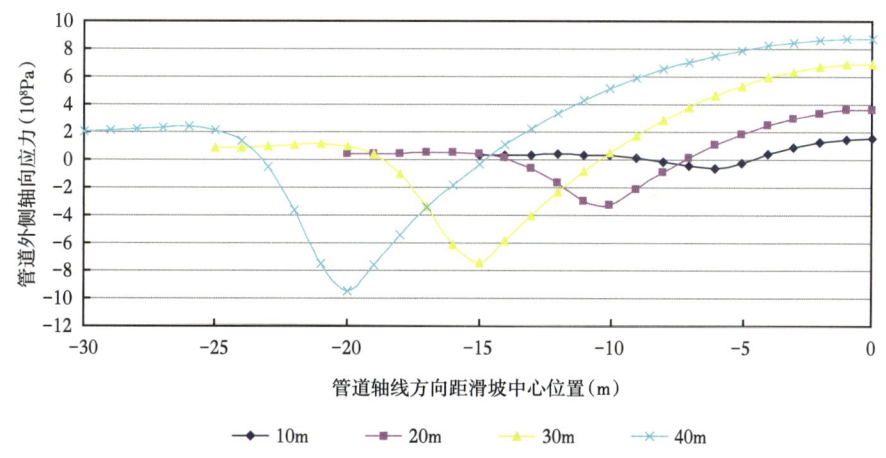

图 4-2 临空条件下不同滑坡宽度管道外侧轴向应力

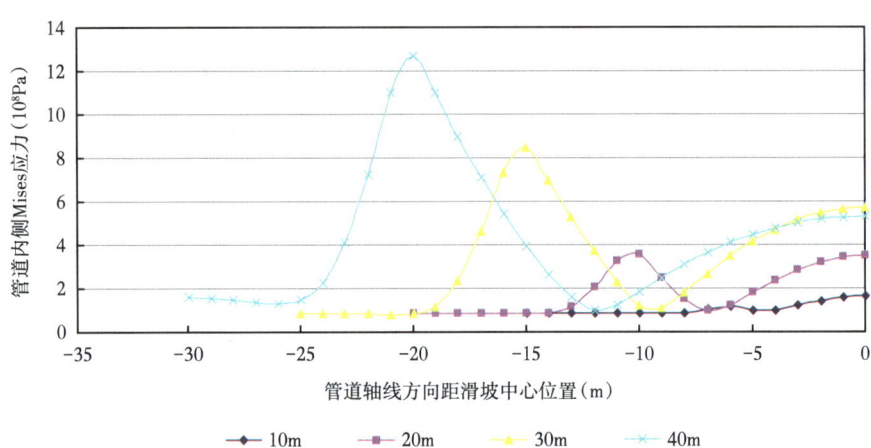

图 4-3 临空条件下不同滑坡宽度管道内侧 Mises 应力

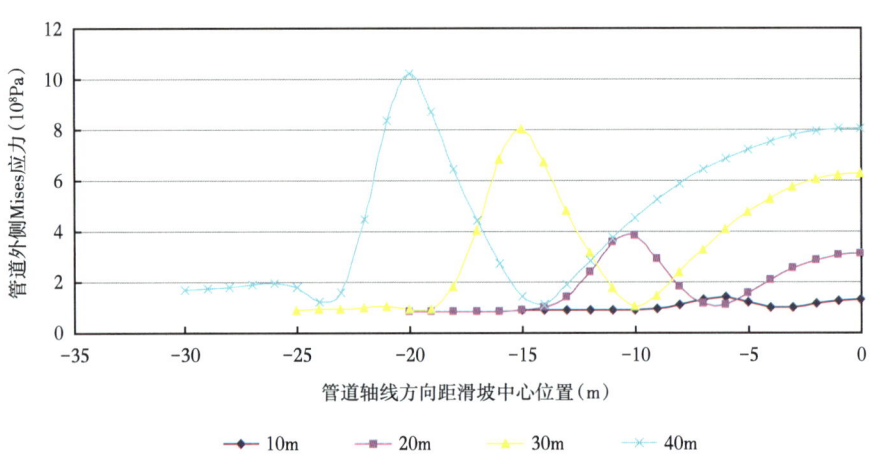

图 4-4 临空条件下不同滑坡宽度管道外侧 Mises 应力

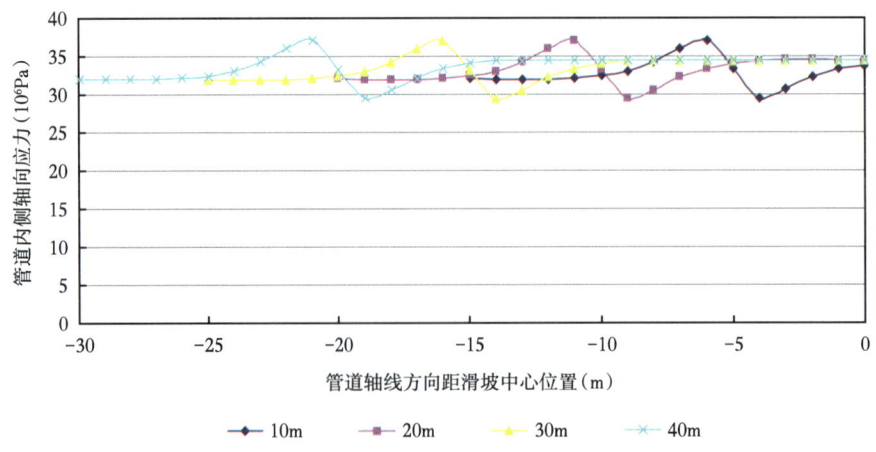

图 4-5 非临空条件下不同滑坡宽度管道内侧轴向应力

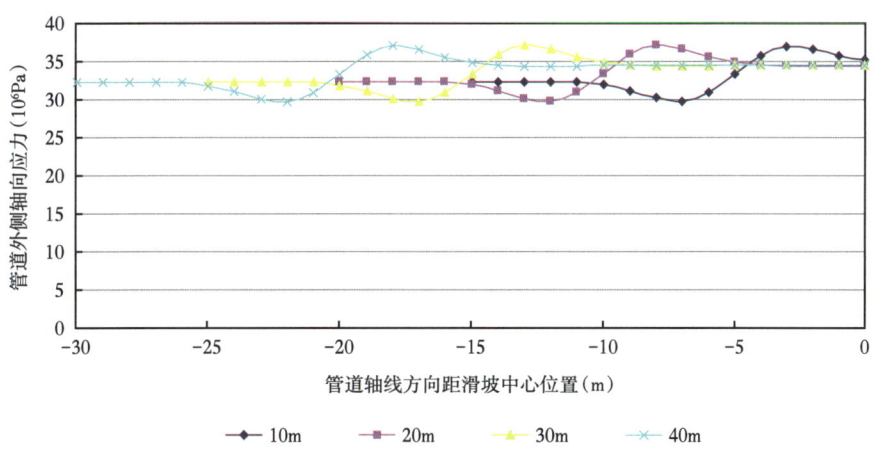

图 4-6 非临空条件下不同滑坡宽度管道外侧轴向应力

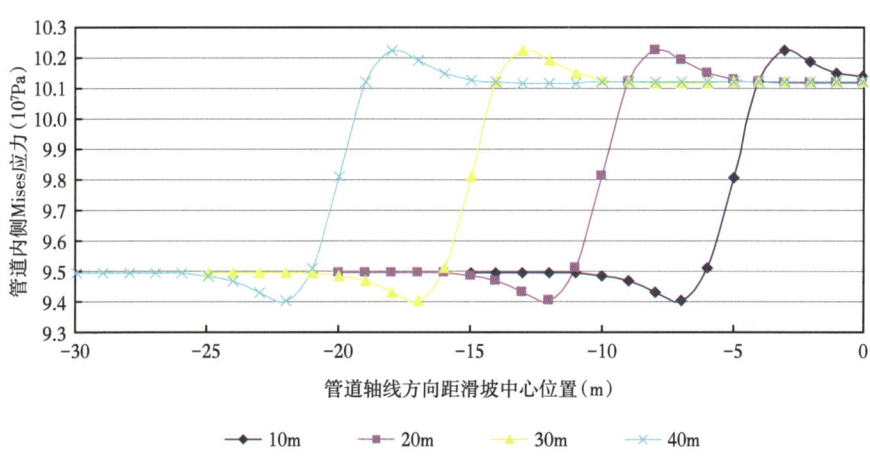

图 4-7 非临空条件下不同滑坡宽度管道内侧 Mises 应力

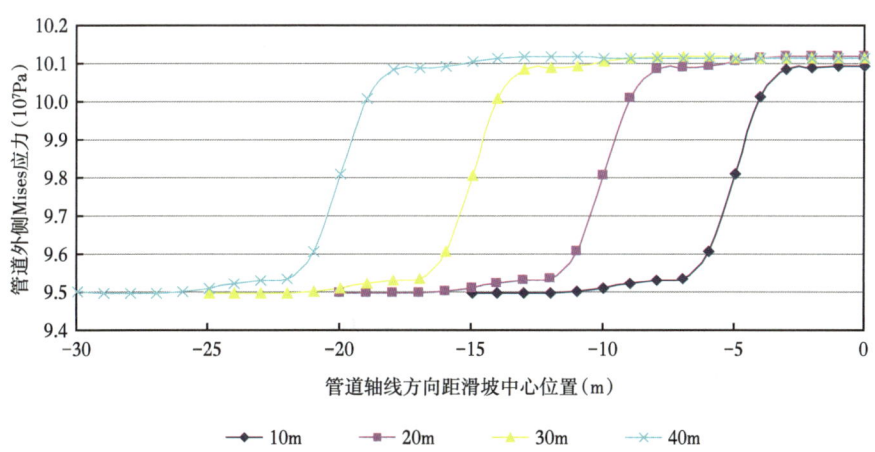

图 4-8 非临空条件下不同滑坡宽度管道外侧 Mises 应力

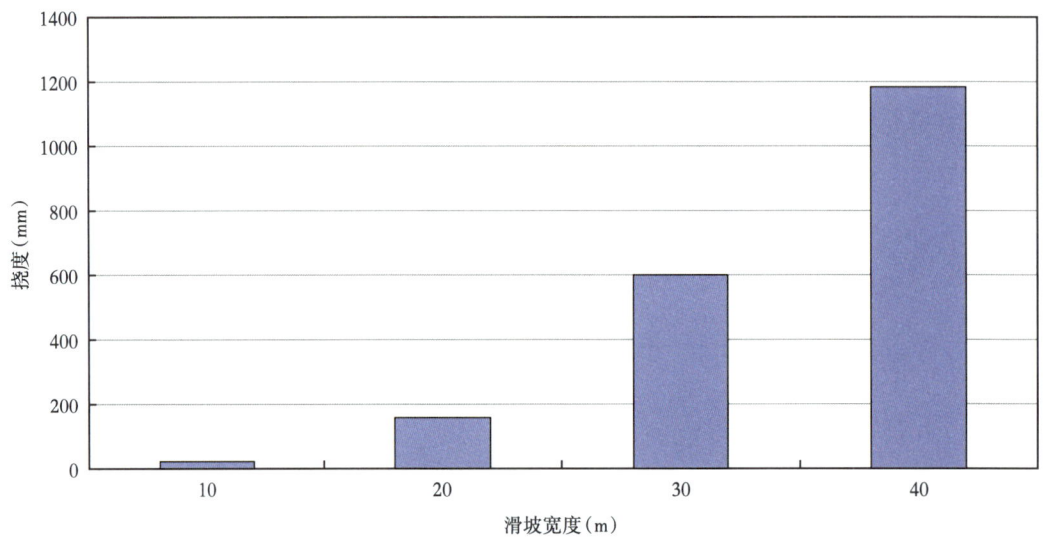

图 4-9 临空条件下不同滑坡宽度管道最大挠度

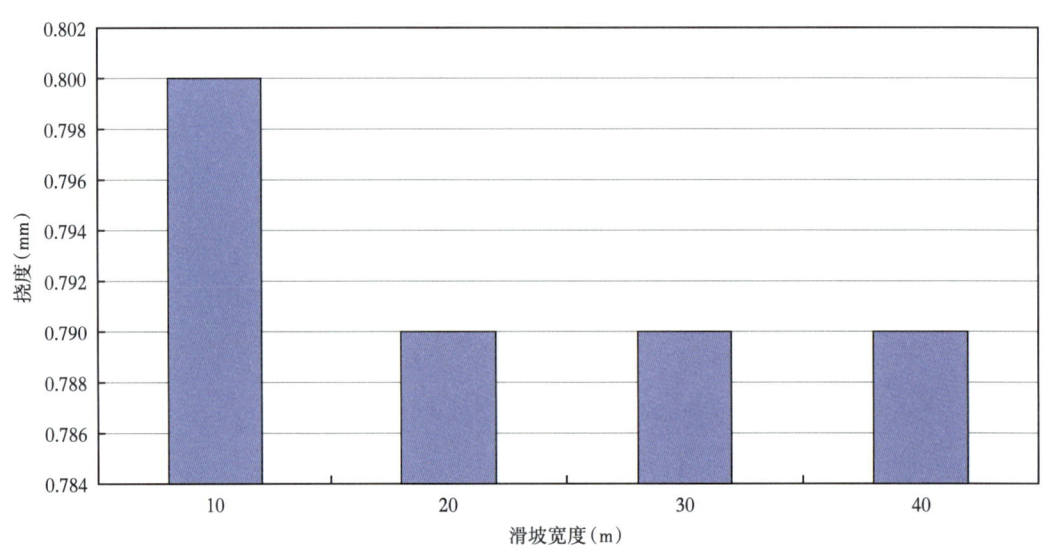

图 4-10 非临空条件下不同滑坡宽度管道最大挠度

4.1.2 管道规格

保持其他基本工况参数不变，计算不同管道规格下管道内侧与外侧的轴向应力、Mises 应力和管道变形最大挠度，如图 4-11 至图 4-20 所示。

在临空条件下，管道轴向应力、Mises 应力及最大挠度均随着管道口径的增大而减小。

在非临空条件下，管道轴向应力、Mises 应力及最大挠度均随着管道口径的增大而增大。此时管道轴向应力均为拉应力。滑坡边界内侧相比边界外侧管道应力有所增大，边界内侧管道应力大小基本不变。

第4章 山区地质灾害作用下的天然气管道多维数据综合预警体系

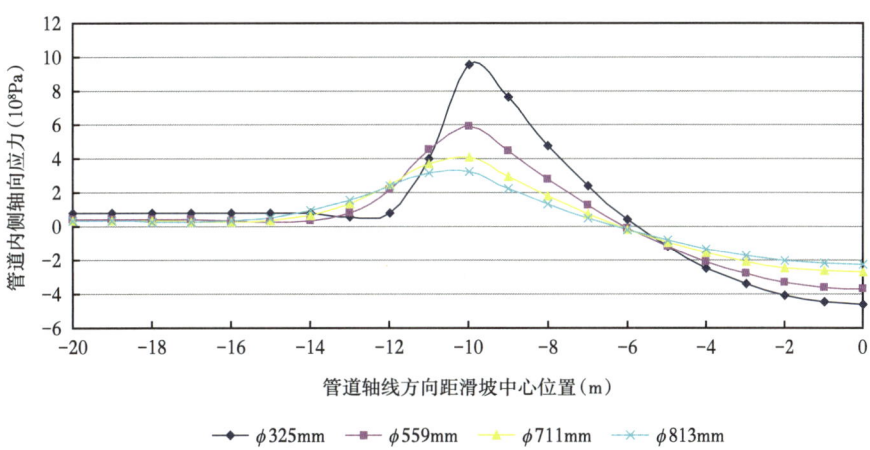

图 4-11 临空条件下不同规格管道内侧轴向应力

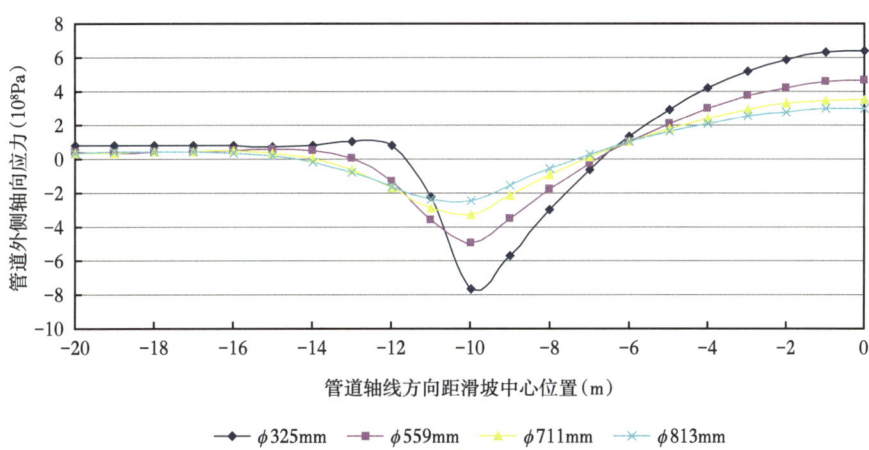

图 4-12 临空条件下不同规格管道外侧轴向应力

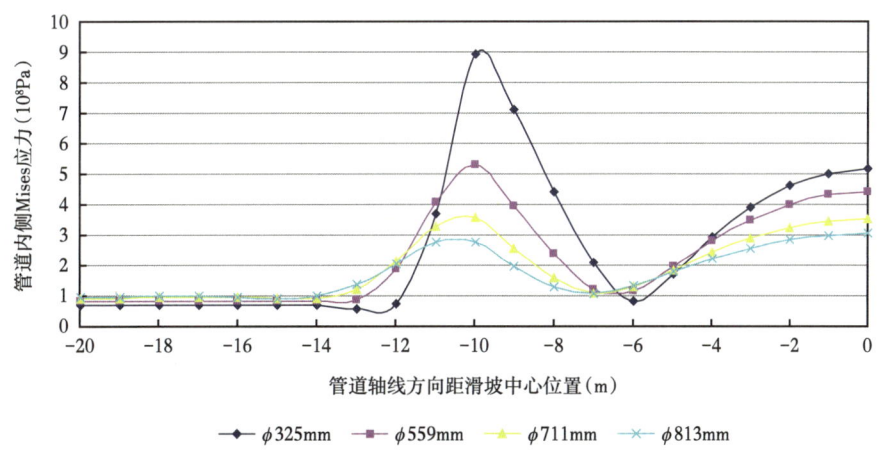

图 4-13 临空条件下不同规格管道内侧 Mises 应力

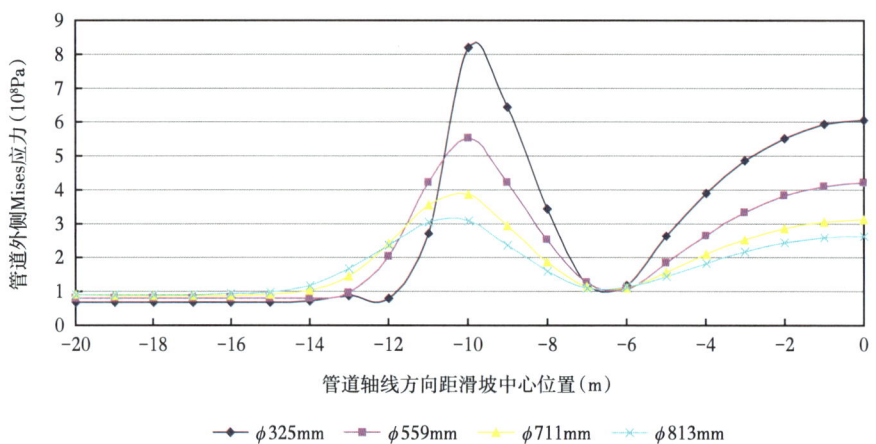

图 4-14 临空条件下不同规格管道外侧 Mises 应力

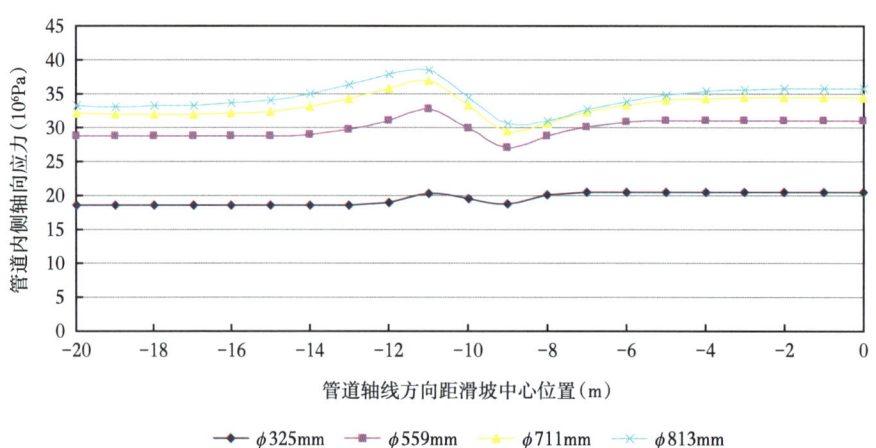

图 4-15 非临空条件下不同规格管道内侧轴向应力

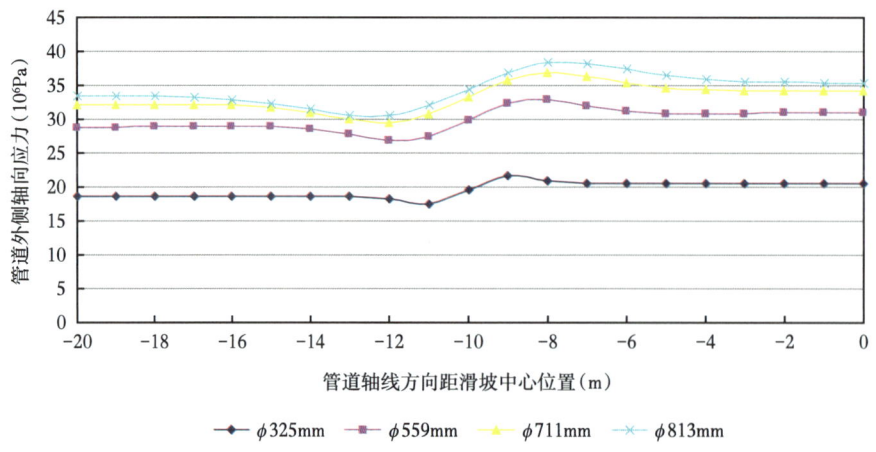

图 4-16 非临空条件下不同规格管道外侧轴向应力

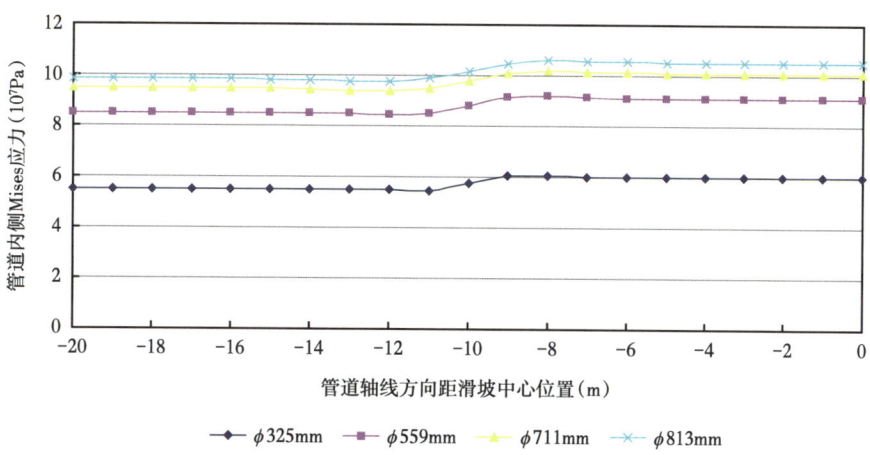

图 4-17 非临空条件下不同规格管道内侧 Mises 应力

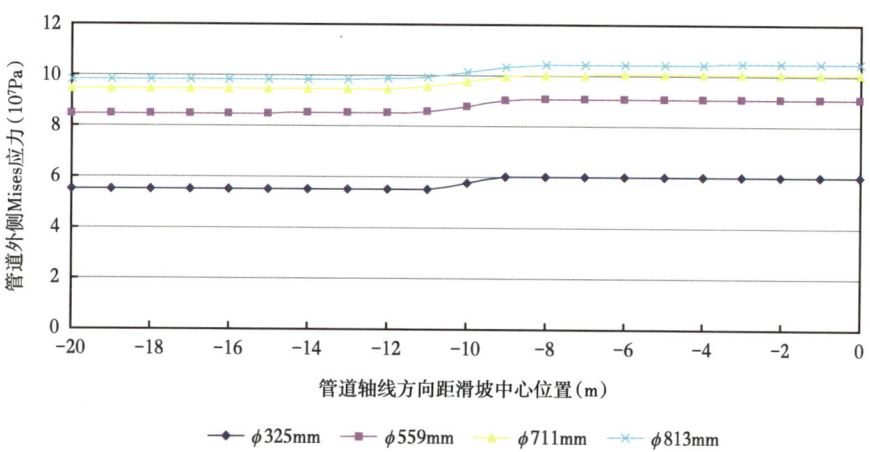

图 4-18 非临空条件下不同规格管道外侧 Mises 应力

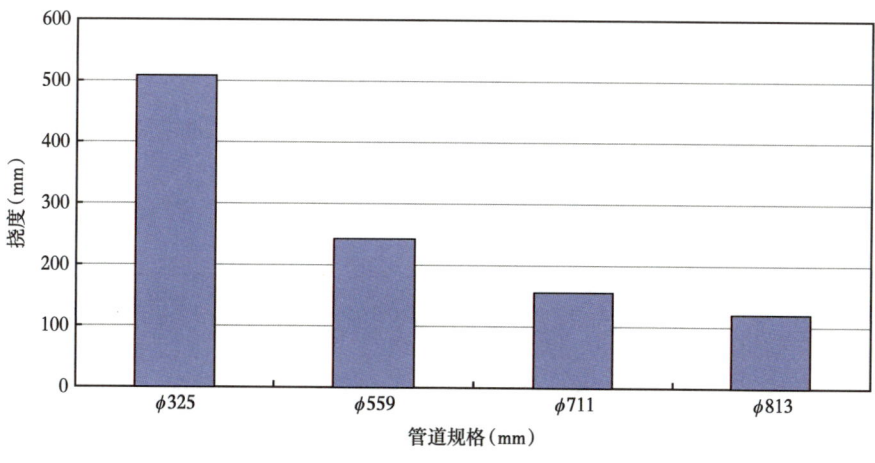

图 4-19 临空条件下不同规格管道最大挠度

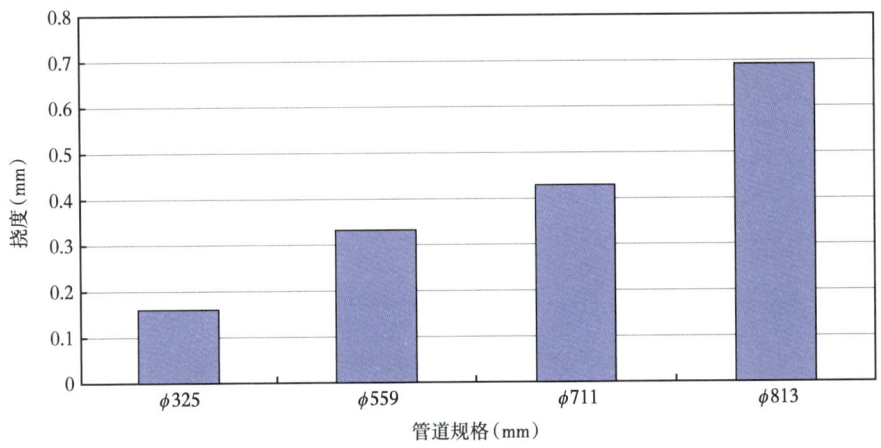

图 4-20 非临空条件下不同规格管道最大挠度

4.1.3 管道内压

保持其他基本工况参数不变,计算不同管道内压下管道内侧与外侧的轴向应力、Mises 应力和管道变形最大挠度,如图 4-21 至图 4-30 所示。

在临空条件下,管道应力及挠度均随管道内压的增大而增大。

在非临空条件下,管道轴向应力均为拉应力,应力大小随内压的增大而增大,滑坡边界内外两侧应力值相差很小,管道挠度随内压增大而增大。

无论临空条件如何,内压增大,管道应力也随之均匀线性增大。管道临空时,3MPa 与 9MPa 内压两种情况,最大挠度只相差 7mm。这些现象表明,管道应力的增大主要是由内压引起,滑坡作用下的管道受力和变形对内压不敏感。

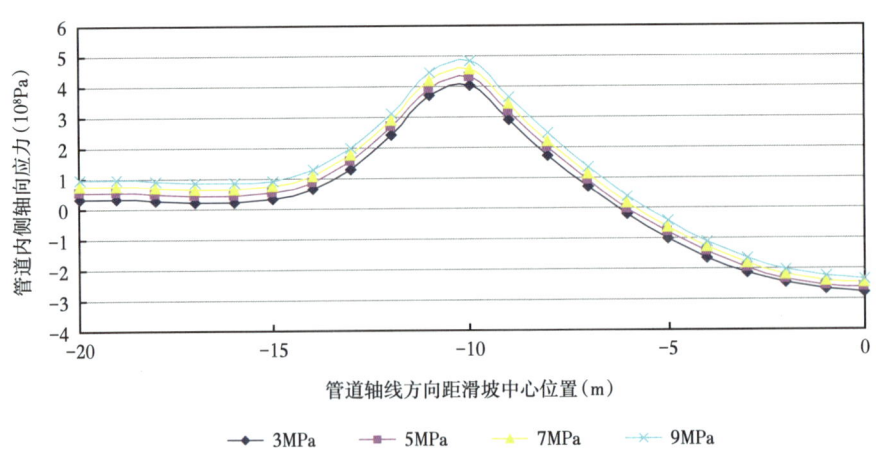

图 4-21 临空条件下不同内压管道内侧轴向应力

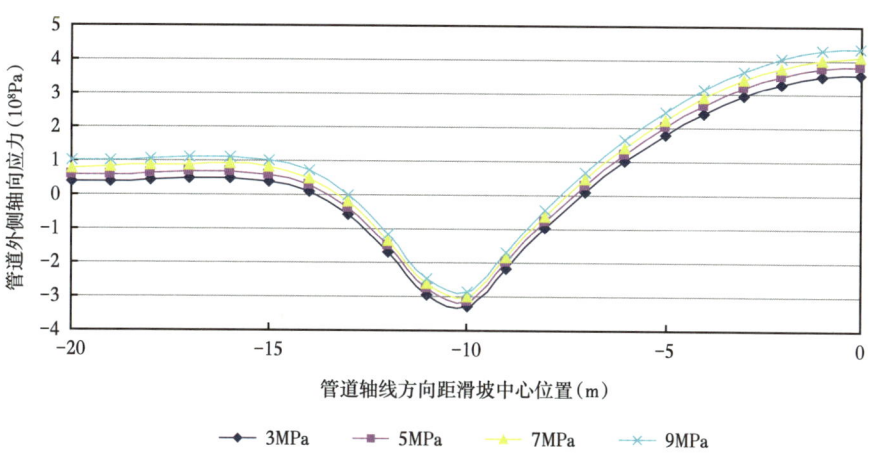

图 4-22 临空条件下不同内压管道外侧轴向应力

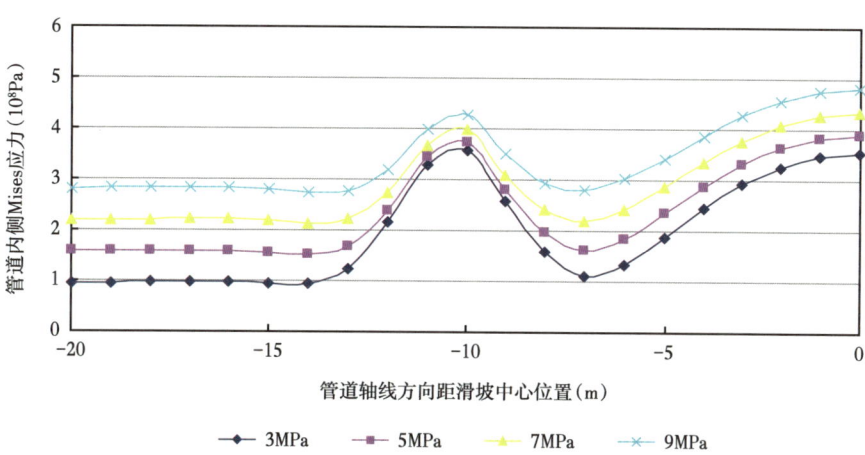

图 4-23 临空条件下不同内压管道内侧 Mises 应力

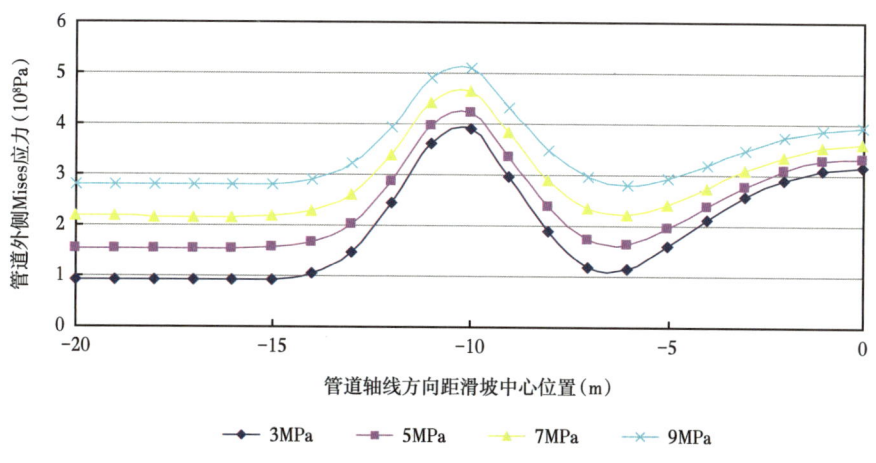

图 4-24 临空条件下不同内压管道外侧 Mises 应力

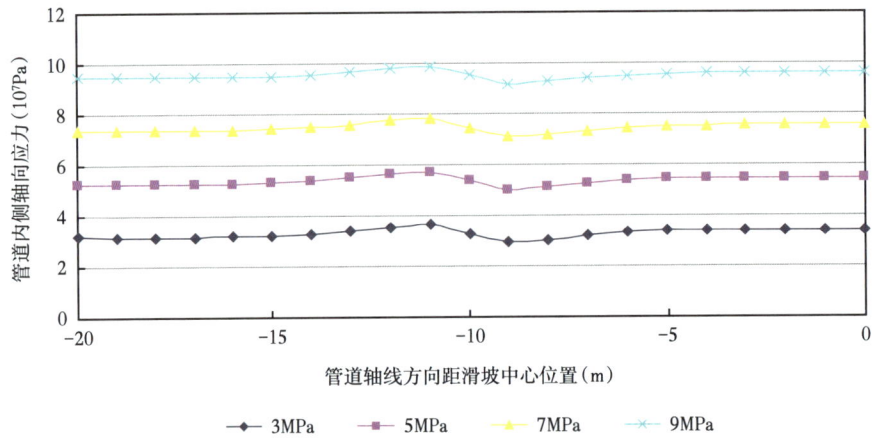

图 4-25 非临空条件下不同内压管道内侧轴向应力

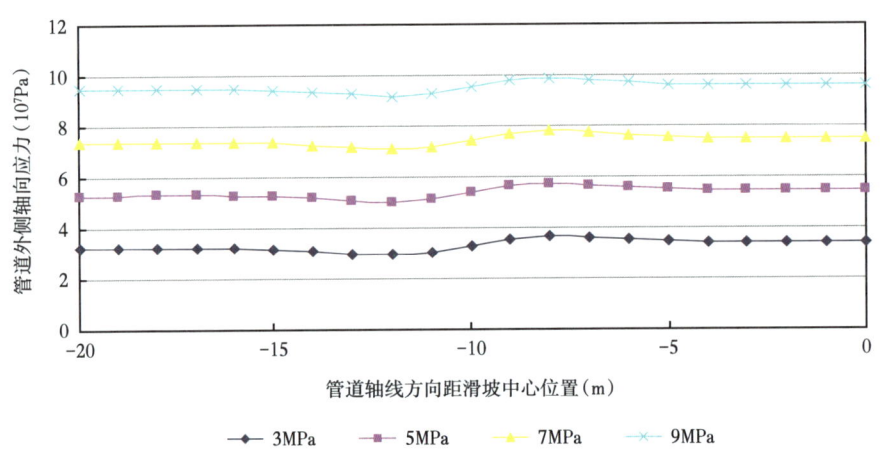

图 4-26 非临空条件下不同内压管道外侧轴向应力

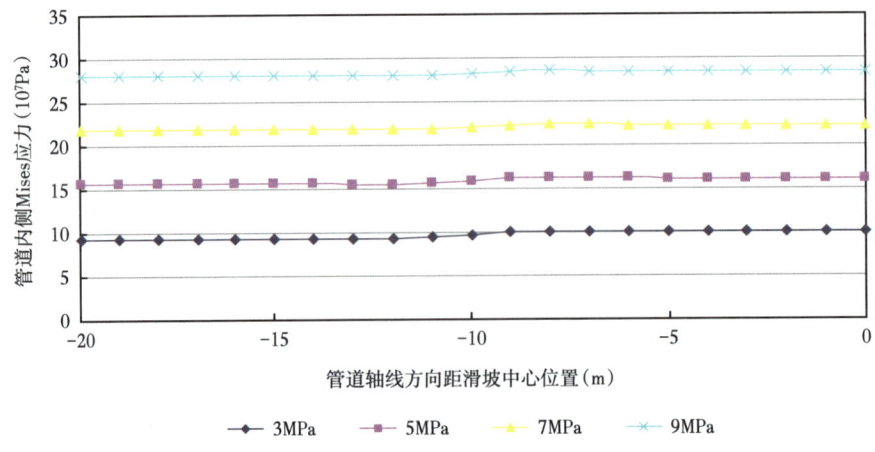

图 4-27 非临空条件下不同内压管道内侧 Mises 应力

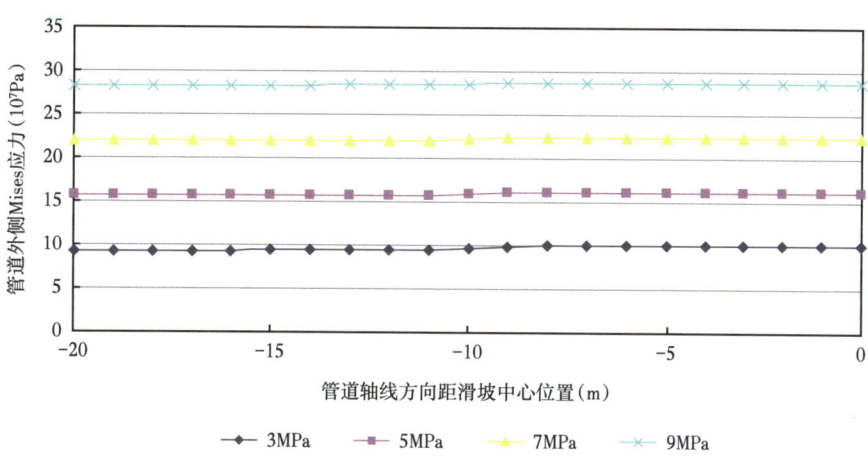

图 4-28 非临空条件下不同内压管道外侧 Mises 应力

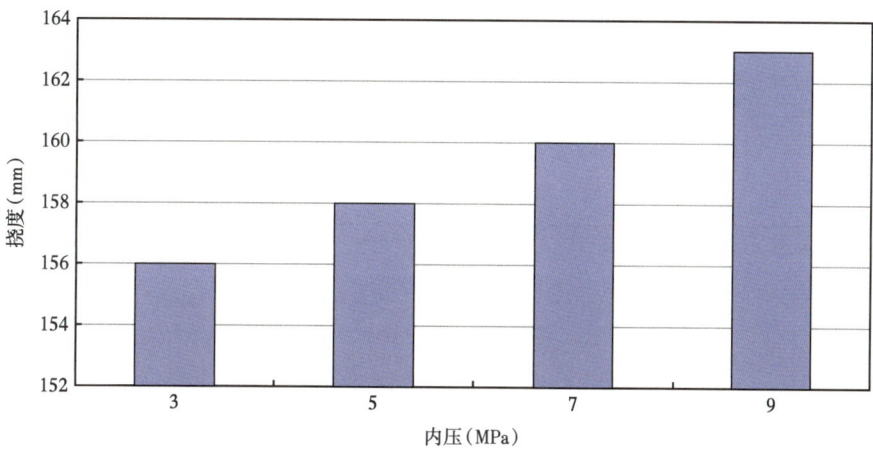

图 4-29 临空条件下不同内压管道最大挠度

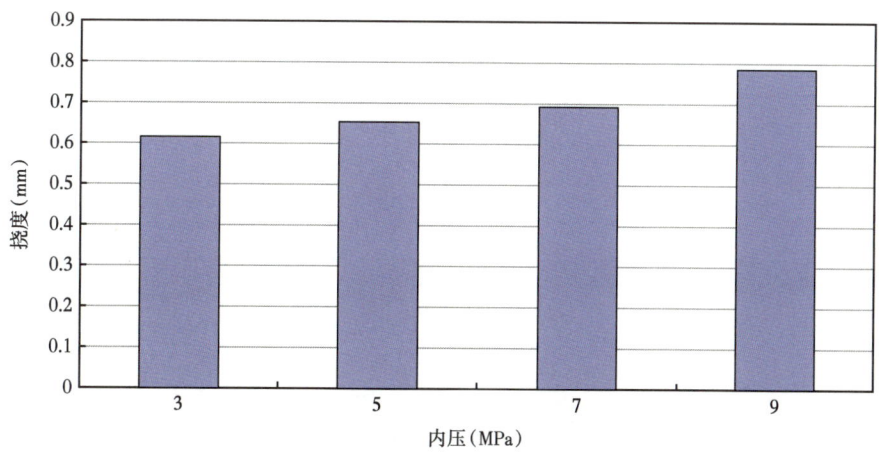

图 4-30 非临空条件下不同内压管道最大挠度

4.1.4 土体变形模量

保持其他基本工况参数不变,计算不同土体变形模量下管道内侧与外侧的轴向应力、Mises 应力和管道变形最大挠度,如图 4-31 至图 4-40 所示。

在临空条件下:在滑坡边界管道最大轴向应力和 Mises 应力几乎不随土体变形模量变化而变化,在滑坡宽度中心管道应力随土体变形模量的增大而减小。管道最大挠度则随着土体变形模量的增大而减小。

在非临空条件下:管道轴向应力均为拉应力。在滑坡边界内侧管道应力随土体变形模量的增大而减小,量值在滑坡边界范围内基本一致。管道最大挠度则随着土体变形模量的增大而减小。

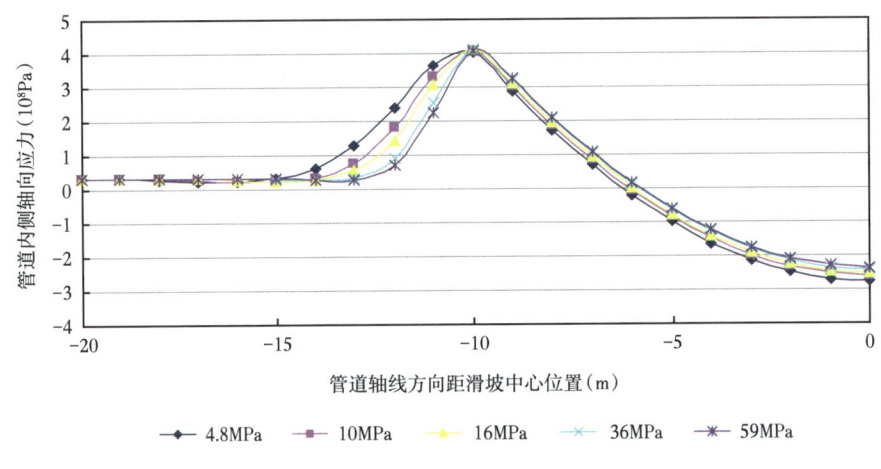

图 4-31 临空条件下不同地基土模量管道内侧轴向应力

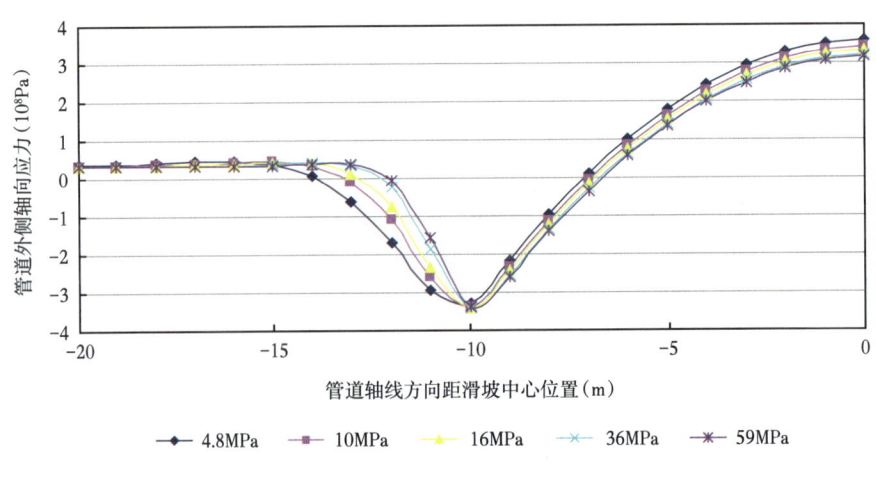

图 4-32 临空条件下不同地基土模量管道外侧轴向应力

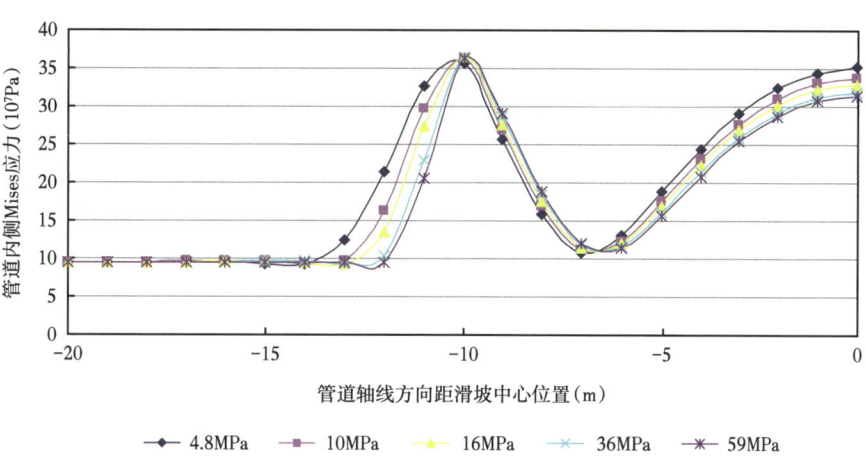

图 4-33 临空条件下不同地基土模量管道内侧 Mises 应力

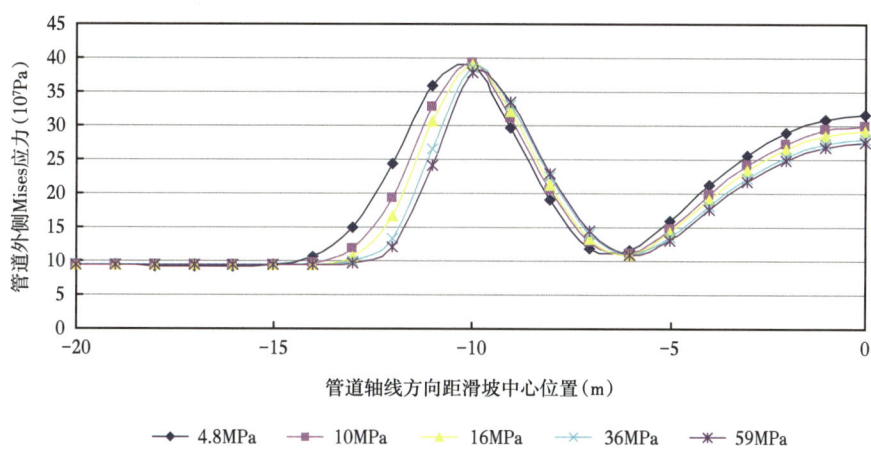

图 4-34 临空条件下不同地基土模量管道外侧 Mises 应力

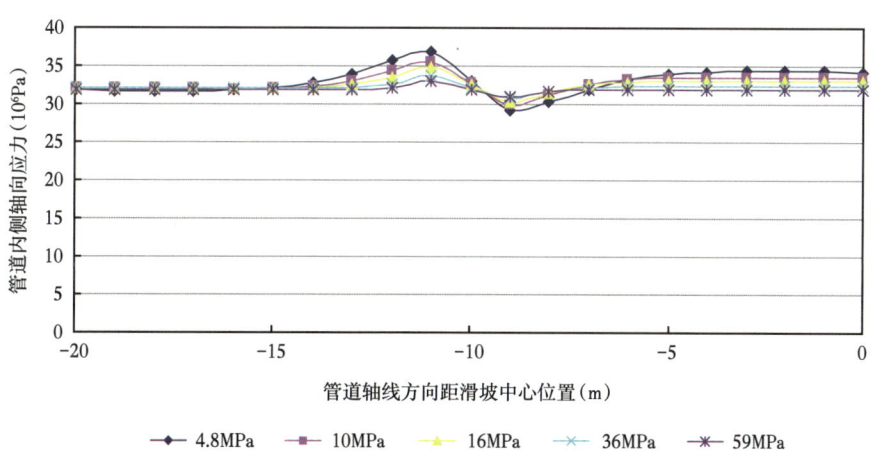

图 4-35 非临空条件下不同地基土模量管道内侧轴向应力

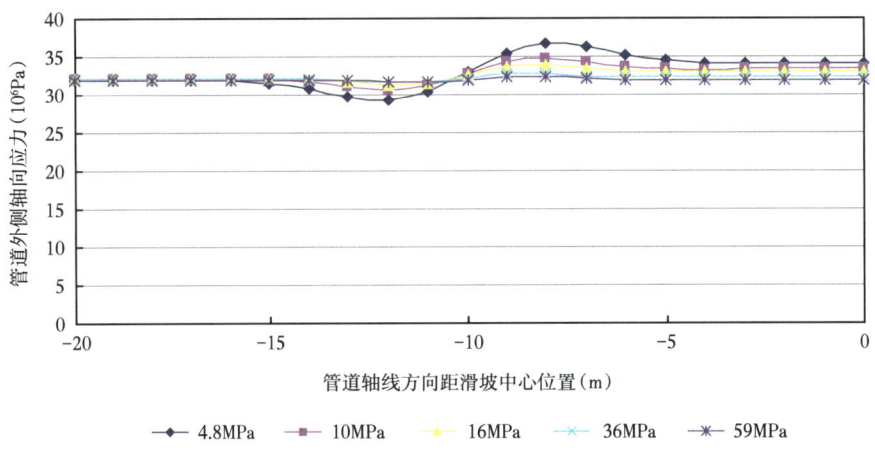

图 4-36 非临空条件下不同地基土模量管道外侧轴向应力

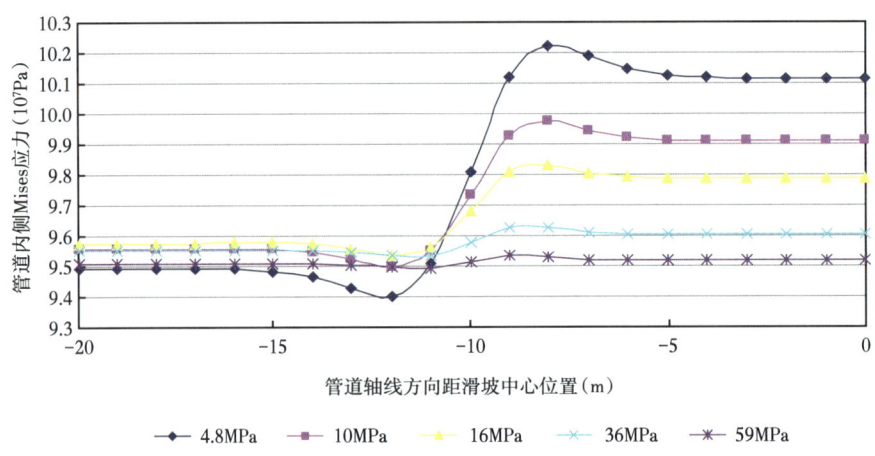

图 4-37 非临空条件下不同地基土模量管道内侧 Mises 应力

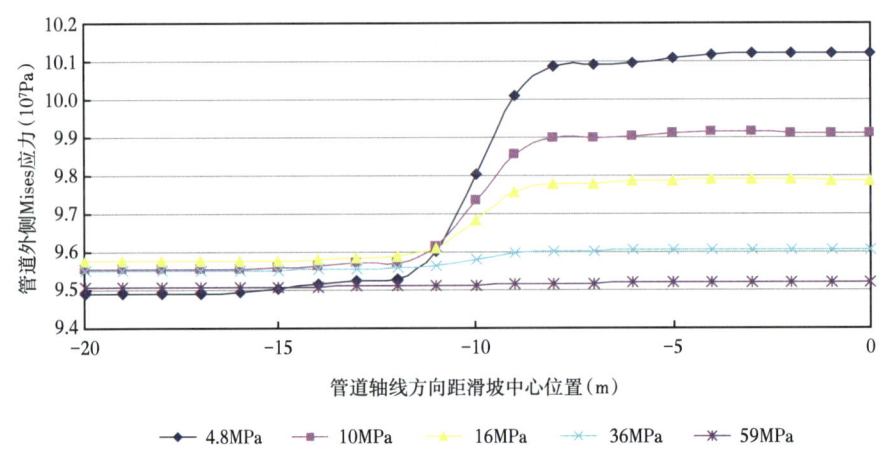

图 4-38 非临空条件下不同地基土模量管道外侧 Mises 应力

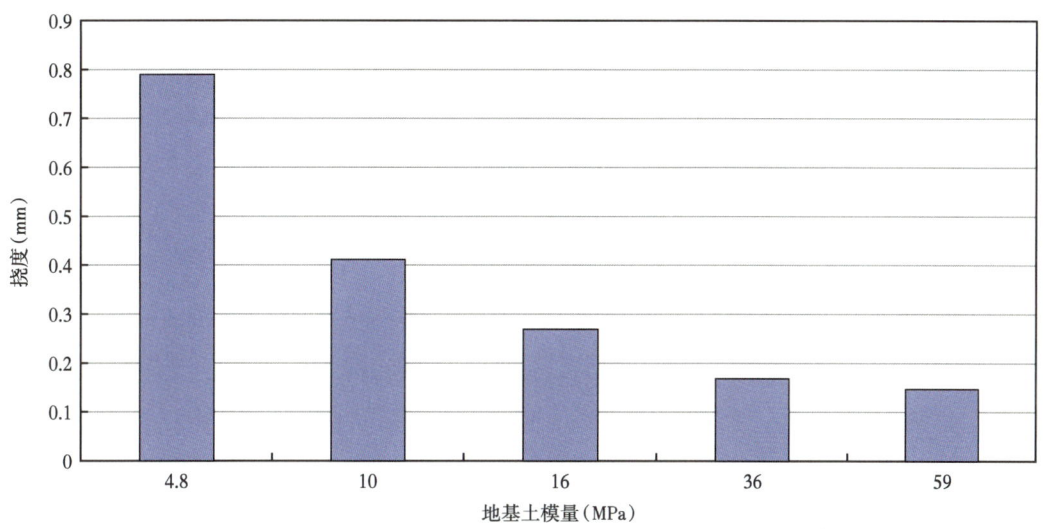

图 4-39 临空条件下不同地基土模量管道最大挠度

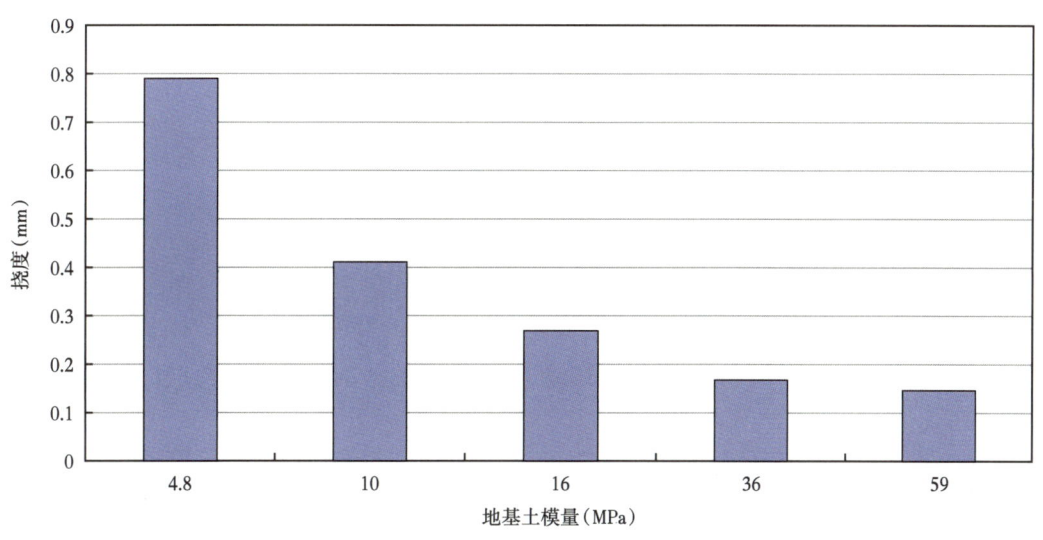

图 4-40 非临空条件下不同地基土模量管道最大挠度

4.1.5 载荷分布形式

保持其他基本工况参数不变,计算不同载荷分布形式下管道内侧与外侧的轴向应力、Mises 应力和管道变形最大挠度,如图 4-41 至图 4-50 所示。

在临空条件下,管道应力在滑坡边界处最大。对管道应力及挠度影响最大的为均布载荷,其次为半圆分布载荷,最小为二次函数分布(圈椅形)载荷。

在非临空条件下,管道轴向应力为拉应力。对管道应力及挠度影响最大的为均布载荷,其次为半圆分布载荷,最小为二次函数分布(圈椅形)载荷。

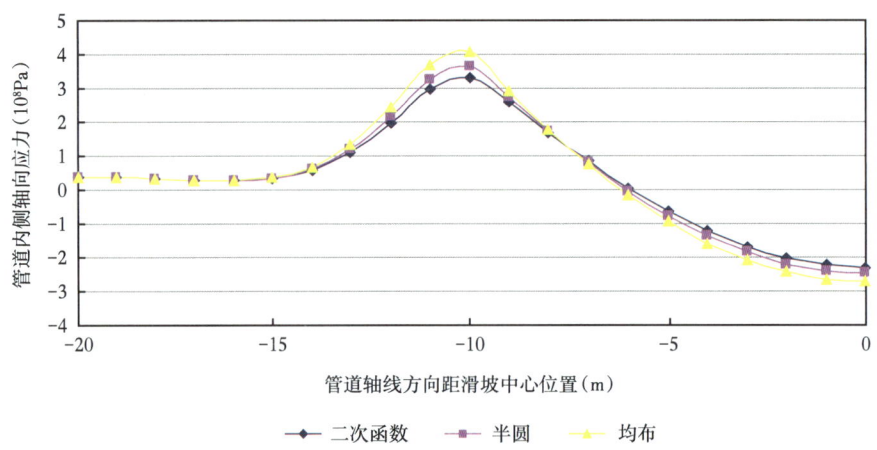

图 4-41 临空条件下不同载荷分布形式管道内侧轴向应力

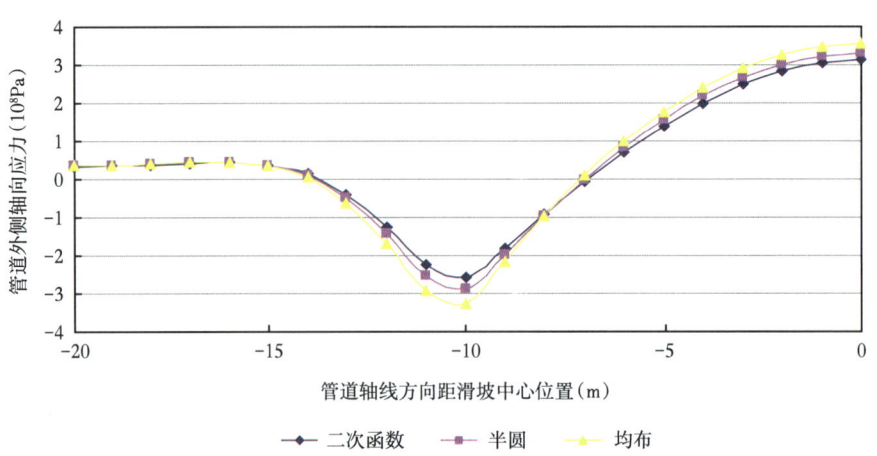

图 4-42 临空条件下不同载荷分布形式管道外侧轴向应力

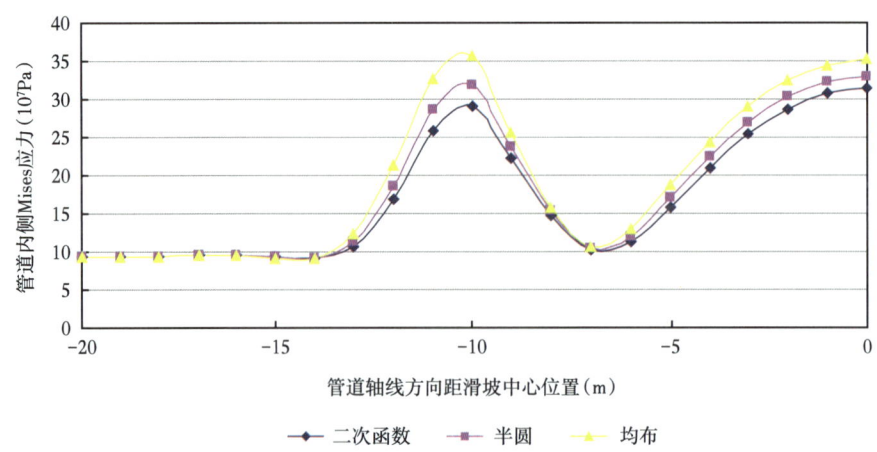

图 4-43 临空条件下不同载荷分布形式管道内侧 Mises 应力

第4章 山区地质灾害作用下的天然气管道多维数据综合预警体系

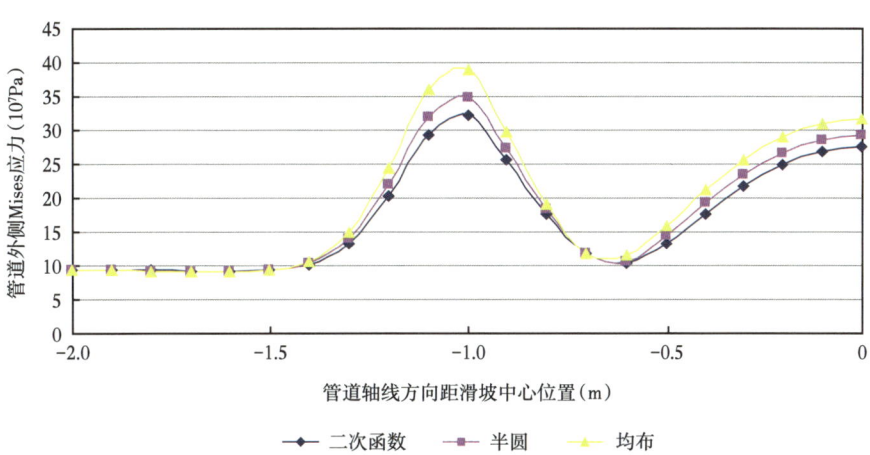

图 4-44 临空条件下不同载荷分布形式管道外侧 Mises 应力

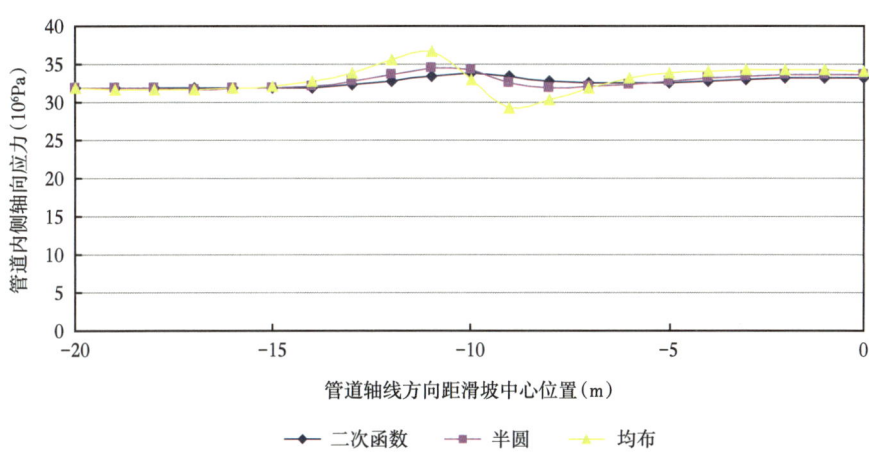

图 4-45 非临空条件下不同载荷分布形式管道内侧轴向应力

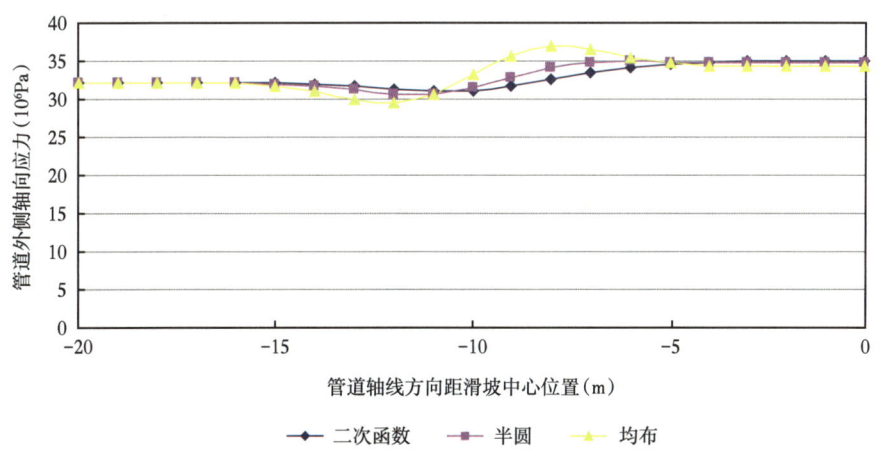

图 4-46 非临空条件下不同载荷分布形式管道外侧轴向应力

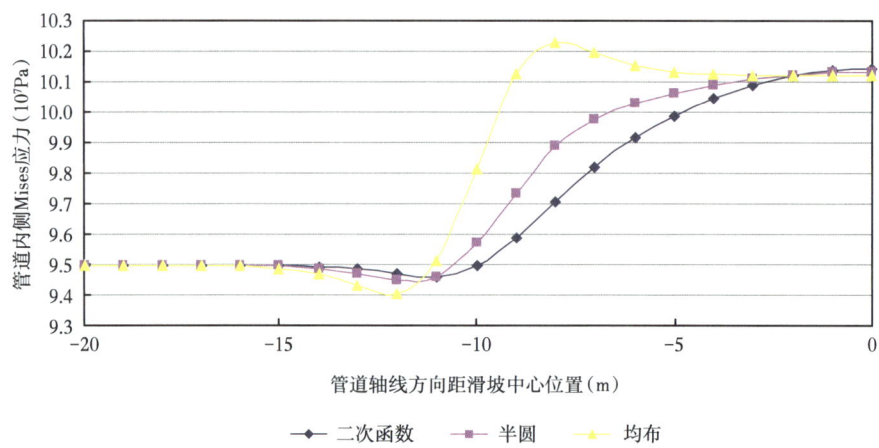

图 4-47 非临空条件下不同载荷分布形式管道内侧 Mises 应力

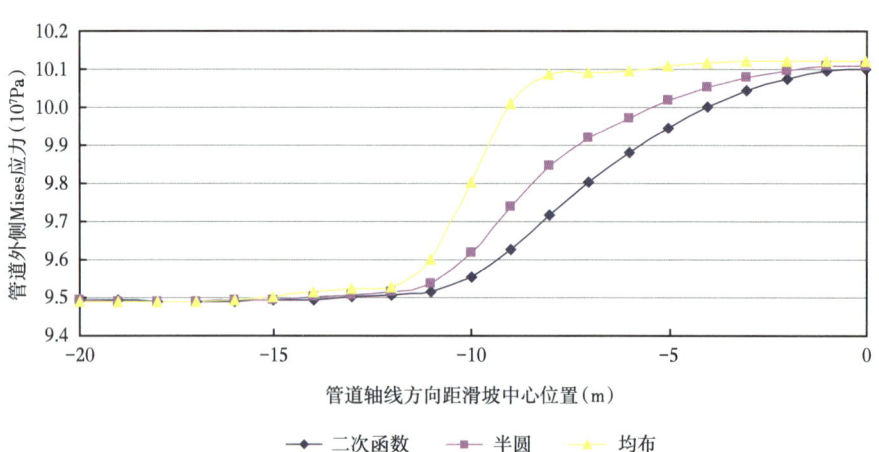

图 4-48 非临空条件下不同载荷分布形式管道外侧 Mises 应力

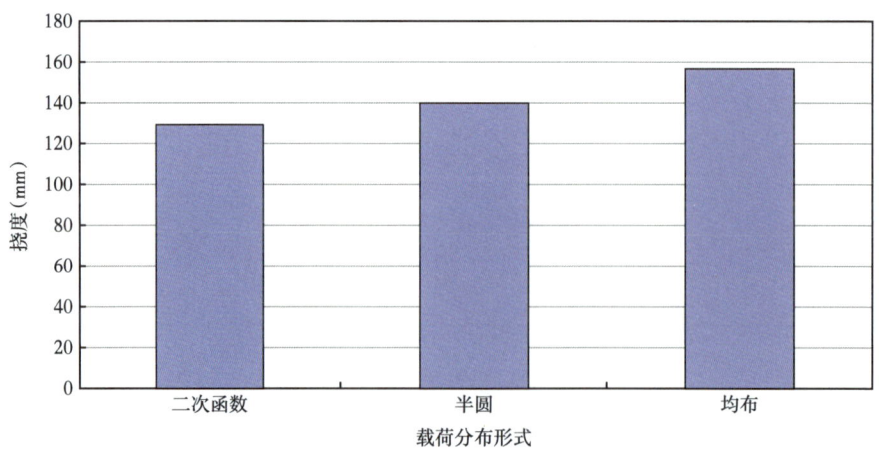

图 4-49 临空条件下不同载荷分布形式管道最大挠度

第 4 章 山区地质灾害作用下的天然气管道多维数据综合预警体系

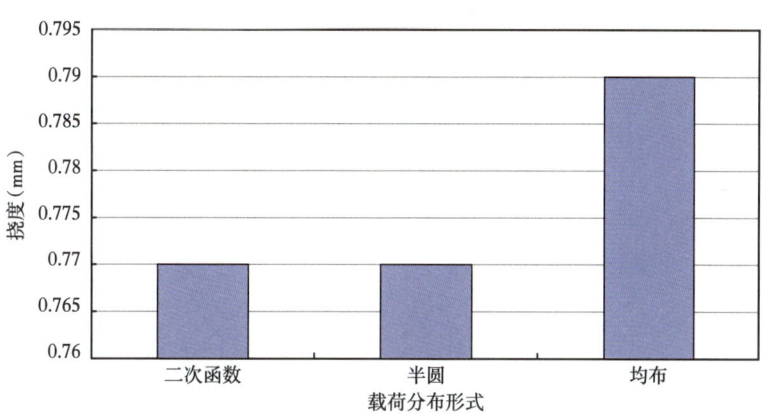

图 4-50 非临空条件下不同载荷分布形式管道最大挠度

浅层土质滑坡是滑坡中分布最为广泛、爆发频率高、危害性较大的地质灾害之一。浅层滑坡往往具有群发性,在有输气管道通过时,可能造成大范围的输气管道破坏,引起重大损失及人员伤亡。

浅层土质滑坡的形成与其发育的地形、土质条件及外界降雨因素密切相关,降雨因素是浅层滑坡诱发条件,而地形和土质条件是滑坡形成的内在条件。前人在地形、土质方面的研究多限于定性的描述,定量化的研究较少且较为粗略、单一,缺乏针对单个滑坡更深入更全面化的特征分析,没有给出定量的判别模型。目前针对该类滑坡的监测预警也主要集中于降雨的研究,没有对地形及地质条件进行综合考虑。

4.2 河流冲刷预测技术

4.2.1 河流穿越管段冲刷试验

对于水下穿越管道而言,由于河床演变、河床冲刷和水流冲击等作用,使得管道局部悬空或裸露而容易遭受破坏,从而严重影响水下穿越管道的安全服役。因此,研究水下穿越管道的冲刷机理和冲坑发展规律,对管道进行有效保护,减少管道破坏失效具有非常重要的意义。水下穿越管道附近河床演变过程如图 4-51 所示,包括竖向扩展和水平扩展两方面,且两者同时进行。

水下穿越管道悬跨段所受载荷如图 4-52 所示,悬跨管道所受载荷类型主要有浮力、管道自重、石油(天然气)自重、管道内部操作压力,水流作用下的水力载荷和管土相互作用摩擦力。

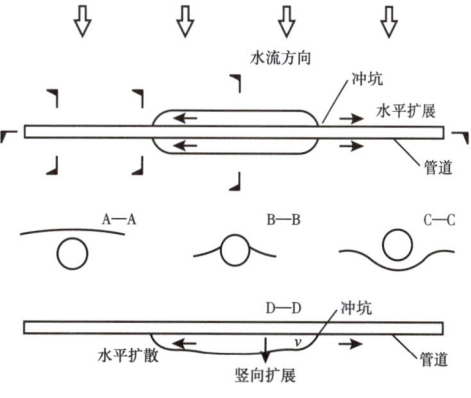

图 4-51 水下穿越管道附近河床演变示意图

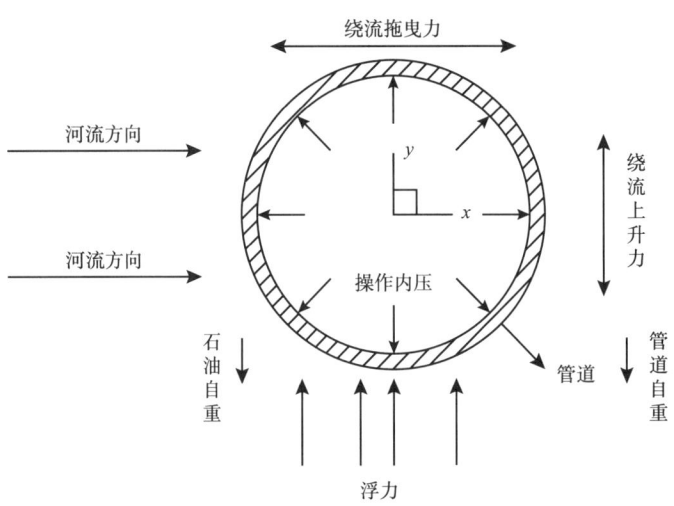

图 4-52 悬跨管段载荷示意图

"共振"或"频率锁定"现象,是指当悬跨管道的固有频率与河流流经管道涡旋发放频率较接近时,悬跨管道的振动响应出现大振幅,其振幅足以控制涡旋发放过程中悬跨管道与流体之间这一复杂的相互作用过程,整个振动过程称为涡激振动。

当河水流过悬跨管道时,因雷诺数大小的不同,会出现不同形式的涡旋发放现象,如图 4-53 所示。

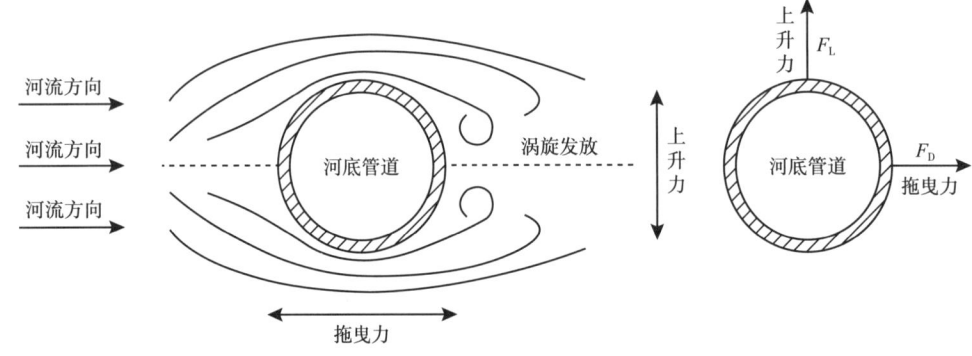

图 4-53 涡旋发放示意图

涡旋发放会在悬跨管道的周围形成一个由时变的流场引发的时变的压力场。压力场最终作用在管道的表面上,此压力可分解成流向和横向(垂直于流向)两个压力分量。沿流动方向的力,称为流向脉动拖曳力,其作用频率等于涡旋发放频率;沿横向方向的力称为横向脉动上升力,其作用频率等于涡旋发放频率的一半。

河流流经管道过程中,一方面,悬跨管道可能会出现"频率锁定"现象,极易导致管道悬跨段的断裂失效。另一方面,伴随着周期性的涡旋发放,悬跨管道可能会发生周期性振动,导致悬跨管道的疲劳失效。由此可见,水流引起的管道涡激振动是影响悬跨管道正常运营的主要因素。

河流中悬跨管道的涡激振动研究可以参考海底悬跨管道的涡激振动研究。最近三十多年时间里，很多国家的学者对海洋工程细长结构物的涡激振动现象进行了大量的研究，其中大部分是针对海洋立管的涡激振动问题。海底管跨作为一种常见的海洋工程细长结构物，其涡激振动问题与海洋立管的有很大的不同。海底管跨所处的周围环境非常复杂，沿管线轴向连续变化的海床间隙对涡激振动的影响是海底管跨涡激振动研究的一个难点和热点问题。由于海底管跨的长细比相对于立管等海洋工程细长结构物要小很多，管土相互作用复杂边界的影响较为突出。随着管道悬跨长度的增加，管线在重力等静力载荷下引起的初始静挠度对管线动力特征的影响变得突出。当海底管线出现多处悬跨时，相邻跨度之间存在动力耦合问题。此外，海底悬跨管道的刚度一般以抗弯刚度为主，悬跨管道的各阶自振频率之间存在一个较大的区间，从而使得涡激共振从某阶模态过渡到相邻模态存在一个较为明显的过渡区域。

本节主要研究水下穿越管道受水流冲击作用下的一阶固有频率和响应频率，并进一步探究水下穿越管道在动载荷作用下是否会发生共振破坏。在本节当中，总结了三种水下穿越管道固有频率的理论计算方法。当水下穿越管道的固有频率与河流涡旋发放频率接近时，管道会发生涡激振动，振幅最大时即发生了共振。对于发生涡激振动的管道，要进行疲劳寿命安全评价。

水下穿越管道的分类如下：在分析水下穿越管道的涡激振动时，需要根据其长径比分为不同的情况讨论，长径比不同的悬跨管道往往有不同的动力响应特性。DNV船级社规范给出了悬跨管道分类的推荐方法，如下所示：

当悬跨管道的长径比为$L/D < 30$时，悬跨管道由环境载荷引起的响应振幅很小，发生涡激振动的可能性很低，一般不需要进行涡激振动的校核。

当悬跨管道的长径比为$30 \leqslant L/D < 100$时，在管线操作运行阶段，最常出现此类管跨，其响应特性符合梁结构的特征，悬跨管道固有频率对边界条件和有效轴向力十分敏感。

当悬跨管道的长径比为$100 \leqslant L/D < 200$时，悬跨管道固有频率对边界条件、有效轴向力、初始静挠度、几何刚度，以及管道的入土深度等比较敏感，其振动特性表现出梁结构和缆结构的复合特点。

当悬跨管道的长径比为$L/D \geqslant 200$时，悬跨管道柔度通常很大，易发生大变形，管道固有频率由挠度变形和管道受到的有效轴向力控制，响应表现为细长缆的特征。

河流经过悬跨管道时，管道迎水面、背水面，以及管道顶部、底部形成压强差，从而导致悬跨管道发生涡激振动现象。当水流涡旋发放频率f_0与悬跨管道的固有频率f_n两者接近时，水下穿越管道将发生共振现象，此时悬跨管道将发生大幅度振动，由此可能导致管道强度破坏或者疲劳破坏。在水下穿越管道设计中，必须避免或者控制发生"共振"现象。因此可以通过改变悬跨段的跨长来改变悬跨管道的固有频率，使管道的固有频率f_n与水流涡旋释放频率f_0不接近。

水流涡旋发放频率f_0与斯特罗哈尔数S有关，f_0的计算公式如下：

$$f_0 = \frac{Sv_0}{D} \tag{4-1}$$

式中：S为斯特罗哈尔数（与雷诺数有关）；f_0为水流涡旋释放频率，Hz；v_0为来流的速度

（即垂直于管道的流速），m/s；D 为管道外径，m。

斯特罗哈尔数 S 是一个和雷诺有关的系数，其与雷诺数的关系曲线如图 4-54 所示。确定了水下穿越管道的雷诺数，便可以确定斯特罗哈尔数，代入水流涡旋发放频率的计算公式中，便可以求得水流的涡旋发放频率 f_0。

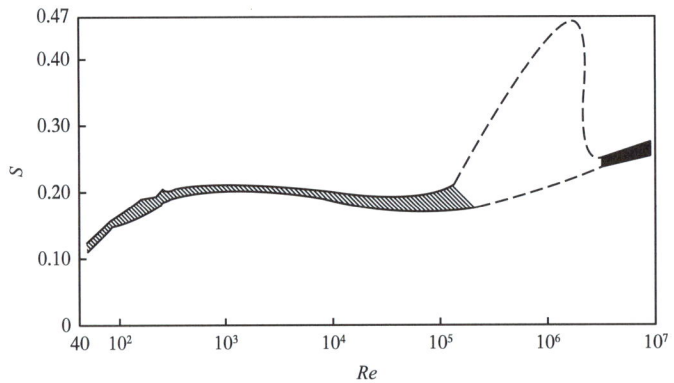

图 4-54　管道的斯特罗哈尔数 S 与雷诺数 Re 的关系

涡激振动现象发生的频率范围采用如下方法判定。折合速度 v_R（又称为约化速度）表征了一个振动周期内水质点的位移路径长度与模型宽度的比值，折合速度的计算公式如下：

$$v_R = \frac{v_0}{f_n D} \qquad (4-2)$$

当水下穿越管道的固有频率与河流的涡旋发放频率比较接近时，悬跨管道会发生涡激振动，工程中常用折合速度 v_R 来表示是否会发生涡激振动，图 4-55 和图 4-56 分别为管道流向涡激振动幅值、横向涡激振动幅值与折合速度的关系曲线图。

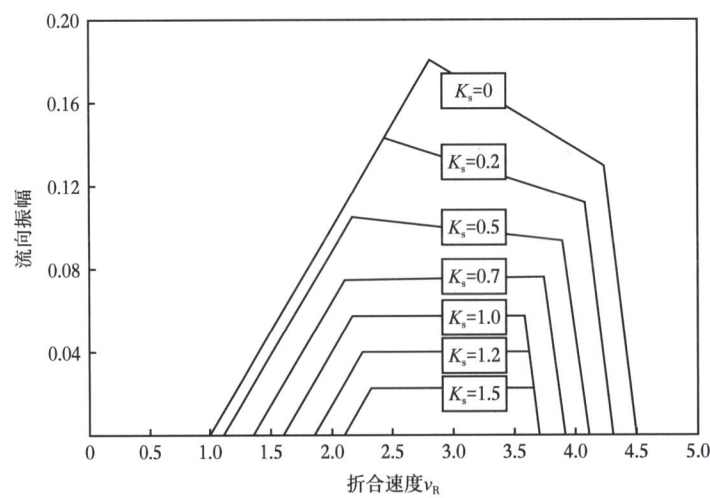

图 4-55　流向振幅与折合速度的关系曲线

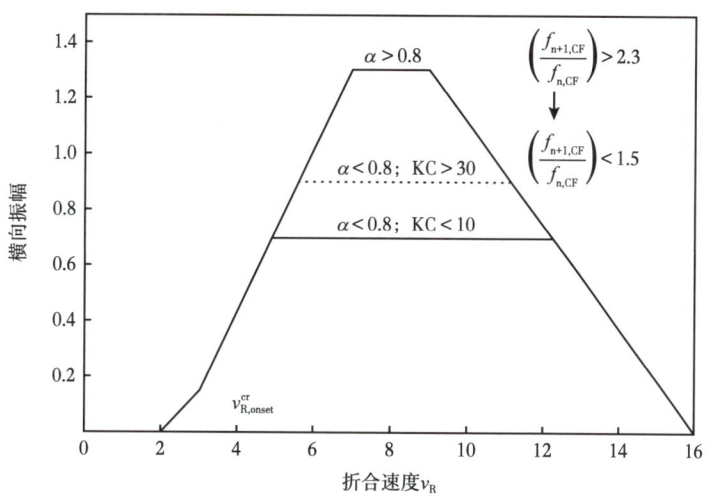

图 4-56 横向振幅与折合速度的关系曲线

图 4-55 和图 4-56 中横坐标是折合速度，纵坐标分别是流向涡激振动幅值和横向涡激振动幅值，每条曲线代表一种不同的工况，曲线以外认为是没有发生涡激振动。曲线最大值处即是发生了共振。由图 4-55 和图 4-56 可以看出：在不同工况下，流向涡激振动发生在折合速度在 $v_R=1\sim4.5$ 范围内，且最大流向振幅（与管径做了无量纲化）约为 0.18；横向涡激振动发生在折合速度在 $v_R=2\sim16$ 范围内，且最大横向振幅约为 1.3。由此可以看出横向涡激振动要比流向涡激振动更为严重，工程上一般可以忽略流向的涡激振动，只考虑横向上的涡激振动。

由图 4-63 可以确定出悬跨管道横向发生涡激振动的折合速度范围为：$v_R=2\sim16$。则相应的固有频率范围为：

$$\frac{v_0}{16D}<f_n<\frac{v_0}{2D} \tag{4-3}$$

悬跨管道发生共振（即最大振幅的涡激振动）时的固有频率范围为：

$$\frac{v_0}{10D}<f_n<\frac{v_0}{6D} \tag{4-4}$$

对于发生涡激振动的悬跨管道，要进行疲劳强度的安全评价。

悬跨管道涡激振动响应分为两个部分，一部分为悬跨管道横向振动响应，另一部分为悬跨管道流向振动响应。准确进行悬跨管道的振动响应分析有利于管道疲劳的预测，为水下穿越管道的安全运营提供重要的数据支撑。

悬跨管道横向响应频率 f_v 与管道固有频率 f_n 之间的关系式如下：

$$f_v=f_n\sqrt{\frac{m_s+\frac{\pi}{4}\rho D^2 C_A}{m_s+\frac{\pi}{4}\rho D^2 C_{AO}}}=f_n\sqrt{\frac{m^*+1.0}{m^*+C_{AO}/C_A}} \tag{4-5}$$

式中：f_n 为管道固有频率，Hz；C_A，C_{AO} 分别为静水和横向振动时的附加质量系数，当 $e/D > 0.8$ 时，$C_A=1.0$，当 $e/D < 0.8$ 时，$C_A = 0.68 + \dfrac{1.6}{1+5\times e/D}$；$e$ 为悬跨管道轴线距离河底的距离，m；m^* 为质量比，$m^* = \dfrac{4m_s}{\pi \rho_{液体} D^2}$；$m_s$ 为管道单位长度的质量，包括结构质量、附加质量和内部液体质量，kg；D 为管道外径，m。附加质量 $m_a = \dfrac{\pi \rho D^2}{4}$。

可见，悬跨管道横向振动响应频率由附加质量系数 C_{AO} 决定。根据 DNV-RP105 规范中附加质量系数经验模型可知，它仅是折合速度的函数。C_{AO} 与折合速度 v_R 的关系如图 4-57 所示。

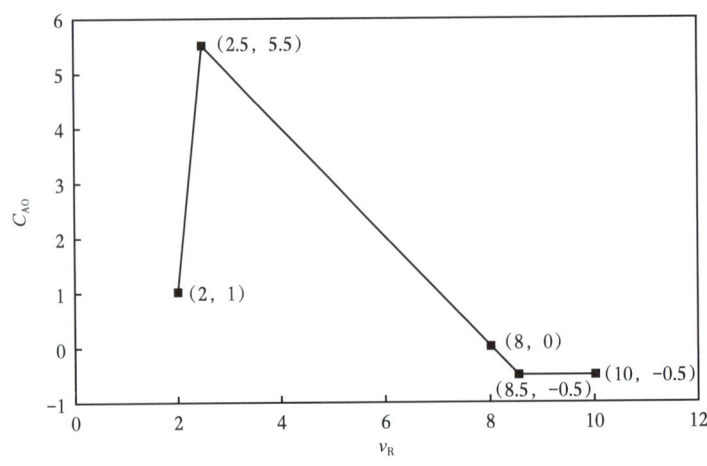

图 4-57　附加质量系数 C_{AO} 与折合速度 v_R 关系曲线图

附加质量系数模型中，对于 $v_R < 2.5$ 范围，附加质量系数是不重要的，因为该范围内悬跨管道横向响应幅值是非常小的。

根据 DNV-RP105 规范可知：
（1）流向涡激振动的响应频率等于悬跨管道在静水中的固有频率（单纯流向情况下）。
（2）横向涡激振动响应频率见式（4-5）。
（3）悬跨管道流向的响应频率等于 2 倍横向响应频率。

开展水力模型试验对河流穿越管道受河流冲刷过程进行研究，研究过程如下：

由于水下穿越管道在河流冲刷过程中，惯性力和重力起主导作用，因此采用重力相似准则（弗劳德相似准则）进行水力模型设计，即：

$$(Fr)_p = (Fr)_m \quad (4\text{-}6)$$

或

$$\dfrac{\lambda_v}{\sqrt{\lambda_g \lambda_L}} = 1 \quad (4\text{-}7)$$

式中：$(Fr)_p$ 为原型弗劳德数；$(Fr)_m$ 为模型弗劳德数；λ_v 为速度比尺；λ_g 为重力加速度比尺，

取值为1；λ_L 为长度比尺。

根据实验室场地条件，采用正态水力模型，本次试验选定的几何比尺 $\lambda_h=\lambda_L=80$，试验流体采用清水，在此基础上以单宽流量作为试验主要考虑条件，并使各个参数经比尺换算后得到对应的水力因素控制在合理范围之内进行试验设计。

本试验在实验室循环水槽系统内进行，该系统由水槽、沉沙池、清水池、水泵、阀门和回水管组成，如图4-58所示。试验段布置如图4-59和图4-60所示。

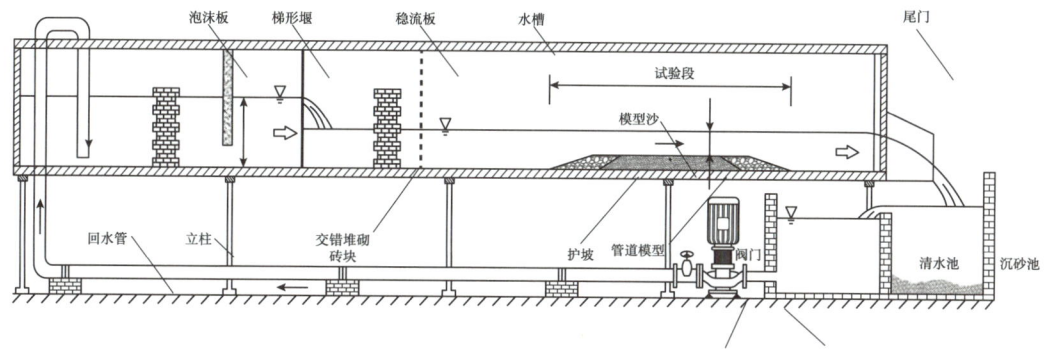

图 4-58　水槽试验模型示意图

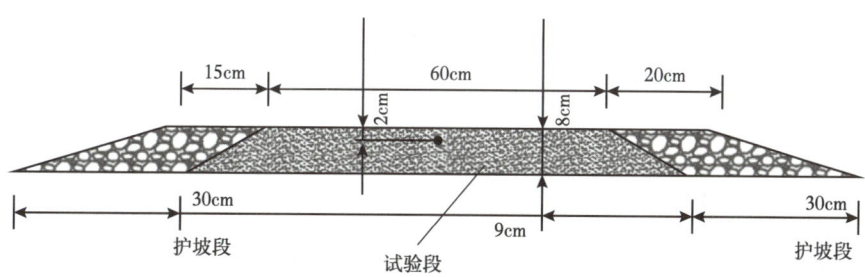

图 4-59　试验段布置示意图

图 4-60　试验段布置实物图

河流穿越管道局部冲刷过程一般可分为河床下切、管道暴露、微孔形成、冲坑扩展、管道悬空和冲刷平衡6个阶段，河床演变几何形态和冲刷特征见表4-3。部分河床演变冲蚀剖面图如图4-61所示。

表 4-3 河床演变的形态和特征

阶段	河床演变几何形态	特征描述
河床下切		水流侵蚀作用，沙粒随水流向下游输送，由于没有上游沙粒的补给，导致河床不断下切，管道埋深减小
管道暴露		河床下切过程中，由于管道的存在，导致管道周围的流场发生改变，加速河床下切，直至管道暴露。由于水流在管道附近形成旋涡，长期冲刷作用下管道下游出现局部冲坑
微孔形成		管道暴露出水面后，管道上游形成的局部顺时针旋涡，将沙粒向上游输送，并形成局部隆起，管道下游形成的局部旋涡，将沙粒继续向下游输送，下游局部冲坑逐渐增大，导致管道周围的沙粒均背离管道迁移，直至管道底部出现微孔
冲坑扩展		管底微孔形成后，水流可以通过管道底部，因此管道周围的流场再次发生改变，形成圆柱绕流现象，管道底部流速增大，加快管底沙粒的迁移，管底微孔向下扩散，并沿管轴方向发展，冲坑逐渐形成
管道悬空		随着管底沙粒向下输移，管底下游出现河床局部隆起，冲坑不断扩大，直至管道底部全部悬空
冲刷平衡		经过一个长期的冲刷过程后，管道附近形成的涡流使得管底局部河床出现对称性冲蚀剖面，管底距河床面冲刷深度保持不变，达到冲刷平衡状态

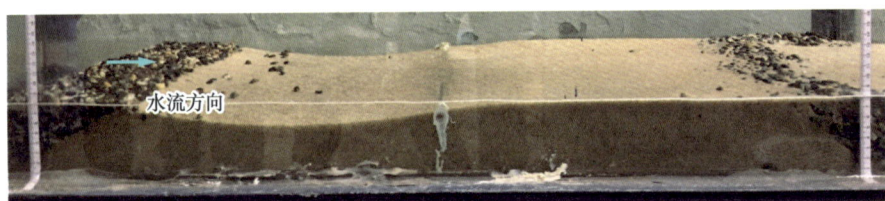

(a)河床下切阶段

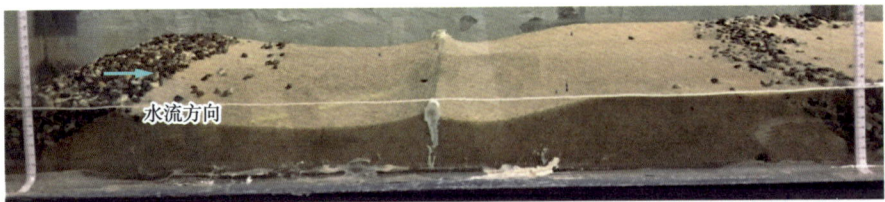

(b)管道暴露阶段

(c)冲刷平衡阶段

图 4-61 部分河床演变冲蚀剖面图

第4章 山区地质灾害作用下的天然气管道多维数据综合预警体系

通过河流穿越管道冲刷机理分析可知，水动力条件、沙粒特性和管道位置均是影响管道局部冲刷的影响因素，根据试验工况设计，本节主要分析水动力条件对水下穿越管道局部冲刷的影响。由于即使在同一工况下，不同河床剖面的演变形态也不同，因此，选取水槽其中一侧壁面作为研究的河床特征剖面。根据高清摄像机记录的管道附近河床演变的物理过程，取管道附近 20cm×5cm 矩形窗口，绘制出不同工况下不同冲刷阶段对应的河床几何形态，如图 4-62 所示，图中 t_1、t_2 和 t_3 分别代表管道暴露、管道悬空和冲刷平衡 3 个不同阶段历时。

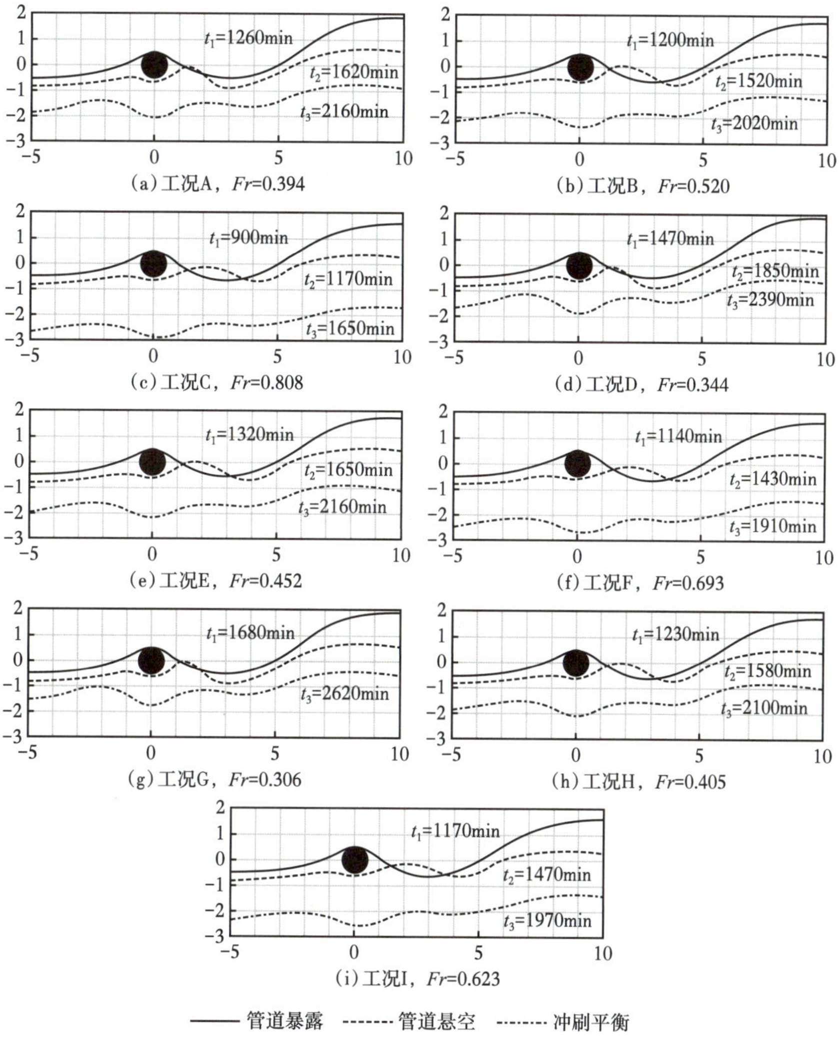

图 4-62　管周冲刷机理示意图（网格 20cm×5cm）

通过试验观察发现，水下穿越管道附近河床演变规律基本相似，均经历了河床下切、管道暴露、微孔形成、冲坑扩展、管道悬空和冲刷平衡 6 个阶段，其中试验开始至管道暴露阶段平均历时 1263min，管道暴露阶段至管道悬空阶段平均历时 332min，管道悬空阶段至冲刷平衡阶段平均历时 513min。对比图 4-62 各工况可以发现，在同一流量情况下，流速越大，达到冲刷平衡所需时间越短；在同一流速条件下，水深越浅，达到冲刷平衡用时也越短，工况 C 达到各阶段的历时最短，工况 G 达到各阶段的历时最长。其次，对比特征剖面各阶段的河床线发现，各工况下管道暴露阶段的河床线基本一致；但不同工况下管道悬空阶段的河床线出现较大差异，随着流速的增大，河床线起伏逐渐变缓，管道下游局部隆起向下游迁移，同时隆起高度逐渐降低；达到冲刷平衡阶段时，不同工况对应的河床线出现明显差异，同一流量情况下，河床线起伏随着流速的增大逐渐变缓，同一流速条件下，管底最大冲刷深度随水深的减小而增大。

通过上述对比分析发现，流速和水深共同影响河床各阶段冲刷历时和管底最大冲刷深度，弗劳德数则是反应水流缓急程度的一个无量纲参数，可以同时体现流速和水深共同影响的关系。通过计算可得各工况对应的弗劳德数，$Fr=0.306 \sim 0.808$。绘制出最大冲刷深度、达到冲刷平衡历时与弗劳德数 Fr 之间关系图，如图 4-63 所示。

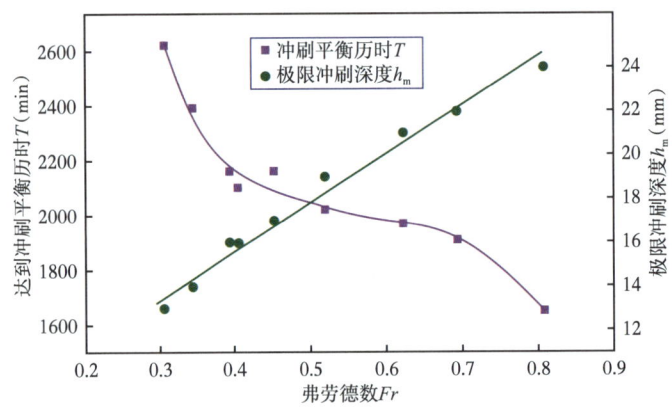

图 4-63　最大冲刷深度、达到冲刷平衡历时与弗劳德数 Fr 之间关系

4.2.2　极限平衡冲刷深度和冲刷速率

当管道下方的泥沙颗粒所受流体的实际剪切应力达到河床面的临界剪切应力时，冲刷达到极限平衡状态，此时冲刷不再往深处发展，而只沿轴向往两端发展。关于极限平衡冲刷深度计算公式分为两种，一种为相对极限平衡冲刷深度，即冲刷深度与管径的比值，简称相对冲刷深度，即图 4-64 中 h_m/D。另一种为绝对极限平衡冲刷深度，即最大冲刷深度，如图 4-64 中 h_m。

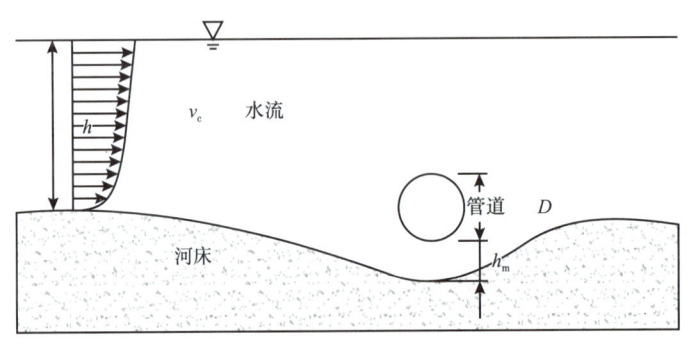

图 4-64　最大冲刷深度示意图

根据对冲刷坑的观测，可绘制出冲刷深度随冲刷时间（从管道下方开始冲刷时计算）变化的过程曲线，如图4-65（a）所示。从图4-65（a）中可以看出，对于D10mm管道，在工况A、B、C条件下，管底冲刷以一个极快的速率进行竖向扩展，然后逐步降低并趋于稳定。管底极限冲刷深度随着弗劳德数Fr增大而增大，且冲刷平衡历时随着流速的增大而缩短。

将每一时间段的冲刷深度跟间隔的时间相比，得到单位时间内的平均冲刷深度，即冲刷速率。冲刷速率反映了管道基础被冲刷破坏的快慢程度。图4-65（b）为工况A、B、C条件下D10mm管道的平均冲刷速率随时间的变化曲线。管底形成冲刷之时，由于冲坑扩展速率非常快，以至于无法采用实验手段测量，这是由于管底发生管涌效应，使冲刷扩展瞬间完成。从图4-65（b）可以看出，开始几十分钟内冲刷速率非常大，之后快速减小，100min后变化微小，160min后冲刷速率接近于0，冲刷逐渐达到平衡。比较三种工况可以看出，冲坑竖向冲刷速率随着弗劳德数的增大而增大，水流越快，管底冲刷速率也越大。

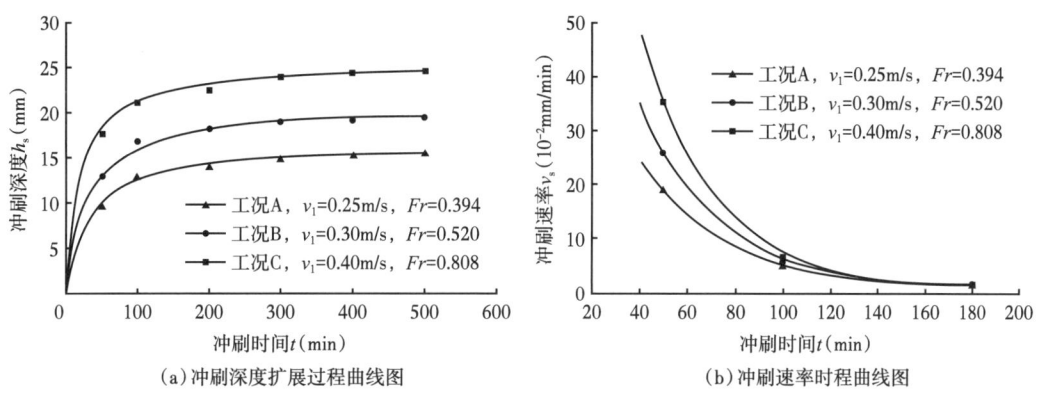

图4-65 管底不同冲刷时间下深度和速率曲线图

水下穿越管道附近河床冲刷是流体、管道和河床三者相互作用的结果。因此，穿越管道局部冲刷直接受水动力条件、管道参数和沙粒特性的影响。其中，水动力因素有：水流流速v_c、水深h、管底剪切流速v_f、水流密度ρ、水流运动黏滞系数v、重力加速度g；管道参数有：管径D、埋深d、水流作用角α；河床沙粒特性参数有：中值粒径d_{50}、泥沙密度ρ_s等。用d_s表示极限平衡冲刷深度，因此极限平衡冲刷深度可由如下函数式表示：

$$d_s = f(v_c, h, v_f, \rho, v, g, D, d, \alpha, d_{50}, \rho_s) \tag{4-8}$$

以ρ、v、D作为基本变量开展无量纲分析，得出以下无量纲独立变量：

$$\pi_1 = \frac{v_f^2}{(\rho_s/\rho - 1)gd_{50}}, \quad \pi_2 = \frac{d_{50}}{D}, \quad \pi_3 = \frac{h}{D}, \quad \pi_4 = \frac{v_c}{\sqrt{gh}}, \quad \pi_5 = \frac{v_c D}{v}, \quad \pi_6 = \alpha \tag{4-9}$$

式（4-8）可简化为：

$$d_s = f(v_c, h, g, D, d_{50}) \tag{4-10}$$

式（4-10）两边均采用无量纲表示：

$$\frac{d_s}{D} = \psi\left(\frac{d_{50}}{D}, Fr\right) \quad (4-11)$$

式中：Fr 为弗劳德数，是反应水流缓急程度的一个无量纲参数，可以同时体现流速和水深共同影响的关系。

采用 G-S 迭代法确定无量纲冲刷深度 d_s/D 与相对泥沙粒径 d_{50}/D 和弗劳德数 Fr 参数的关系，对拟定的经验公式进行数据拟合，得到如下公式：

$$\frac{d_s}{D} = 1.5\left(\frac{d_{50}}{D}\right)^{-0.24}(Fr)^{0.74} \quad (4-12)$$

式中：h_m 为极限冲刷深度，m；D 为管径，m；d_{50} 为中值粒径，m；Fr 为弗劳德数。

式（4-12）适用于 $Fr<1$ 的砂质河床的穿越管道冲刷平衡深度预测。各工况冲刷深度实测值和理论计算见表4-4。

表4-4 极限平衡冲刷深度实测值与理论计算值　　　　　　单位：cm

工况	冲刷深度实测值	拟合公式计算值	Kjeldsen（1973）计算值	Moncada M（1999）计算值
A	1.6	1.51	1.04	1.54
B	1.9	1.85	1.50	1.86
C	2.4	2.57	2.67	2.59
D	1.4	1.37	1.04	1.42
E	1.7	1.67	1.50	1.69
F	2.2	2.29	2.67	2.30
G	1.3	1.25	1.04	1.32
H	1.6	1.54	1.50	1.57
I	2.1	2.12	2.67	2.12

4.2.3 河床水平扩展规律研究

试验观察发现，管道局部冲刷过程基本相似，但是由于在水流作用下沙粒的起动具有一定的随机性，除了与水动力条件有关之外，还受沙粒颗粒形状、位置等因素有关。此外，试验中还发现，管道上游冲坑形成早于管道下游冲坑，当下游冲坑未形成时，上游来沙无法从管道底部通过，若来沙条件或水力条件发生改变，上游冲坑可能会被来沙所覆盖，冲坑被填平，无法在此继续扩展，冲坑点位置将会在其他地方产生并形成局部冲刷，变化过程如图4-66所示。当同一管道上出现多个冲坑时，冲坑沿管轴方向自由扩展，最终形成贯通冲坑，使得穿越管道完全悬空。

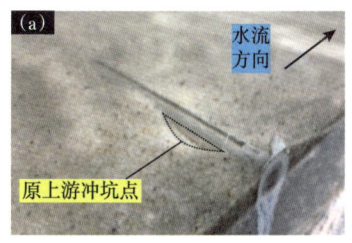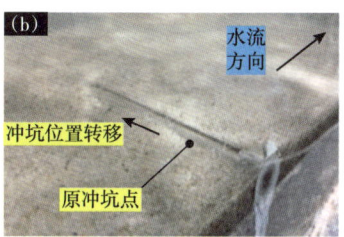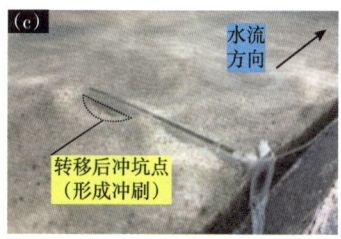

图 4-66 冲坑位置转移过程示意图

当管底冲刷形成以后，冲坑沿着管轴方向向两端扩展，管道悬空长度不断增大，由于管轴方向与水流方向垂直，因此冲坑向管道两端扩展的速率相同。试验记录了冲坑形成后管道暴露长度随时间变化的过程，如图 4-66 所示，其中扩展长度为管道单侧暴露长度，斜率则为冲坑沿管轴方向扩展的速率大小。图 4-67 列出管径 D=20mm 条件下 4 种典型工况的冲坑横向扩展过程，可以看出工况 F 和工况 I 的冲坑以某一固定速率沿管轴方向向两端匀速扩展，而工况 G 和工况 H 的冲坑以两个不同阶段速率向管道两端匀速扩展，当冲刷时间 $t < t_0$ 时，冲坑以一个较大速率匀速扩展，称为初级扩展速率，当冲刷时间 $t > t_0$ 时，冲坑以一个较小速率匀速扩展，称为次级扩展速率，表 4-5 列出所有工况下不同管径的初级扩展速率和次级扩展速率。

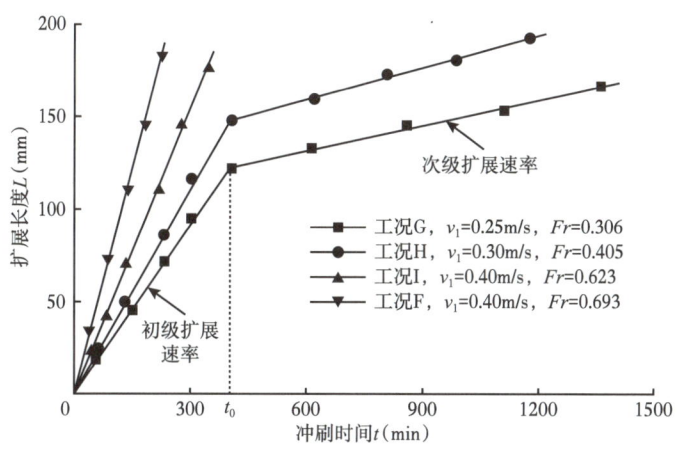

图 4-67 冲坑横向扩展初级速率和次级速率

表 4-5 不同工况下冲坑横向扩展速率

工况	弗劳德数 Fr	希尔兹参数 θ	管径 D=10mm		管径 D=15mm		管径 D=20mm	
			初级扩展速率 $v_{初}$ (mm/min)	次级扩展速率 $v_{次}$ (mm/min)	初级扩展速率 $v_{初}$ (mm/min)	次级扩展速率 $v_{次}$ (mm/min)	初级扩展速率 $v_{初}$ (mm/min)	次级扩展速率 $v_{次}$ (mm/min)
A	0.394	0.027	0.452	0.082	0.330	0.053	0.313	0.042
B	0.520	0.033	0.813	0.135	0.568	0.086	0.491	0.076
C	0.808	0.044	1.586	—	1.256	—	1.124	—

续表

工况	弗劳德数 Fr	希尔兹参数 θ	管径 D=10mm		管径 D=15mm		管径 D=20mm	
			初级扩展速率 $v_{初}$ (mm/min)	次级扩展速率 $v_{次}$ (mm/min)	初级扩展速率 $v_{初}$ (mm/min)	次级扩展速率 $v_{次}$ (mm/min)	初级扩展速率 $v_{初}$ (mm/min)	次级扩展速率 $v_{次}$ (mm/min)
D	0.344	0.027	0.405	0.065	0.302	0.046	0.227	0.048
E	0.452	0.033	0.801	0.112	0.553	0.092	0.446	0.069
F	0.693	0.044	1.608	—	1.061	—	0.805	—
G	0.306	0.027	0.334	0.067	0.277	0.045	0.308	0.045
H	0.405	0.033	0.601	0.118	0.428	0.078	0.377	0.059
I	0.623	0.044	1.505	—	0.986	—	0.513	—

注：表中"—"表示该工况下无次级扩展速率。

为了便于冲坑横向扩展经验模型的理论分析，提出以下两点假设：

（1）冲坑沿管轴方向横向扩展的主要原因是由于坡面上各点的竖向冲刷深度 h_s 不断增大所导致；

（2）冲坑横向扩展过程中斜坡倾角 β 保持不变，且等于沙粒水下休止角。因此，对于坡面上任意一点的轴向扩展速率为：

$$v_h = v_v / \tan \beta \tag{4-13}$$

坡面上任意一点的竖向扩展速率为：

$$v_v = \mathrm{d}h_s / \mathrm{d}t \tag{4-14}$$

由此得到：

$$v_v = \frac{\mathrm{d}h_s}{\mathrm{d}t} = 7.872 \frac{h_m}{T} \mathrm{e}^{-16.4 \frac{t}{T}} \tag{4-15}$$

式中：T 为竖向冲刷达到平衡的时间历程。根据 J. Fredsøe 给出的计算公式：

$$T = \frac{\theta^{-5/3} D^2}{50\sqrt{g(s-1)d_{50}^3}} \tag{4-16}$$

将式（4-12）、式（4-15）和式（4-16）一同代入式（4-13），可以最终得到冲坑沿管轴方向扩展的速率公式：

$$v_h = k \frac{(d_{50})^{1.26} (Fr)^{0.74} \theta^{5/3} \sqrt{g(s-1)}}{D^{0.76} \tan \beta} \tag{4-17}$$

式中：v_h 为冲坑轴向扩展速率，m/s；k 为扩展系数，初级扩展系数 k=0.4，次级扩展系数 k=0.07；d_{50} 为中值粒径，m；Fr 为弗劳德数；θ 为希尔兹参数；g 为重力加速度，取 9.8m/s²；s 为泥沙相对密度；D 为管径，m；β 为沙粒水下休止角，(°)。

式（4-17）适用于 $Fr<1$ 的砂质河床的穿越管道冲坑横向扩展速率计算。为进一步验证公式的适应性，图 4-68 为表 4-5 与式（4-23）对比结果，由图 4-68 可见，拟合公式计

算值与试验实测值基本一致,说明该经验公式具有较强适应性和一定推广应用价值。

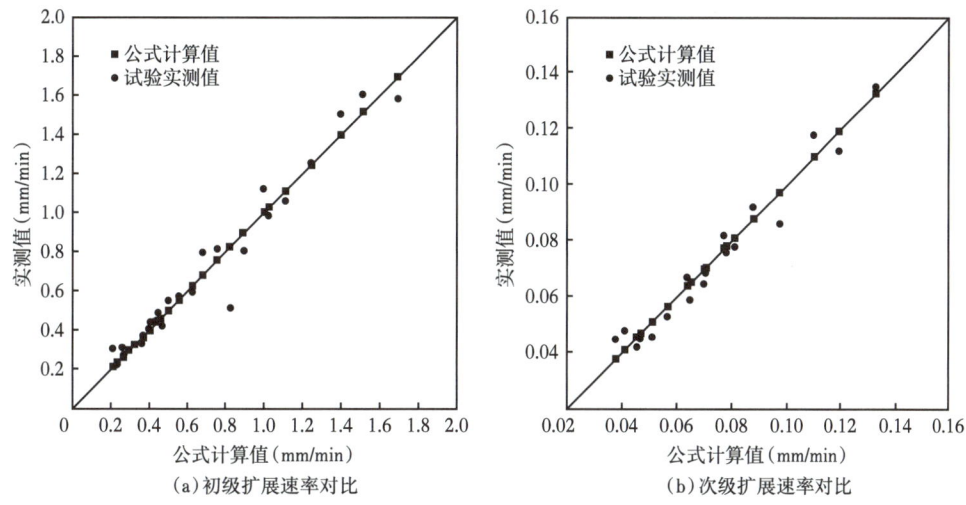

图 4-68　冲坑横向扩展速率实测值与公式计算值对比

4.3　管道本体安全预警技术

GB 50253—2014《输油管道工程设计规范》、GB 50251—2015《输气管道工程设计规范》都没有直接给出地质灾害作用下的管道强度要求。但《输油管道工程设计规范》的 5.1.1 条中说明"由于地震引起的断层位移、砂土液化山体滑坡等施加在管道上的作用力"属于偶然载荷。5.2.4 条规定"管道及管件由永久载荷、可变载荷所产生的轴向应力之和,不应超过钢管的最低屈服强度的 80%,但不得将地震作用和风载荷同时计入"。以此为依据,将管道轴向应力作为预警指标,并推算管道应力预警阈值计算公式,如下所述。

管道预警阈值设置应满足条件:管道初始轴向应力与管道轴向应力变化之和不超过管道强度的安全设定值,该安全设定值应考虑为管道材料强度与预警系数的乘积。存在以下公式:

$$\sigma_0 + \Delta\sigma \leqslant \alpha\sigma_s \qquad (4\text{-}18)$$

式中:σ_0 为管道监测前存在的初始轴向应力,MPa;$\Delta\sigma$ 为管体轴向应力监测数据,MPa;α 为各级预警阈值系数,一级预警取 0.8,二级预警取 0.6,三级预警取 0.4;σ_s 为管材的最小屈服强度,MPa。

管道监测前存在的轴向应力主要与三类载荷有关:管道内压、温差作用、滑坡作用力。因此,存在公式:

$$\sigma_0 = \sigma_p + \sigma_T + \sigma_L \qquad (4\text{-}19)$$

式中:σ_p 为管道内压产生的管道轴向应力,MPa;σ_T 为温差作用产生的管道轴向应力,MPa;σ_L 为滑坡作用力产生的管道轴向应力,MPa。

将式(4-19)代入式(4-18),整理得出:

$$\Delta\sigma \leqslant \alpha\sigma_s - (\sigma_P + \sigma_T + \sigma_L) \tag{4-20}$$

推导出管道轴向应力预警阈值计算公式：

$$[\Delta\sigma] = \alpha\sigma_s - \sigma_0 \tag{4-21}$$

式中：$[\Delta\sigma]$ 为管道轴向应力预警阈值。

另外，对管道本体安全预警需要重点考虑两方面因素：一是地质灾害运动对管道造成的载荷形式是复杂的；二是管道在长期运行阶段容易产生腐蚀等缺陷。因此，需要建立复杂载荷下含缺陷管道的极限承压能力计算公式，以此作为实现管道本体安全预警的模型基础，这是必要的。

4.3.1 考虑轴力

目前常见的管道安全评价标准如ASME B31G规范只考虑了内压的作用，而忽略了其他载荷作用，而轴力等其他载荷的存在必然会影响到管道极限承载能力，这就不可避免造成结果的不准确性。在DNV-RP-F101标准规范中虽然考虑了轴力作用，但也在一定程度上存在着保守性。为了更准确地对管道极限承载能力做出评价，考虑建立轴力和内压作用下的腐蚀缺陷管道极限内压预测公式。

在上述的研究中，可以发现腐蚀长度、腐蚀深度、轴向应力对管道极限内压影响较大，而腐蚀宽度对极限内压影响很小，所以预测公式中不考虑腐蚀宽度这一参数，可以忽略。本节预测公式拟合的思路如下：首先，推导出不含缺陷的管道极限内压预测公式，以此公式为基础，然后考虑腐蚀缺陷几何尺寸的影响，根据缺陷几何尺寸对管道失效的影响规律，建立含缺陷管道的极限内压函数形式，利用有限元模拟结果，拟合出在只有内压作用下腐蚀管道的极限内压预测模型，公式具体形式如下：

$$p' = \frac{4}{(\sqrt{3})^{\frac{n+1}{n}}} \frac{t}{D} \sigma_u \left\{ 1 - \frac{d}{t} \left[1 - 1.0466 \exp\left(\frac{-0.5899L}{\sqrt{Dt}}\right) \left(1 - \frac{d}{t}\right)^{-0.0652} \right] \right\} \tag{4-22}$$

式中：p' 为仅在内压作用下的腐蚀缺陷管道极限内压，MPa；D 为管道直径，mm；t 为管道壁厚，mm；n 为幂硬化指数；L 为腐蚀缺陷长度，mm；d 为腐蚀缺陷深度，mm；σ_u 为材料屈服强度，MPa。

在仅在内压作用下的极限内压预测公式基础上，考虑到轴向力影响，参考DNV-RP-F101规范中的公式形式，对仅在内压作用下的管道极限内压预测公式进行修正，引入修正函数，建立了轴向力和内压作用下腐蚀管道的极限内压预测公式，其函数具体形式如下：

$$p_{\text{limit}} = p' f\left(\frac{\sigma_{\text{axial}}}{\sigma_u}\right) \tag{4-23}$$

式中：p_{limit} 为轴向力和内压作用下的腐蚀缺陷管道极限内压，MPa；σ_{axial} 为轴向应力大小，MPa（规定：当轴向力为拉应力时其值为正，当轴向力为压应力时其值为负）。

由轴向力对管道极限内压影响规律可知，极限内压与轴向力关系呈幂函数关系，所以引入修正函数为幂函数形式。最后,依托有限元计算模拟结果,利用 MATLAB 软件进行非线性回归,考虑了量纲一致性原则,拟合得到各个参数值,将参数值回代确定了极限内压预测公式,最终形式如下:

$$p_{\text{limit}} = \frac{5.352}{\left(\sqrt{3}\right)^{\frac{n+1}{n}}} \frac{t}{D} \sigma_{\text{u}} \left\{ 1 - \frac{d}{t} \left[1 - 1.0466 \exp\left(\frac{-0.5899L}{\sqrt{Dt}}\right) \left(1 - \frac{d}{t}\right)^{-0.0652} \right] \right\} \exp\left(0.18 \frac{\sigma_{\text{axial}}}{\sigma_{\text{u}}}\right)$$

(4-24)

将拟合的预测公式结果同有限元模拟结果对比,分析误差,其结果如图 4-69 所示。从 4-69 中可以看出,误差在 -15%~15% 之间,公式拟合效果在可接受的范围之内。

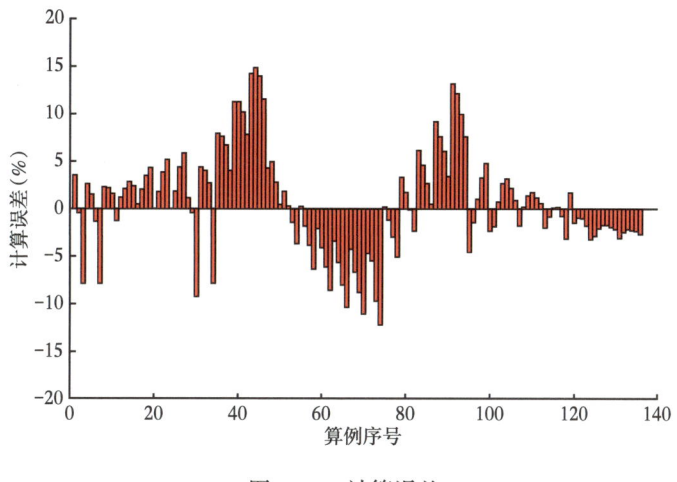

图 4-69 计算误差

同时,为了验证本节提出的极限内压公式的可靠性及准确性,利用有限元模拟结果做验证,把数据分别代入本节所建立的预测公式及 DNV-RP-F101、ASME B31G 标准规范中,对计算结果做对比,其结果如图 4-70 所示。

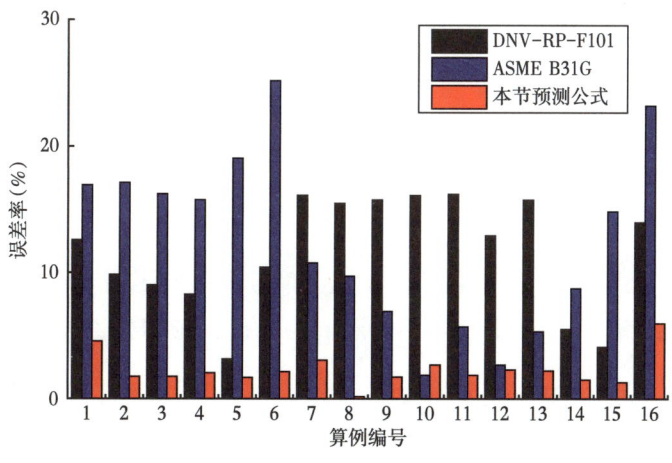

图 4-70 计算结果对比

可以看到，ASME B31G 和 DNV-RP-F101 存在不同程度的保守性，本节拟合公式比较接近有限元的模拟结果，所以认为本节拟合的公式是可靠和准确的，可用于腐蚀缺陷管道的极限内压的计算中。

4.3.2 考虑弯矩

目前常见的管道安全评价标准如 ASME B31G 等规范，都没有考虑弯矩的作用，而弯矩的存在必然会影响到管道极限承载能力，这就不可避免造成结果不准确。为了更准确地对管道极限承载能力做出评价，考虑建立弯矩和内压作用下的腐蚀缺陷管道极限内压预测公式。同样，忽略腐蚀宽度这一参数。弯矩作用下的管道极限内压预测公式的建立思路如下：以在内压作用下腐蚀管道的极限内压预测公式为基础，引入弯矩修正函数，提出弯矩作用条件下，含腐蚀缺陷管道的极限内压预测公式如下：

$$p_{\text{limit}} = \frac{5.352}{(\sqrt{3})^{\frac{n+1}{n}}} \frac{t}{D} \sigma_u \left\{ 1 - \frac{d}{t} \left[1 - 1.0466 \exp\left(\frac{-0.5899L}{\sqrt{Dt}}\right) \left(1 - \frac{d}{t}\right)^{-0.0652} \right] \right\} \times \left[1.309 - 5.577 \left(\frac{M}{M_L}\right) + 16.119 \left(\frac{M}{M_L}\right)^2 \right] \quad (4-25)$$

式中：M 为实际弯矩，kN·m；M_L 为管道的极限弯矩，kN·m。

将所建立的公式计算结果同有限元结果做对比，计算分析误差，如图 4-71 所示。

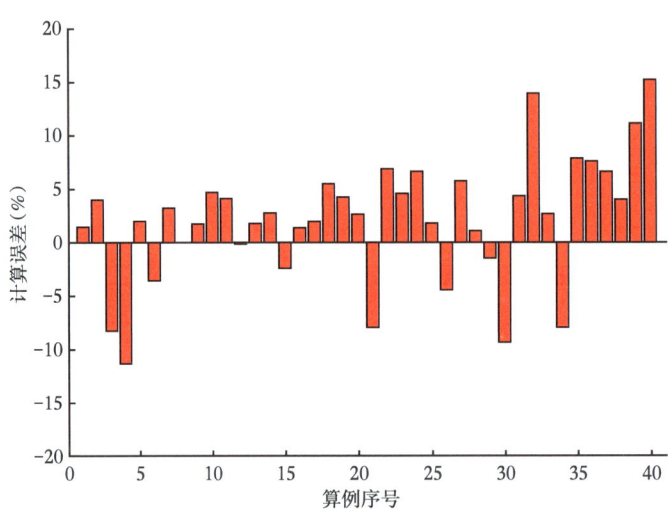

图 4-71 预测公式计算结果与有限元结果对比的计算误差

从图 4-71 可以看出，计算误差在 -15%~15% 之间，预测公式的计算精度在可接受的范围之内。

第5章 管道地质灾害风险防控信息化平台

5.1 风险分级管理体系

不良地质体滑坡本身的稳定性存在诸多影响因素，管道的加入更增加了问题的复杂性。判断滑坡运动对管道的影响，不仅要考虑滑坡体本身的特点，也要一并考虑管道的敷设情况。因此，应从滑坡体和管道两个方面，根据各因素对管道损害作用贡献大小，优选具有控制性的主要因素作为分类依据。经过管道沿线滑坡的调查工作，选定滑坡特征和管道敷设特点作为两大分类依据，二者共同决定了滑坡对管道影响的方式和程度，反映了预警与治理工程设计所需的基础依据。

5.1.1 滑体物质组成

根据滑体的物质组成，滑坡可分为黏性土、黄土、堆积土、堆填土、破碎岩石、岩石六大类型。

不同的岩土体在地域分布上具有一定的规律，其对于滑动的难易、特点、所需条件的影响各不相同，弄清物质组成是对滑坡进行研究与防治的基础。了解滑体物质组成的主要目的在于预估软弱带岩性、分布部位、地表和地下水对之作用关系等。而对于管道滑坡来说，滑体不论物质组成如何，最终作用于管道的是不同组合形式的载荷。因此，依据滑体物质组成这一分类指标，可以只将滑坡分为土质（堆积层）与岩质两类。

5.1.2 滑坡规模

滑坡规模即滑坡在其长度、宽度、厚度、面积和体积方面的综合反映。一般来说，滑坡规模越大，产生的危害越大，涉及的整治投入也越大。这里将滑坡按照滑体厚度与滑坡体积两个指标，参考国土资源部的分类方法，将其分为若干小类。由于管道建设极少穿越特大规模滑坡区域，因此去掉 DZ/T 0218—2006《滑坡防治工程勘查规范》中超深层、特大型、巨型滑坡的分类。

（1）按照滑体厚度分：
①浅层滑坡：滑坡体厚度在 10m 以内；
②中层滑坡：滑坡体厚度在 10~25m 之间；
③深层滑坡：滑坡体厚度超过 25m。
（2）按照滑体体积分：
①小型滑坡：小于 $10×10^4 m^3$；

②中型滑坡：$10×10^4$~$100×10^4m^3$；

③大型滑坡：大于 $100×10^4m^3$。

5.1.3 运动形式

滑坡的运动形式可分为以下两种。

（1）推移式。

上部岩层或土体滑动，挤压下部产生变形，滑动速度较快，滑体表面波状起伏，多见于有堆积物分布的斜坡地段。例如屏忠线 H04 滑坡、屏忠线 H02 滑坡就属于推移式滑坡。

（2）牵引式。

下部先滑，使上部失去支撑而变形滑动。一般速度较慢，多具上小下大的塔式外貌，横向张性裂隙发育，表面多呈阶梯状或陡坎状。例如南干线西段禄加滑坡则属于牵引式滑坡。

管道敷设特点直接影响管道的受力状态，决定管道的承载形式及破坏模式。根据管道是否通过滑体，可将滑坡分为若干小类。

按管道所处位置分为三类：

（1）靠近滑坡前缘：管道埋设位置靠近滑坡前缘，滑体滑动后岩土体堆积在管沟上方，对管道产生一定影响。

（2）靠近滑坡后缘：滑体滑动后，滑坡后缘岩土体拉裂、垮塌，管道处于后壁附近则易出现露管或悬空。

（3）位于滑坡侧方：滑体滑动后，滑坡周界两侧形成侧壁，管道在此附近易形成露管或悬空。

按管道埋深可分为两类：

（1）滑带之上（浅埋）：管道埋设于滑动面以上，穿越滑坡段的管道被推挤而随滑体一起运动。滑坡推力全部作用于管道之上，管道受到的作用力很大，极易产生变形破坏。典型滑坡有渡两复线李家湾滑坡、屏忠线 H04 滑坡、南干线西段禄加滑坡等。

（2）滑带之下（深埋）：管道埋设于滑动面以下，管道不随滑体运动，滑坡运动对管道影响较小。滑体滑动后，岩土易堆积于管沟回填土之上，对管道产生一定影响。

按管道走向可分为三类：

（1）管道走向与主滑方向垂直（横穿）：滑体向运动方向推挤管道，管体主要承受管径方向推力，在滑坡边缘还受到剪切作用（图 5-1）。

（2）管道走向与主滑方向平行（纵穿）：滑坡下滑力使管道外壁受到轴向摩擦，在山上和山下管道两端分别形成拉、压作用。在滑坡边缘处，管道还受到剪切作用（图 5-2）。

（3）管道走向与主滑方向呈一定夹角（斜穿）：下滑力方向与管道轴向成一定角度，管道受力可分解为垂直和平行于管道两个方向，可以看作横穿与纵穿的组合形式。滑坡体对管道的作用，既有推挤又有拉压，同时在滑坡边缘也存在着剪切。

按照滑坡体物质组成、滑坡规模、滑坡运动形式 3 个描述滑坡特征的分类指标，可将管道滑坡划分为 11 个类型。按照管道敷设特点中的管道埋深、管道位置与走向 2 个分类指标，可将管道滑坡划分为 8 个类型。分类体系如图 5-3 所示。

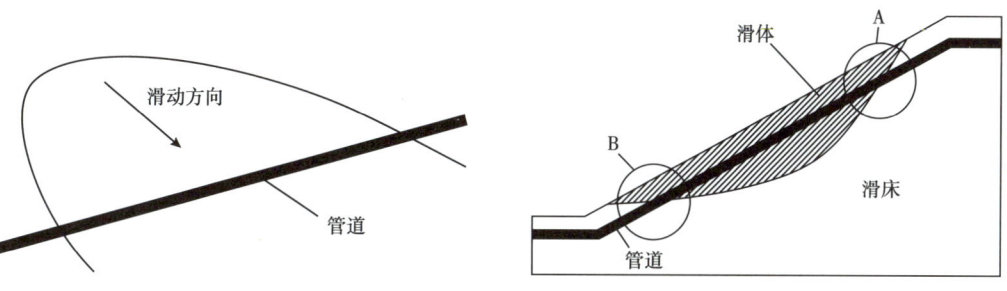

图 5-1 滑坡方向垂直于管道走向　　图 5-2 滑坡方向平行于管道走向

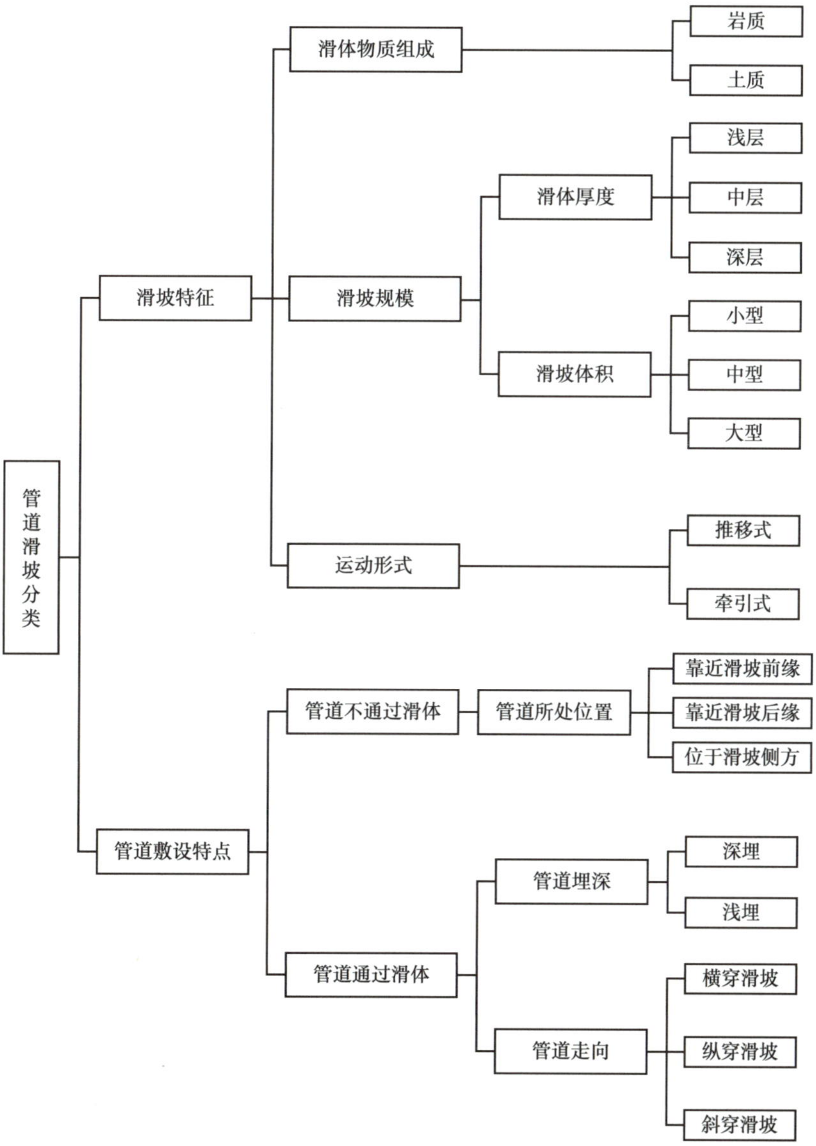

图 5-3 管道滑坡分类体系框图

按照介质类型、压力等级和管径等因素,将管道划分为Ⅰ类、Ⅱ类、Ⅲ类管道,详见表 5-1。净化气管道按照输气管道进行分类,但执行输气管道Ⅰ类管道的管理策略。

站场中的净化厂、天然气凝液回收厂、储气库集注站为一类站场,增压站、脱水站、气田水处理回注站等为二类站场,集气站、采气井站为三类站场。

表 5-1 采气、集气、注气、输气管道分类

管径	采气、集气、注气管道分类			
	$p \geqslant 16.0$	$9.9 \leqslant p < 16.0$	$6.3 \leqslant p < 9.9$	$p < 6.3$
$DN \geqslant 200$	Ⅰ类管道	Ⅰ类管道	Ⅰ类管道	Ⅱ类管道
$100 \leqslant DN < 200$	Ⅰ类管道	Ⅱ类管道	Ⅱ类管道	Ⅱ类管道
$DN < 100$	Ⅰ类管道	Ⅱ类管道	Ⅱ类管道	Ⅲ类管道
管径	输气管道分类			
	$p \geqslant 6.3$	$4.0 \leqslant p < 6.3$	$2.5 \leqslant p < 4.0$	$p < 2.5$
$DN \geqslant 400$	Ⅰ类管道	Ⅰ类管道	Ⅰ类管道	Ⅱ类管道
$200 \leqslant DN < 400$	Ⅰ类管道	Ⅱ类管道	Ⅱ类管道	Ⅱ类管道
$DN < 200$	Ⅰ类管道	Ⅱ类管道	Ⅱ类管道	Ⅲ类管道

注:(1)p 为运行期管道采用最近 3 年的最高运行压力,建设期管道采用设计压力,MPa;DN 为公称直径,mm。
(2)硫化氢含量大于等于 5%(体积分数)的原料气管道,直接划分为Ⅰ类管道。
(3)Ⅰ类、Ⅱ类管道长度小于 3km 的,类别下降一级;Ⅱ类、Ⅲ类管道长度大于等于 20km 的,类别上升一级;Ⅲ类管道中的高后果区管道,类别上升一级。

5.1.4 管道失效

建立的西南油气田管道失效数据库功能完善,收录了 1969 年至今 1500 例川渝管道的失效记录,为川渝地区管道定量风险评价提供了基础数据,结束了天然气管道原始失效频率长期依赖国外数据库公开资料的局面(图 5-4 和图 5-5)。

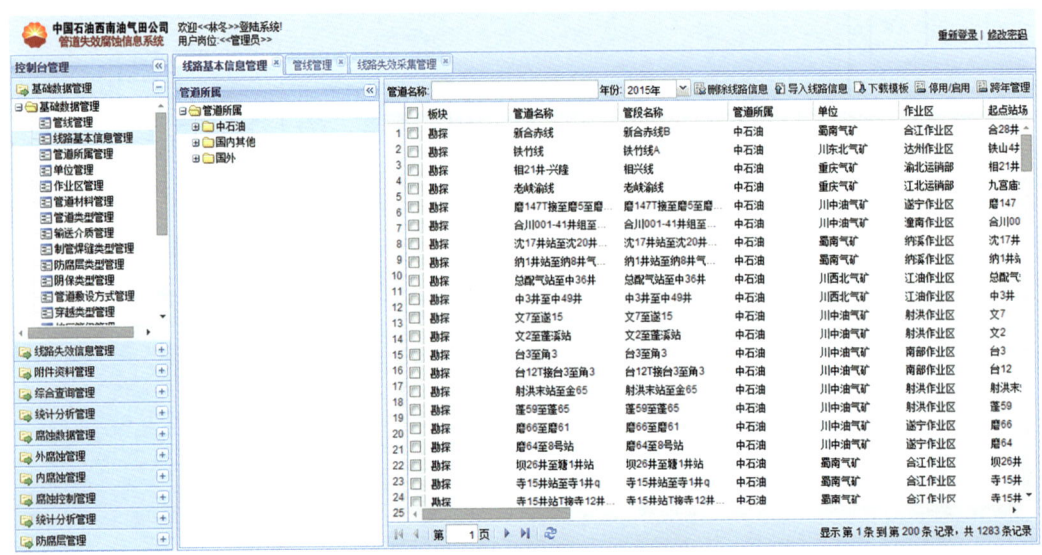

图 5-4 管道线路基本信息管理图

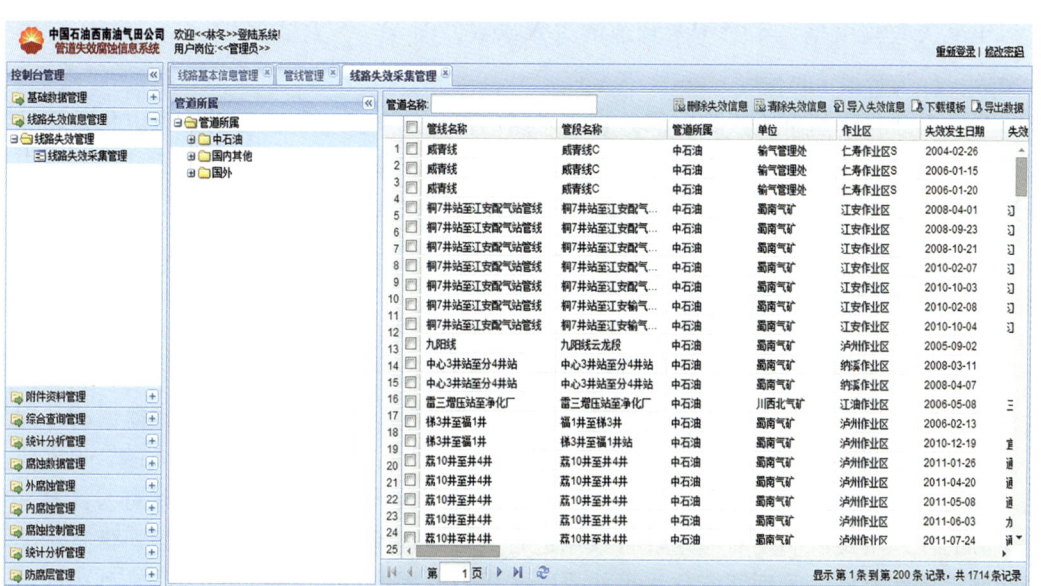

图 5-5　管道线路失效信息管理图

系统对管道在某时间段内的总体、分类失效频率进行统计。

总体失效频率（图 5-6）是某个时间段内每千米年的失效次数，即 Ninc/ Exposure，其中，Exposure 为管道暴露值，其值为管道运行时间与当年管线长度的乘积；Ninc 为某个时间段内的失效次数。

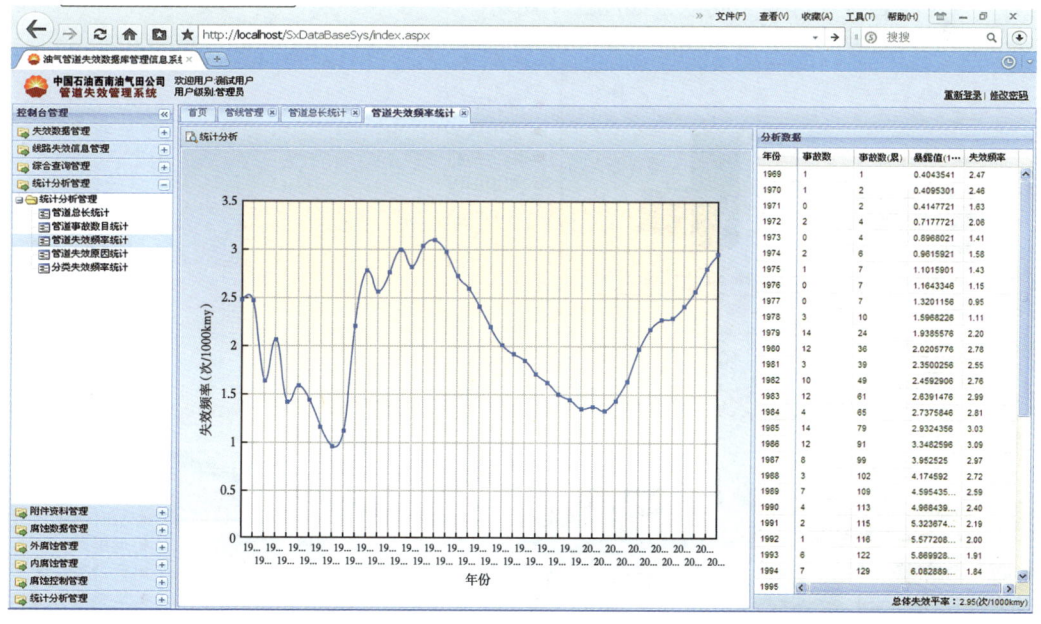

图 5-6　管道总体失效频率（部分年限）

年度失效频率是当年每千米管道的失效次数，即 $N_a / \sum_{i=1}^{n} L_i$，其中，N_a 为当年管道失效次数；L_i 为管道 i 的长度，km。

分类失效频率是事故数除以部分管道暴露值得到的。部分管道暴露值可以是某管径等级上的管道暴露值，也可以是某建设年限内的管道暴露值。分类失效频率的计算主要用于描述"设计参数"（压力，直径，埋深等）对事故原因和事故结果的影响。

5.2 风险管控信息化技术

工业互联网作为国家制造业转型升级的重要顶层设计之一，推动了传统防控应急平台升级优化。在传统"灾害风险防控平台"建设中，私有云计算平台作为海量数据的存储分析、人工智能机器学习算力平台，是构建应急管理智能感知体系、"智能大脑"的重要基础。但随着越来越多的各类感应器终端设备接入私有云计算平台，传统以私有云计算平台为中心的模式不足以满足对海量设备数据进行实时处理的需求，面临着延迟、带宽和能耗等问题，制约着应急管理智能化水平的进一步提升，需要将部分算力从云端转到边缘就近处理。

通过采用一种在靠近物或数据源头的网络边缘侧就近提供智能服务的计算模型，其基本理念是将计算任务在接近数据源的计算资源上运行，操作的对象包括来自云服务的下行数据和来自万物互联服务的上行数据。边缘计算利用具备数据存储、计算等功能的终端设备进行网络边缘处理和存储数据，通过本地化处理实时采集的数据，可就近为用户提供可靠稳定服务，可用来解决海量物联网设备接入所带来的宽带压力、终端设备与云端存储的压力，以及时延抖动等瓶颈问题，如图 5-7 所示。

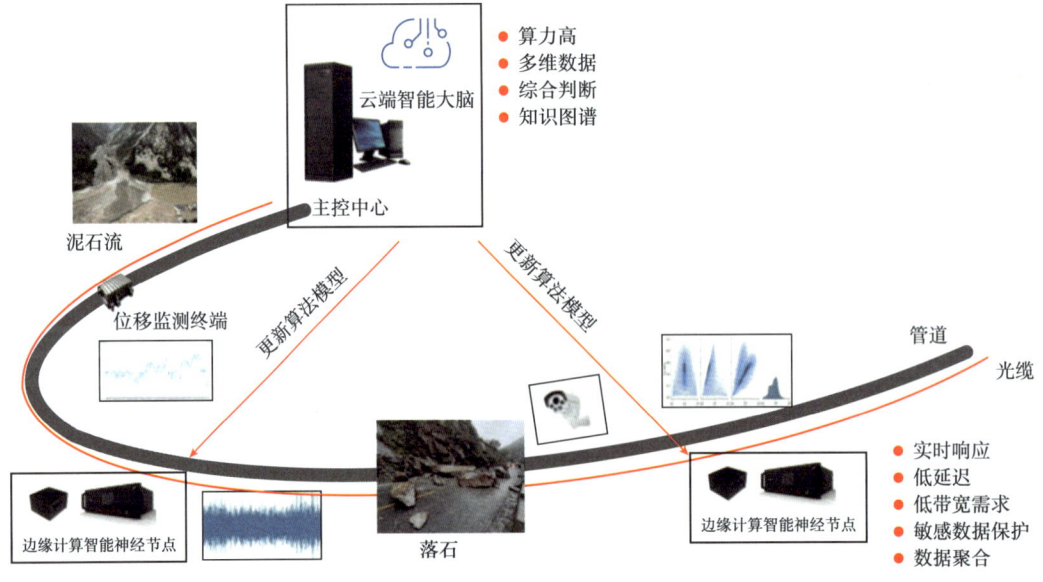

图 5-7 管道地质灾害边缘计算部署示意

第5章 管道地质灾害风险防控信息化平台

管道地质灾害风险管控信息化平台作为建设项目中重要的客户应用系统，采用B/S架构，具有功能复杂、并发数量大、感应器和终端用户混合接入、传感数据量大等特点。主要面向管理人员、监控人员、值班巡检人员等用户，提供管道地质灾害实时监测、风险评价、多维数据采集、在线受力计算、实时预警预报、辅助决策、设备和场景管理和统计分析等业务模块。

信息化系统需要解决大规模终端客户访问和异构感应器海量数据接入时，系统的稳定和高效问题，同时还要考虑系统的响应速度、网络安全等因素，采用的技术细节如图5-8和图5-9所示。

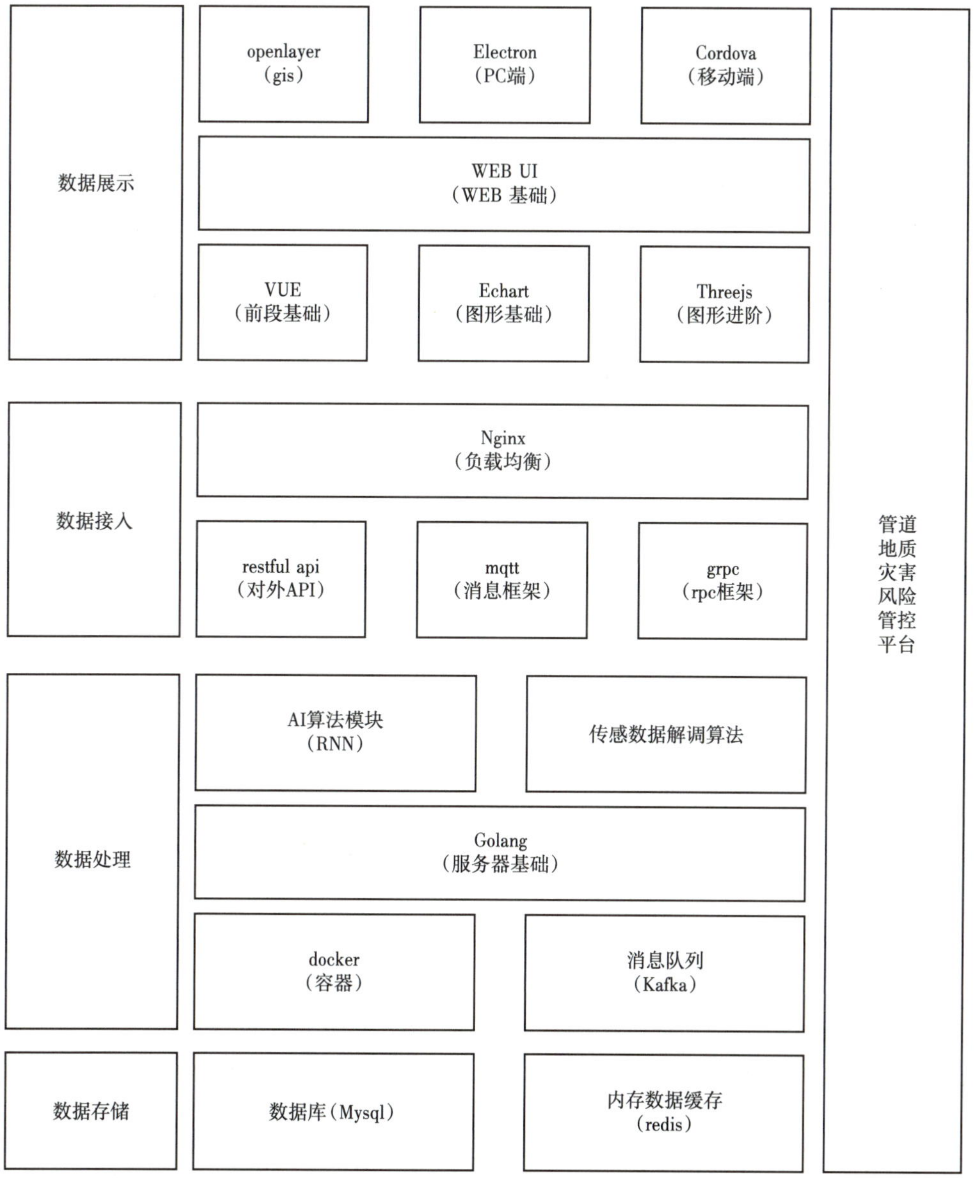

图5-8 管道地质灾害风险管控平台技术

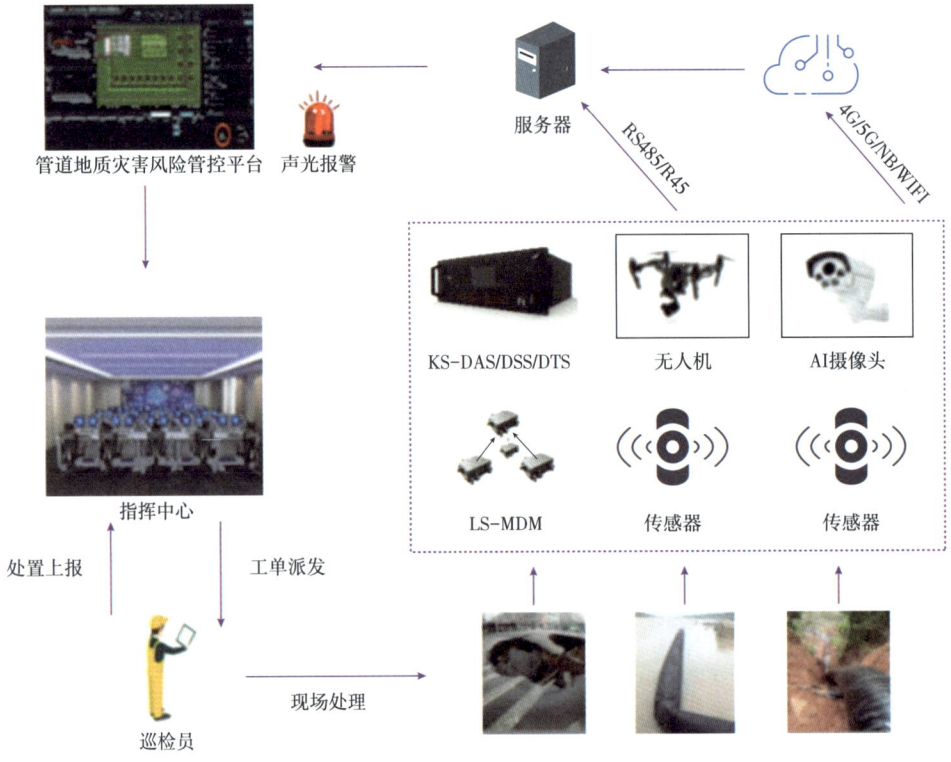

图 5-9 管道地质灾害风险管控平台拓扑图

管道滑坡监测预警系统可以看作物联网应用的一种，传统的分层方式将物联网分为感知层、网络层、应用层三个层次，也有划分为四个层次的：生成（感知识别层）、传输（网络构建层）、处理（管理服务层）、应用（综合应用层）。本系统根据类似物联网的划分方式，结合对系统数据长时间存储查询的特殊要求，划分为信息感知、信息传输、信息应用、信息发布四个层次，如图 5-10 所示。

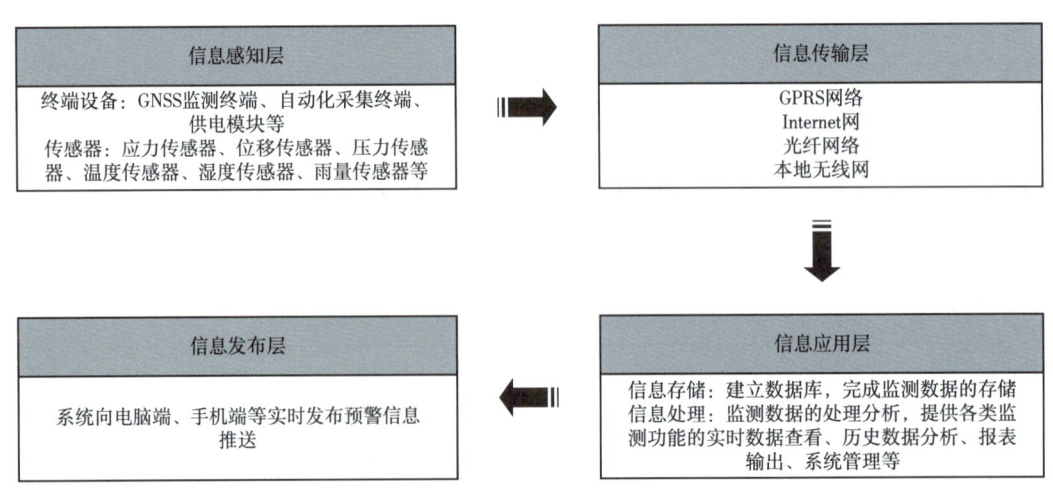

图 5-10 系统框架

系统的物理结构如图 5-11 所示。各种监测设备通过电缆与自动化采集终端连接；自动化采集终端之间可以建立无线连接，采集器通过 GPRS 或者其他网络接入互联网；监控中心的实时处理服务器从采集器接收实时监测数据，并立刻发布到数据库服务器，同时，该服务器还根据设置对采集器，以及报警等设备发出指令，控制采集器和报警设备的工作状态，控制短信服务器对外发布告警信息；对外发布服务器将数据库的信息发布给用户，并且通过查询数据库更新标记及时主动更新用户端的数据显示；用户通过各种设备接入网络，根据权限设置进行查看实时信息、添加删除设备、修改报警参数等操作。

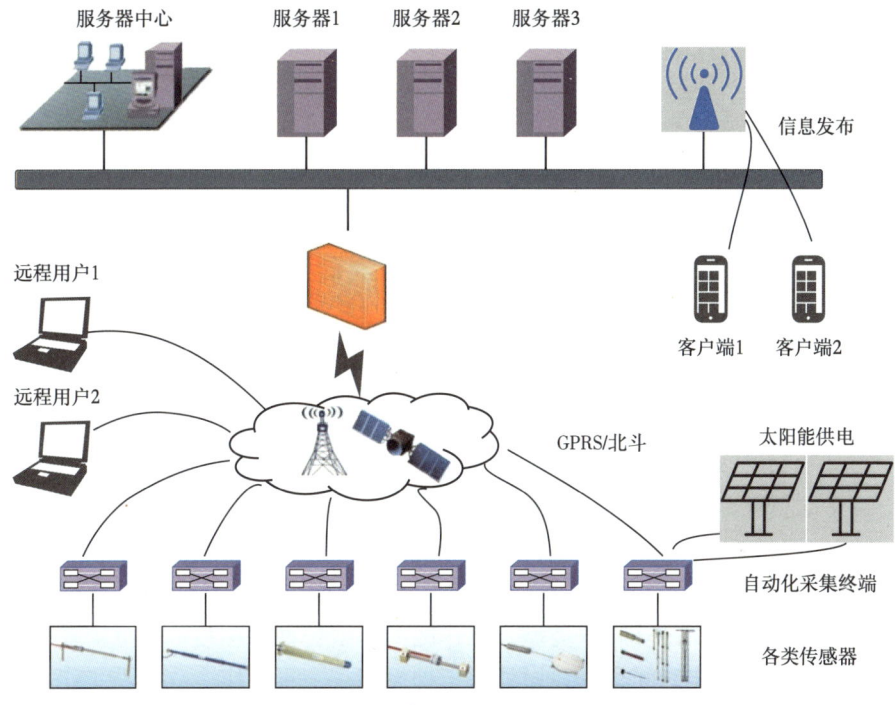

图 5-11　系统的物理结构

针对管道滑坡监测预警的技术需求，系统平台要实现实时监测、系统管理、项目管理、设备管理、数据分析、预报报警、历史数据查询等功能，具体见表 5-2。此外，系统还具有一些相关的其他功能，例如：用户、角色、权限管理功能；所有监测数据均可生成数据报表并以 Excel 格式导出；根据设置的时间段，自动对时间段内的所有 GPS 实时数据做平滑处理；提供系统操作日志及监测参数的告警日志功能等。

表 5-2　监测预警系统功能划分

功能划分	具体内容
实时监测	实时显示管道应力、地表位移、深部位移、土推力、降雨量、孔隙水压力、土壤含水率等各种监测数据
系统管理	实现通信接口管理、报警方式管理功能
项目管理	实现项目的分组、项目信息、监测站（点）信息管理功能
设备管理	实现监测终端的远程管理、参数配置等功能

续表

功能划分	具体内容
数据分析	实现监测数据的趋势分析、对比分析等功能
预报预警	实现预警等级设置、预警阈值设置功能，当监测的异常数据超过预警阈值时通过客户端界面、短信等方式发布报警信息
数据查询	对历史数据进行维护，并提供数据的编辑、删除和人工监测数据的添加功能

设备管理功能包括添加移除设备、查看及配置设备的参数、查看设备状态为正常或故障等。实现每个监测站（点）的监测设备的增添、删除功能。查看/配置设备参数执行的功能包括：基本信息、工作参数、通道参数、工作时间等。

管道滑坡灾害监测预警中，常用的监测设备类型主要分为：GPS 监测终端、振弦式监测终端、串口遥测终端。GPS 监测终端分为单频 GPS 监测终端和双频 GPS 监测终端，两者都可以实现地表位移和雨量的监测功能，要实现地表位移监测至少需要 1 台基准站、1 台移动站。

在配置界面中应包含三个选项：基本信息、工作参数、工作时间。基本信息应包括基本信息查询和基本信息管理两个部分。基本信息查询用于显示设备的型号、名称、设备的编号、DTU 编号、硬件版本、固件版本，以及该设备注册到本系统的时间。此信息为设备固有信息，不可配置，只能查看。基本信息管理是用户可以进行配置的项目，包含自定义名称、SIM 卡号、备注信息等内容。自定义名称：设备注册后，其名称为其设备编号，用户可以自定义该名称。SIM 卡号：设备 DTU 使用的 SIM 卡卡号（手机号），需要用户手动输入。

双频 GPS 监测终端工作参数包括工作模式、GPS 数据输出使能、卫星轨迹截止角、数据格式类型标识、工作区外睡眠类型、工作区内睡眠类型等项目。根据需要设置设备的工作时间，目前对于工作时间设置，设计为三种模式：一直工作、一直不工作，以及按设置时间工作。按设置时间工作：用户可以通过开始日期、开始时间、结束日期、结束时间等项目相对自由地设置工作时间。

振弦式数据采集器可实现地表位移、深部位移、渗压、土压力、管道应力的监测，设备一般提供 4/8/16/32 个振弦式传感器采集通道。振弦式数据采集器的参数配置包括基本参数设置、工作参数设置、采集通道设置、工作时间设置等。基本参数设置和工作时间设置与 GPS 监测终端的情况一致。振弦式数据采集器的采集通道设置可以对所有通道进行单独设置，因为每个设备的频率范围可能是不一致的。每个通道都可以设置通道的状态、采样周期，以及测频范围。通道状态可设置为开启或者关闭，表示该通道是否使用。采样周期，可根据用户测量需求设置。设置后设备将每隔一段时间（采样周期），测量一次传感器的输出。

串口遥测终端可实现地表位移、土壤含水率等参数的监测功能。串口遥测终端的参数配置包括基本参数设置、工作参数设置、采集通道设置、工作时间设置等。基本参数设置和工作时间设置可参考 GPS 监测设备，工作参数的设置与振弦式数据采集终端的设置一致，也包含数据存储模式、自动休眠时间、最大模拟数据存储数目，以及工作时间段内和工作时间段外的休眠类型。

串口遥测终端的采集通道设置包括RS485采集通道和RS232采集通道。RS485采集通道具体可设置项目包括各种RS485参数（通道状态、传感器类型、波特率、数据位、奇偶校验、停止位），以及连接的传感器列表。通道状态可设置为开启或者关闭。

监测数据管理主要考虑以下监测数据类型：管道应力监测数据、地表位移监测数据、深部位移监测数据、土推力监测数据、降雨量监测数据、孔隙水压监测数据。

应力监测的基本信息包括监测点名称、监测点编号、传感器型号、布点时钟方位、通道地址、备注信息等内容。应力监测的阈值及报警设置提供3个预警等级，每一级的具体阈值及采取的报警方式可以自行设置。报警设置中包含阈值，界面、邮件、短信方式设置。在串口遥测数据采集终端上可以添加地表位移监测参数。

地表位移监测基本信息包含监测点名称、监测点编号、传感器型号、通道地址、备注信息等内容。地表位移监测的参数设置包括标定系数/分辨率、基准读数/零点读数、变形方向，以及量程和综合误差。地表位移监测的阈值及报警设置提供3级报警，每一级的具体阈值及采取的报警方式可以自行设置。

在振弦式数据采集终端上可以添加深部位移监测参数。深部位移监测基本信息设置包括监测点名称、监测点编号、传感器型号、通道地址、备注信息。监测点名称是由用户自定义的监测点名称；监测点编号是用户自定义的监测点编号。深部位移监测的参数设置包括标定系数/分辨率、基准读数/零点读数、获取基准读数、连接杆安装长度、传感器地址、变形方向，以及量程和综合误差等内容。深部位移监测的阈值及报警设置提供3级报警，每一级的具体阈值及采取的报警方式可以自行设置。

土推力监测的基本信息包括监测点名称、监测点编号、传感器型号、通道地质、备注信息等内容。土推力监测的参数设置包括标定系数、截距、基准读数/零点读数，以及量程和综合误差。土推力监测的阈值及报警设置提供3级报警，每一级的具体阈值及采取的报警方式可以自行设置。

降雨量监测的设置包括基本信息、参数设置和阈值报警。基本信息界面包含监测点名称、监测点编号、传感器型号、通道地址、备注信息等内容。监测点名称是由用户自定义的监测点名称；监测点编号是用户自定义的监测点编号，降雨量监测的阈值及报警设置提供3级报警，每一级的具体阈值及采取的报警方式可以自行设置。

孔隙水压监测的基本信息包括监测点名称、监测点编号、传感器型号、通道地址、备注信息等内容。孔隙水压监测的参数设置包括标定系数、截距、基准读数/零点读数，以及分辨率、量程和综合误差。孔隙水压（渗压）阈值及报警设置提供3级报警，每一级的具体阈值及采取的报警方式可以自行设置。

5.3 应用实例

应用管道滑坡监测预警技术，建立了3处管道滑坡监测站（点）：铜相线TX73—TX74滑坡、天高线B段不稳定性斜坡、广19井至广安南站管线不稳定斜坡，实现管道滑坡远程监测预警。

5.3.1 铜相线TX73—TX74滑坡监测

TX73—TX74滑坡位于重庆市北碚区静观镇大坪村。滑坡长约280m，宽约250m，坡度约15°，厚度约5m，体积约$35\times10^4m^3$，属于中型滑坡，中风险等级，管道敷设方向与滑坡主滑方向近平行，滑坡与管道遥感影像如图5-12所示。

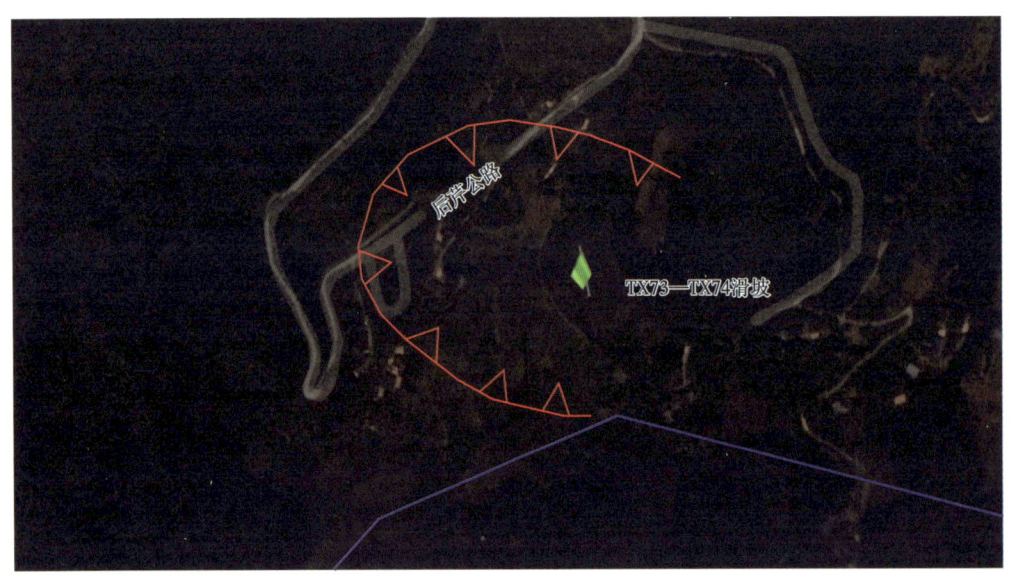

图5-12 TX73—TX74滑坡遥感影像图

（1）监测站（点）分级。

铜相线TX73—TX74管道滑坡规模为中型，中风险等级，根据"管道滑坡监测（点）分级矩阵"，该处滑坡应建立Ⅱ级监测站（点）。

（2）监测系统构成。

Ⅱ级监测站（点）应形成至少2项合理的监测内容组合，采取测线+测点组成的立体监测网，实现实时监测、远程预警。表5-3给出了该管道滑坡监测点的具体监测内容、指标及技术手段。图5-13给出该处管道滑坡监测的系统构成。

表5-3 铜相线TX73—TX74管道滑坡监测技术方案

监测站（点）名称	分级	监测内容	监测指标	测点数量	技术手段
铜相线TX73—TX74管道滑坡监测站	Ⅱ级	管道本体	管体应力监测	2	振弦式应力计
		滑坡变形	地表相对位移监测	2	拉线式位移计

（3）监测网布设

该处滑坡点输气管道为纵坡敷设，通过有限元分析，根据管道受力分析结果确定监测网布设方式。

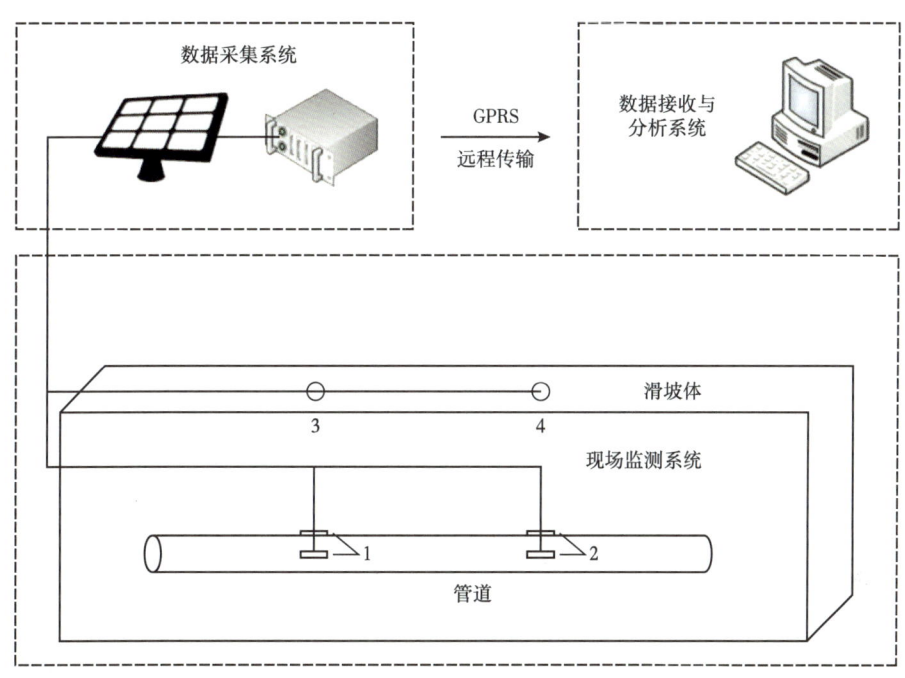

图 5-13 管道滑坡监测系统构成

1，2—管体应变监测；3，4—地表相对位移监测

采用管道应力分析软件 CAESAR II 对滑坡作用下管道变形进行模拟，管土接触以土弹簧实现，施加位移荷载，如图 5-14 所示。

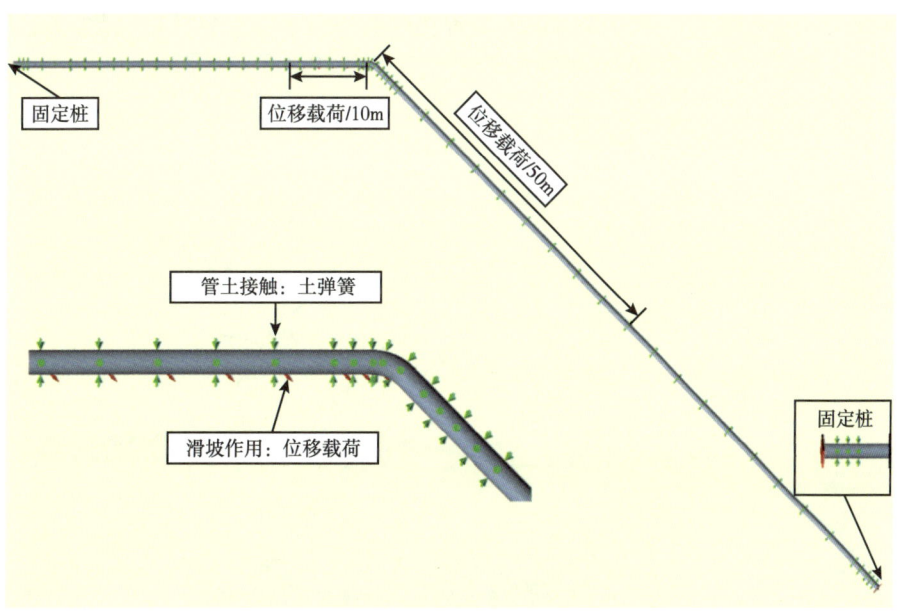

图 5-14 模型载荷与约束施加方式

滑坡区域土壤性质见表 5-4。

表 5-4 TX73—TX74 滑坡土壤性质

土壤类型	重度/（kN/m³）	弹性模量（MPa）	内聚力（MPa）	内摩擦角（°）	泊松比
砂岩	25.3	3399.5	4.62	44.94	0.183

管道基本参数见表 5-5。

表 5-5 管道基本参数

管材	屈服强度（MPa）	直径（mm）	壁厚（mm）	设计压力（MPa）	输送介质
L485	485	813	14.2	10	天然气

通过有限元计算，管道变形情况如图 5-15 所示。

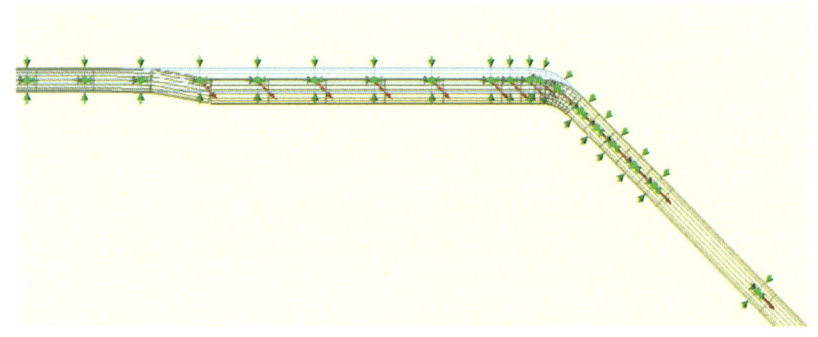

图 5-15 管道变形图

根据有限元计算结果，管道受力最大位置在弯管前后滑坡边界处。因此，该管道滑坡监测站采取 2 处管道应力监测 +2 处相对地表位移监测的方式，具体的监测网布设方式如图 5-16 所示。

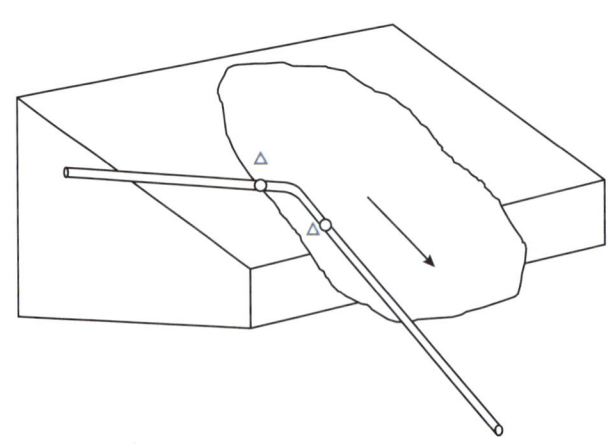

○—管体应力监测点；△—地表相对位移监测点

图 5-16 监测网布设方式

①管道本体应变监测。剥除管道防腐层后，采用振弦式应变传感器（含温度补偿），通过专用黏合剂粘贴固定在管体表面，每个监测点管段安装3个（分别位于12点、3点和9点方向），采用黏弹体＋冷缠带方式对管道恢复防腐。应变传感器现场安装如图5-17所示。

（a）粘贴应变传感器

（b）防腐层恢复与回填

图5-17 应变传感器的安装

应变传感器安装完成后，将线缆引至地面数据采集装置，现场安装如图5-18所示。

图5-18 数据采集桩安装、数据调试与采集

②地表相对位移监测。采用拉线式位移计，测量滑坡区内管道敷设处地表相对滑坡区以外固定点的相对位移，现场如图 5-19 所示。

（a）离监测管段较远处数据采集装置　　（b）位于监测管段附近传感器

图 5-19　地表相对位移监测

远程监测预警阈值设置：根据铜相线管道滑坡具体情况，采用有限元计算的方式，确定该处管道滑坡一级预警阈值为 268MPa（1295με），二级预警阈值为 171MPa（826με），三级预警阈值为 74MPa（357με）。地表位移监测阈值：一级阈值 5mm/d，二级阈值 2mm/d，三级阈值 1mm/d。预警阈值设置界面如图 5-20 所示。

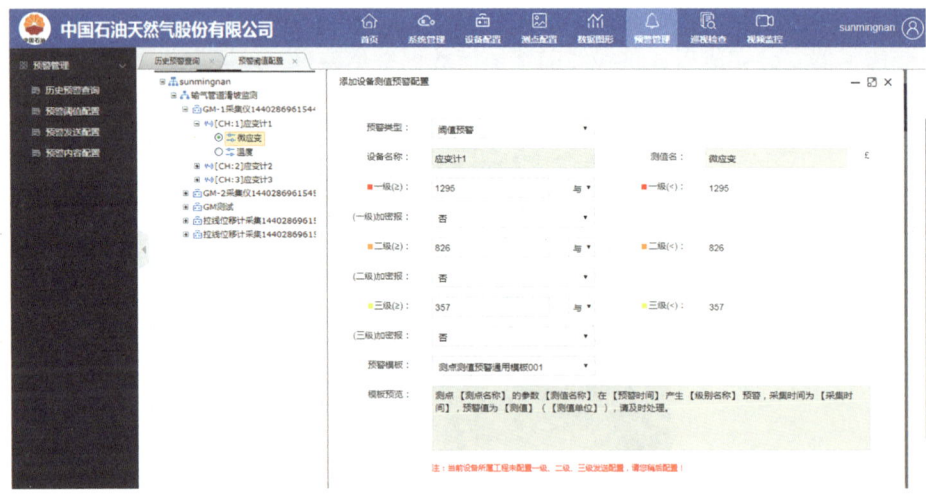

图 5-20　管道滑坡监测预警阈值设置

现场监测数据通过 4G 网络远传至监测预警平台，监测期间管道应力、滑坡位移数据均未触发预警阈值。远程监测数据界面如图 5-21 所示。各管道应力变化曲线和地表位移曲线如图 5-22 至图 5-25 所示。

第 5 章　管道地质灾害风险防控信息化平台

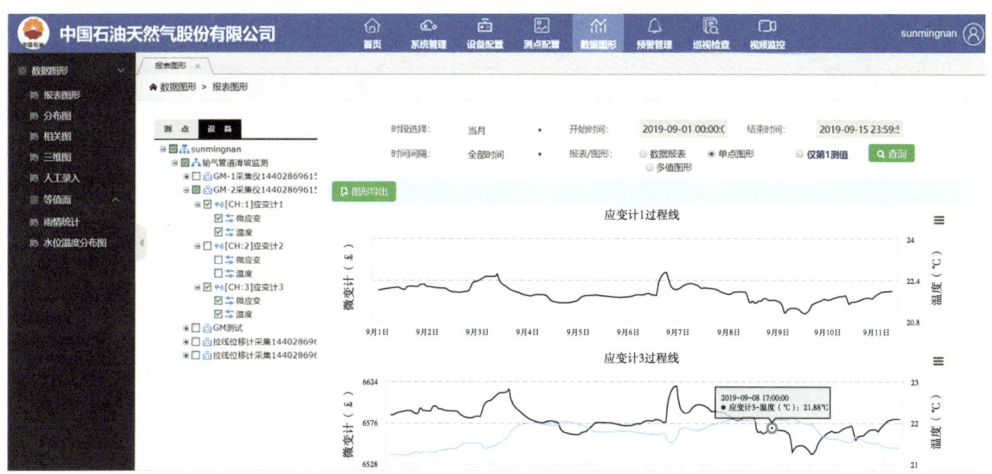

图 5-21　管道滑坡远程监测数据

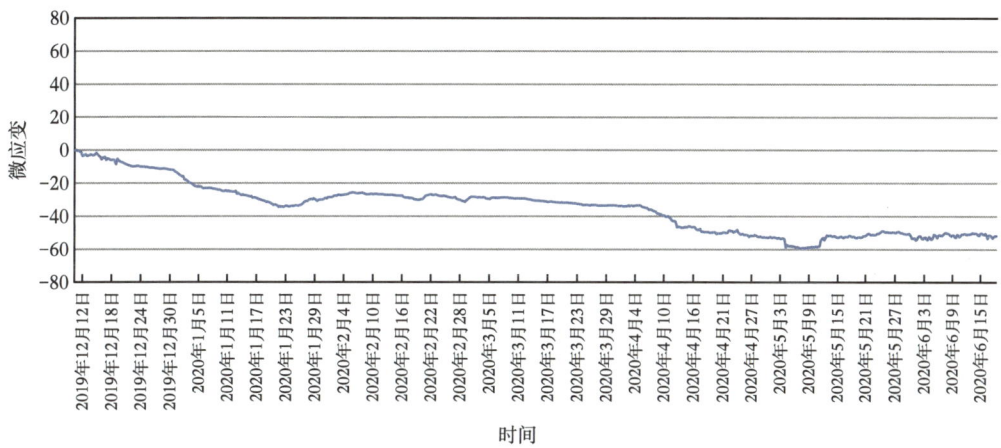

图 5-22　1#管道应力变化曲线

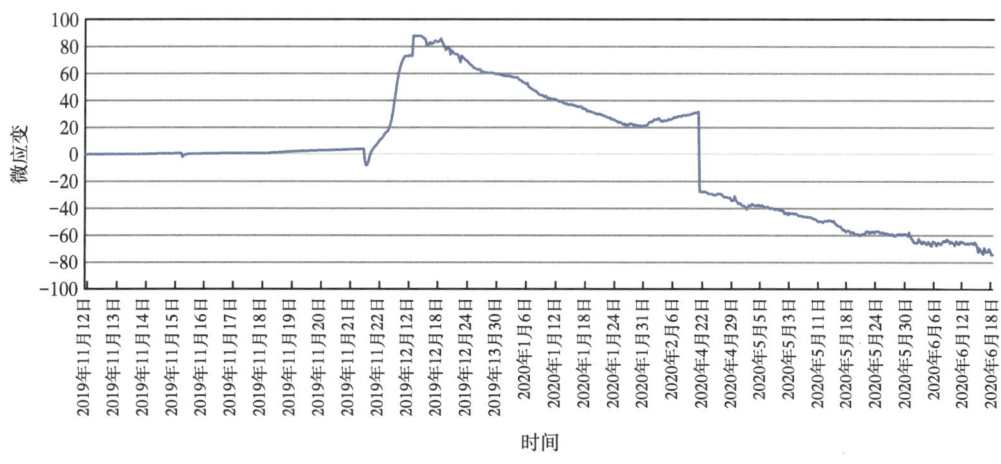

图 5-23　2#管道应力变化曲线

151

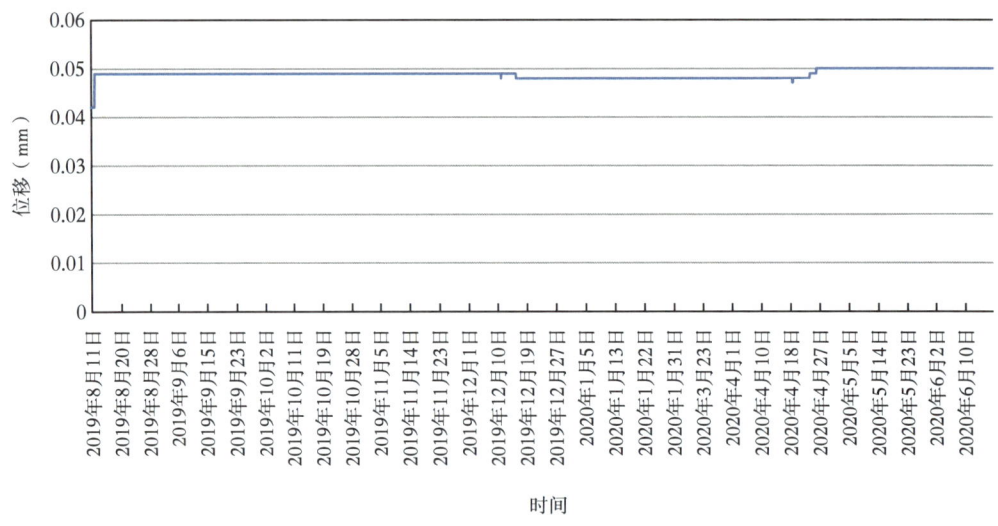

图 5-24　1# 地表位移变化曲线

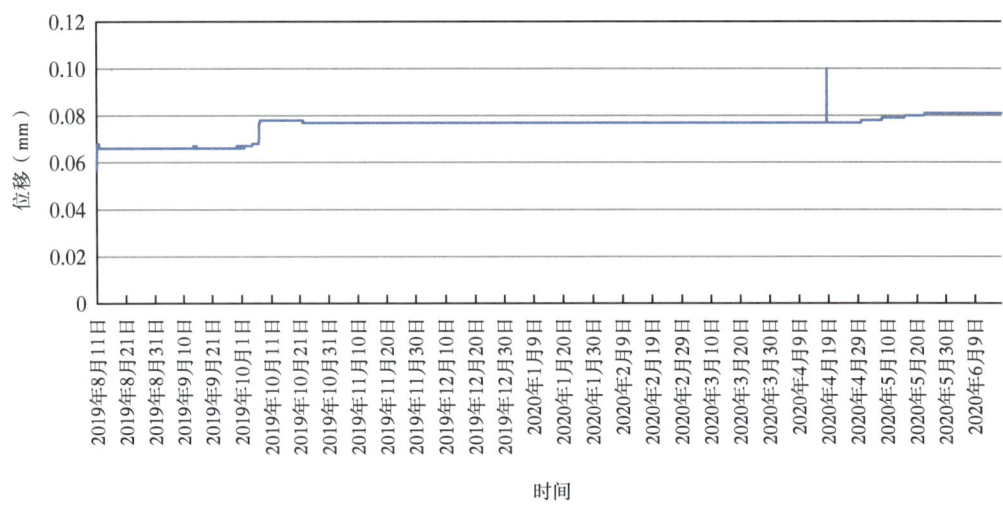

图 5-25　2# 地表位移变化曲线

5.3.2　天高线 B 段不稳定性斜坡监测

天高线 B 段于 2009 年 11 月建成投产，管线规格为 $D273mm \times 11mm$，长度为 22.7km，管线材质为 L245 NCS。管道设计压力 7.85MPa，设计输气量 $116.0 \times 10^4 m^3/d$，正常工况下运行压力 5.8~6.5MPa，输送量约 $180 \times 10^4 m^3/d$。

不稳定斜坡位于重庆市万州区三正镇，属于低山丘陵区，长 55m，宽 130m，滑向 170°，中风险等级。受降雨影响，管道所在斜坡上部有下挫坎形成（图 5-26 和图 5-27）。

第 5 章 管道地质灾害风险防控信息化平台

图 5-26 下挫坎

图 5-27 下挫垮塌区

5.3.2.1 监测内容

天高线 B 段不稳定性斜坡监测，采取 2 处管道应力 +2 处深部位移 +2 处管土推力 +1 处降雨量的监测方案。图 5-28 给出了监测点平面布设示意图。表 5-6 给出了监测技术方案。

图 5-28 监测点平面布设图

表 5-6 天高线 B 段不稳定性斜坡监测技术方案

名称	分级	监测内容	监测指标	测点数量	技术手段
天高线 B 段不稳定性斜坡监测站	Ⅱ级	管道本体监测	管体应力监测	2	振弦式应力计
		滑坡变形监测	深部位移监测	2	钻孔倾斜仪
			土推力监测	2	土压力盒
		相关因素监测	降雨量监测	1	雨量计

(1)管道应力监测。

采用应力应变自动化监测系统对管道应力应变进行监测,通过实时监测掌握管道受力及应变情况,确定滑坡对管道的危害性;为是否启动应急抢险提供依据;通过管道受力及变形情况制订行之有效的抢险方案,确保管道安全运营或将损失降至最低。

(2)深部位移监测。

通过在滑坡关键变形部位布设2处深部位移监测点,根据滑坡体深度的具体情况在不同等高面上布设测斜传感器,通过测量测斜管轴线与铅垂线之间的夹角变化量,获取不同高度的位移变量,明确滑坡深部变形情况,分析滑坡的变形阶段及发展趋势,为滑坡稳定性评价及监测预警提供数据支撑。深部位移监测采用深部位移自动化监测站,主要为深部测斜装置。

(3)管土界面推力监测。

为了及时掌握陡斜坡段管道受坡体剪切应力影响情况及变化情况,在管沟内土体中布置土压力盒,通过土压力监测一体站实时采集压力变化数据,并将观测数据发送到数据中心,由专业变形监测软件对数据进行自动解算处理,得到监测点实时土体应力值,为综合分析斜坡体的变化趋势提供数据支持。

(4)降雨量监测。

对滑坡区实施降雨量自动化监测,为滑坡稳定性影响因素分析提供依据;辅助滑坡的变形分析;为监测预警条件、预警阈值的动态调整提供依据。

5.3.2.2 具体实施

①管道应力监测。

采用振弦式应力计,在管道0°、90°、270°方位各安装1支(图5-29)。

图5-29 管道应力监测

②深部位移监测。

布设深层水平位移自动化监测点2处。每个测孔按孔深以1m为间隔布设固定测斜仪,每孔布设15个测斜探头(图5-30至图5-33)。

第 5 章 管道地质灾害风险防控信息化平台

图 5-30 钻孔

图 5-31 岩心

图 5-32 测斜管安装

图 5-33 线路布设

③土推力监测。

布设两处管土界面推力监测点，监测点与应力应变监测点位置相同；土压力盒（图 5-34）安装位置应位于滑坡主滑方向作用在管道的界面位置。

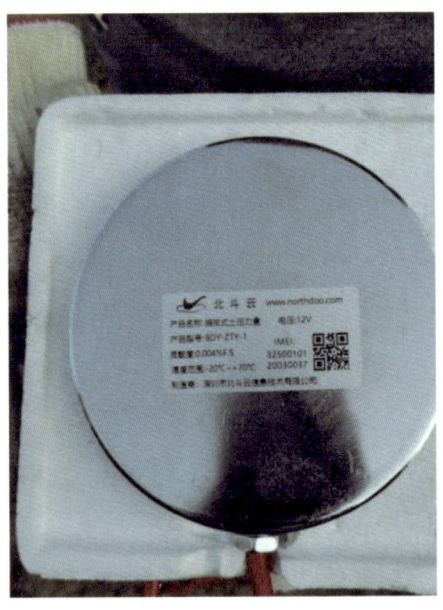

图 5-34　土压力盒

④降雨量监测。

现场搭建降雨量监测站 1 处，位于滑坡影响范围外，该处无遮挡、地势较高，用于监测滑坡区降雨情况，并结合滑坡变形监测数据分析滑坡的变形情况、诱发因素及诱发条件等，为滑坡排水工程设计提供依据。

⑤现场监测站搭建完成。

搭建好的现场监测站如图 5-35 至图 5-38 所示。

图 5-35　应力监测站　　　　　图 5-36　深部位移、土压力、雨量监测站（一）

图 5-37　深部位移、土压力、雨量监测站（二）　　　图 5-38　各监测站现场分布图

预警阈值设置：根据该处管道滑坡具体情况，采用理论公式计算的方式，确定该处管道滑坡一级预警阈值为 136MPa（647με），二级预警阈值为 88MPa（419με），三级预警阈值为 39MPa（185με）。地表位移监测阈值：一级阈值 5mm/d，二级阈值 2mm/d，三级阈值 1mm/d。雨量监测阈值：一级阈值 25mm/d，二级阈值 50mm/d，三级阈值 100mm/d。监测期间，2020 年 6 月 2 日雨量超出三级预警阈值 1 次。各管道监测结果如图 5-39 至图 5-45 所示

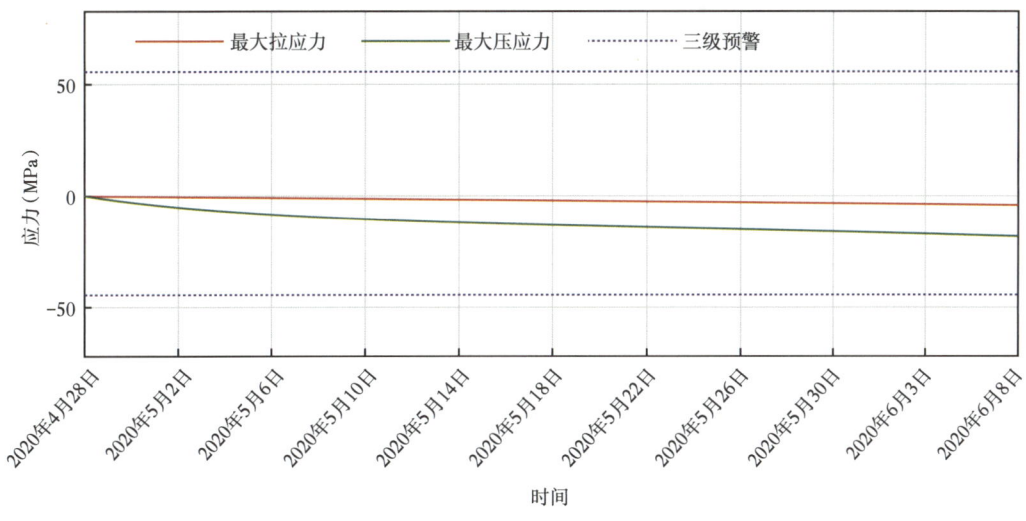

图 5-39　1# 管道应力监测结果

从监测数据可知，1# 管道深部位移监测点目前累计变形量为 3.32mm，变形速率 0.11mm/d；2# 管道深部位移监测点目前累计变形量为 4.13mm，变形速率 0.14mm/d；未触发预警阈值。

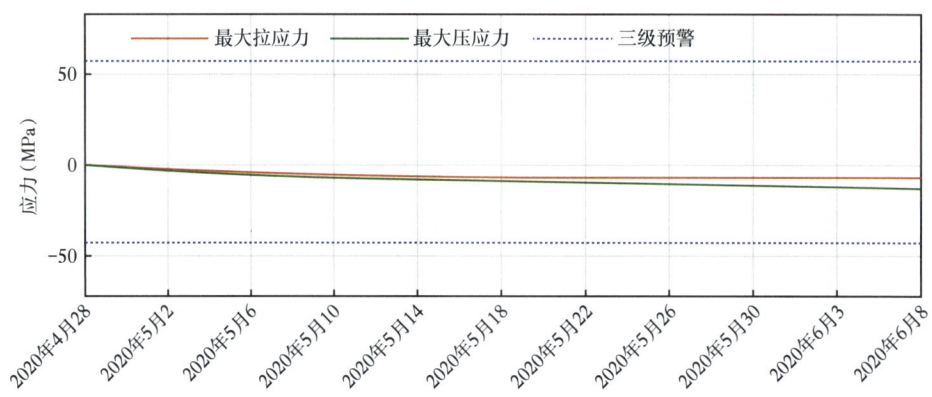

图 5-40 2#管道应力监测结果

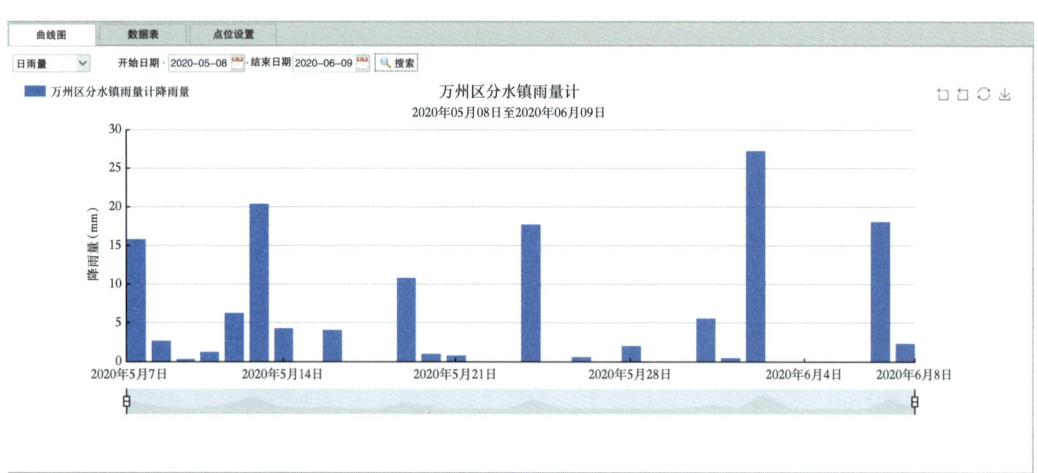

图 5-41 降雨量监测结果

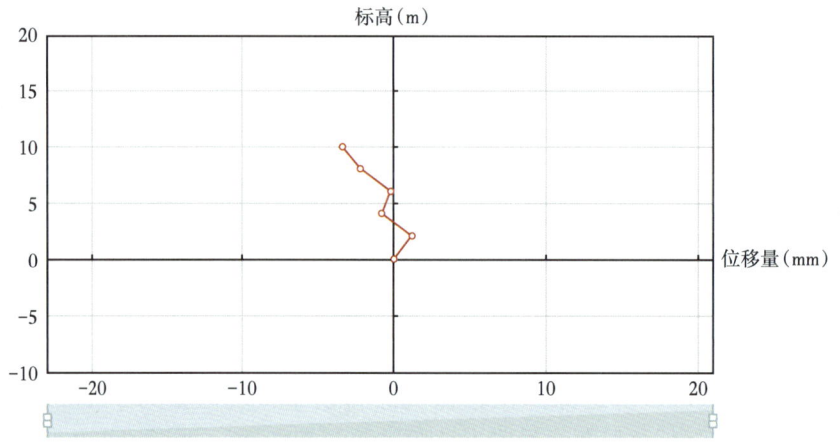

图 5-42 1#管道深部位移监测结果

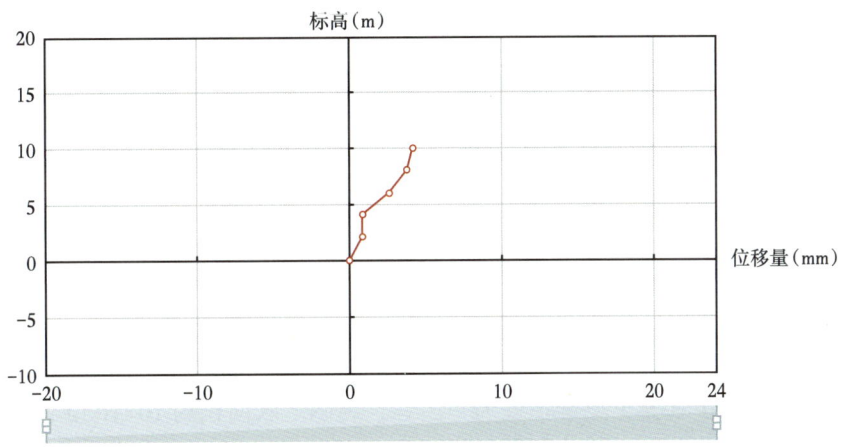

图 5-43 2#管道深部位移监测结果

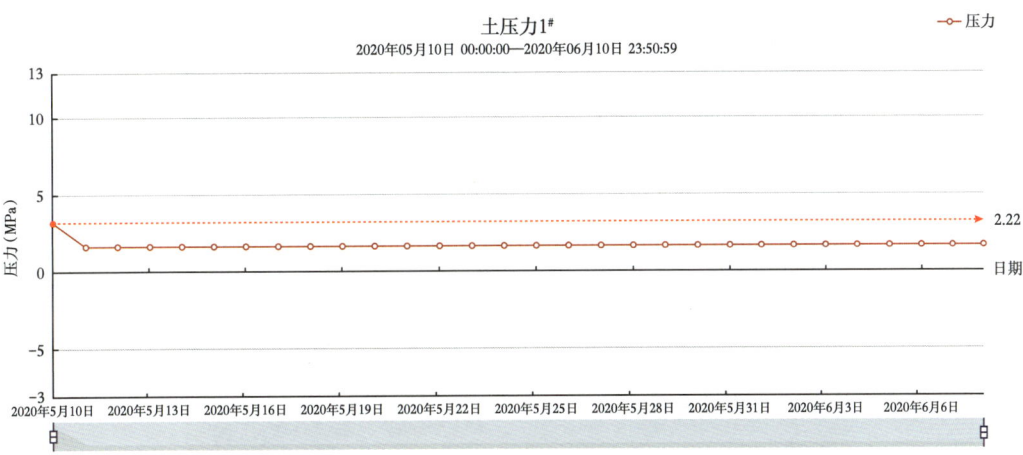

图 5-44 1#钻孔土压力监测结果

图 5-45 2#钻孔土压力监测结果

从监测数据可知,1#钻孔土压力监测点一直稳定在 3.22kPa,即该监测点处斜坡一直处于稳定状态;2#钻孔土压力监测点一直在 25kPa 左右浮动,浮动值一般在 2kPa 左右,其中 2020 年 6 月 2 日土压力变化值最大,达到 3.89kPa,而此时该点附近的 2#钻孔深部位移未见明显增加,但该日的 24h 降雨量为 27.2mm,据此确定 2#钻孔土压力监测点土压力变化的原因是降雨下渗导致土体含水率增加,从而导致土体重度增加,孔隙水压力增大,最终引起此处土压力的变化。

5.3.3 广 19 井至广安南站不稳定斜坡监测

广 19 井至广安南站 DN219mm 管线不稳定斜坡位于枣山镇沿沟谷向猫儿沟穿越处。不稳定边坡为人工堆积弃土场,横向长约 200m,纵向宽约 100m,高约 10m,坡度 40°~70°,主滑方向 30°,弃土场堆积处为一山谷,周围汇水面积约 $10 \times 10^4 m^2$,弃土场中部有一水沟,水沟经弃土场处埋设有涵管,管线沿山顶而下,穿越弃土场中部,穿越弃土场管线上方铺设有防护盖板。现场不稳定斜坡如图 5-46 和图 5-47 所示。

图 5-46 广 19 井至广安南站不稳定斜坡

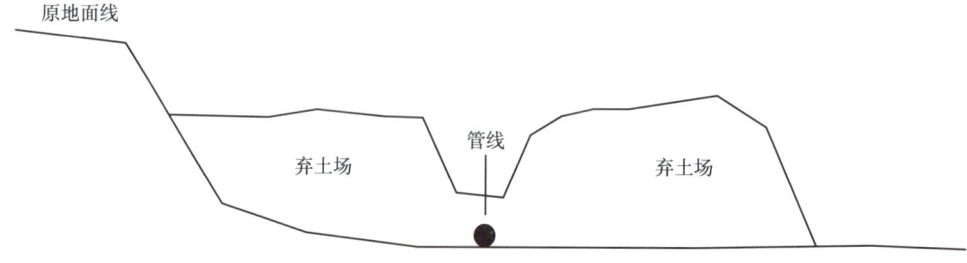

图 5-47 广 19 井至广安南站不稳定斜坡坡面示意图

广 19 井至广安南站 DN219mm 管线不稳定斜坡监测,考虑到堆土尚未直接占压管道,采取 2 处管道应力的监测方案(表 5-7)。

表 5-7　广 19 井至广安南站 DN219mm 管线不稳定性斜坡监测技术方案

名称	分级	监测内容	监测指标	测点数量	技术手段
广 19 井至广安南站 DN219mm 管线不稳定斜坡监测站	Ⅲ级	管道本体	管体应力监测	2	振弦式应力计

应变计安装及现场自动化采集站如图 5-48 和图 5-49 所示。

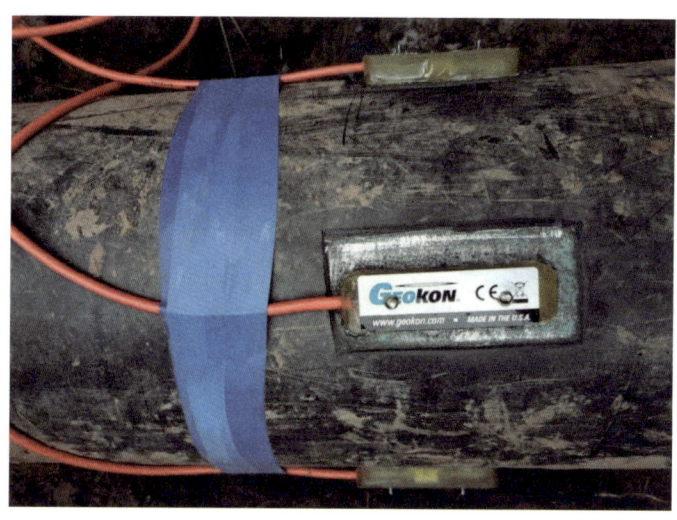

图 5-48　管道应力监测

图 5-49　自动化采集装置

远程监测预警平台界面如图 5-50 所示。

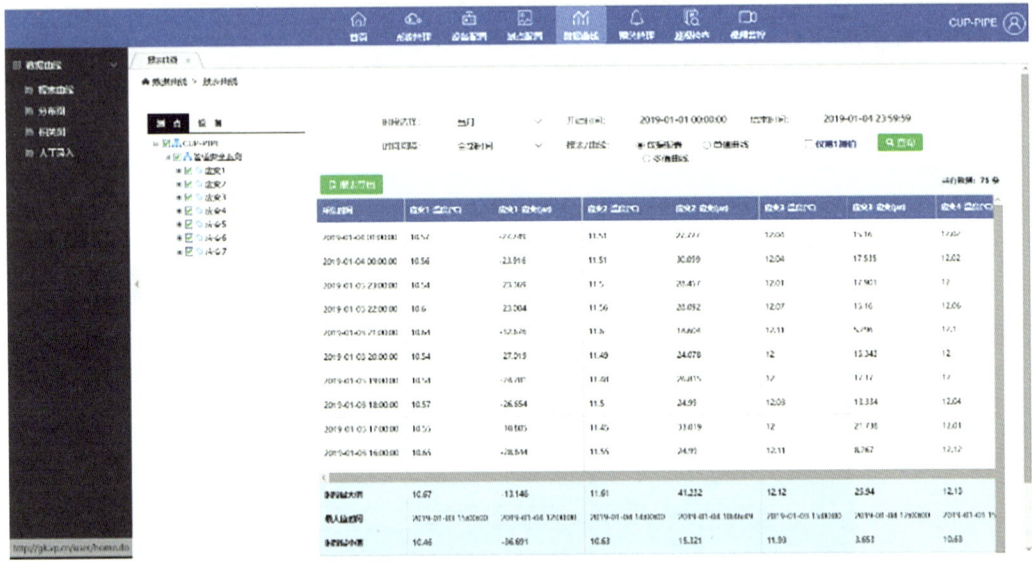

图 5-50　远程监测界面

参 考 文 献

[1] 张家铭,尚玉杰,王荣有,等. 基于Pasternak双参数模型的滑坡段埋地管道受力分析方法[J]. 中南大学学报(自然科学版),2020,51(5):1-10.

[2] 张治国,方蕾,张成平,等. 降雨诱发滑坡对非连续接口输气管道受力影响分析[J]. 岩土工程学报,2022,44(2):245-255.

[3] 尚玉杰,王殿龙,闫生栋,等. 横向滑坡作用下埋地管道力学响应分析[J]. 安全与环境工程,2019,26(1):155-161.

[4] Zhang L S, Xie Y, Yan X Z, et al. An Elastoplastic Semi-Analytical Method to Analyze the Plastic Mechanical Behavior of Buried Pipelines under Landslides Considering Operating Loads. Journal of Natural GasScience and Engineering,2016,28,121-131.

[5] 朱鸿鹄,王德洋,王宝军,等. 基于光纤传感及数字图像测试的管—土相互作用试验研究[J]. 地质灾害与环境保护,2020,31(2):72-78.

[6] 张杰,梁博丰,潘波,等. 牵引式滑坡作用下天然气管道力学响应研究[J]. 压力容器,2020,37(6):19-25,38,58.

[7] 蒋宏业,兰旭彬,王金荣,等. 滑坡下成品油管道力学响应研究[J]. 西南石油大学学报(科学技术版),2022,43(6):13.

[8] 麻宏强,贺斌贤,蔡卫华,等. 滑坡碎屑流纵向作用下埋地管道变形分布预测模型[J]. 灾害学,2022,37(4):110-116.

[9] 李杭杭. 横向滑坡作用下埋地管道力学响应研究[D]. 杭州:浙江大学,2022.

[10] Tsatsis A, et al. Python framework for hp-adaptive discontinuous Galerkin methods for two-phase flow in porous media[J]. Applied Mathematical Modelling,2019,67(3):179-200.

[11] 席莎,文宝萍. 滑坡作用下横向折线形埋地输气管道的力学响应[J]. 油气储运,2019,38(12):1350-1358.

[12] 赵潇,李章青,王海兰,等. 斜坡地段埋地输气管道应力分析[J]. 管道技术与设备,2018(2):15-25.

[13] 张铄,吴明,牛冉,等. 深层圆弧形滑坡作用下长输埋地输气管道响应分析[J]. 中国安全生产科学技术,2015,11(11):29.

[14] 徐鹏飞. 含体积型缺陷输气管道在滑坡作用下剩余强度评价技术研究[D]. 成都:西南石油大学,2018.

[15] 陈利琼,宋利强,吴世娟,等. 基于有限元方法的滑坡地段输气管道应力分析[J]. 天然气工业,2017,37(2):84-91.

[16] 康习锋. 含初始几何缺陷管道在横向滑坡作用下的屈曲破坏特性研究[J]. 压力容器,2023.

[17] 张晓,帅健. 侧向载荷作用下X90管道局部屈曲研究[J]. 安全与环境工程,2018,14(7):6.

[18] 黄坤,卢泓方,吴世娟,等. 穿越滑坡体埋地输气管道应力分析[J]. 应用力学学报,2015,32(4):689-693,712.

[19] 刘鹏,孙明源,李玉星,等. 横向滑坡下埋地管道力学响应规律及神经网络预测研究[J]. 岩土力学,2023,44(6):1-10.

[20] 刘金涛. 管道横穿滑坡相互作用大尺度模型试验研究[D]. 成都:成都理工大学,2012.

[21] Francesco C. Physical modelling of landslide-induced pipeline deformation using a falling box and a pulley system[J]. Journal of Geotechnical and Geoenvironmental Engineering,ASCE,2019.

[22] 林冬,雷宇,许可方,等. 横向滑坡对管道的影响试验[J]. 石油学报,2011,32(4):728-732.

[23] 牛文庆,郑静,吴红刚,等. 管道受横向滑坡影响的模型试验研究[J]. 铁道建筑,2015(6):117-120.

[24] 纪虹,王德起,黄维秋,等. 不同滑坡体积对水下管道冲击作用研究[J]. 中国安全科学学报,2019,

29（8）：6.
- [25] Calvetti F, di Prisco C, Nova R, et al. Experimental and numerical analysis of soil-pipe interaction[J]. Journal of Geotechnical and Geoenvironmental Engineering, 2004, 130（12）: 1292-1299.
- [26] 李嘉硕. 长输管道地质灾害定量风险评价技术研究[D]. 北京：中国石油大学（北京），2021.
- [27] 王婷, 王新, 李在蓉, 等. 国内外长输油气管道失效对比[J]. 油气储运, 2017, 36（11）: 1258-1264.
- [28] 李荣翰. 管道地质灾害定量风险评价技术研究[D]. 成都：西南石油大学, 2021.
- [29] Qin. Multi-hazard risk assessment methods: A comparative analysis based on five authoritative reports[J]. Progress in Geography, 2023, 42（1）: 197-208.
- [30] 冼国栋, 吴森, 潘国耀, 等. 基于GIS的兰成原油管道地质灾害风险评价[J]. 油气储运, 2019, 38（4）: 865-872.
- [31] 金伟良, 张恩勇, 邵剑文, 等. 分布式光纤传感技术在海底管道健康监测中的应用[J]. 中国海上油气（工程）, 2003, 15（4）: 14-21.
- [32] Zou L, Chou Z L. Health Monitoring of Buried Pipeline Buckling by Using Distributed Strain Sensory Systems[D]. Alberta: University of Alberta, 2010.
- [33] 贾振安, 徐成, 刘颖刚, 等. 基于BOTDA传感技术的空间分辨率研究[J]. 光电技术应用, 2014, 29（6）: 43-45.
- [34] Li Y. Strain Transfer Analysis of Fiber Bragg Grating Sensor Assembled Composite Structures Subjected to Thermal Loading[J]. Optics Express, 2015, 23（22）: 33, 37.
- [35] 马云宾, 胡志新, 谭东杰, 等. 基于光纤光栅传感的管道滑坡监测方法研究[J]. 光子学报, 2010, 39（1）: 33-37.
- [36] 陈朋超, 李俊, 刘建平, 等. 光纤光栅埋地管道滑坡区监测技术及应用[J]. 岩土工程学报, 2010, 32（6）: 897-902.
- [37] Wang Y, Grant J, Sharma A, et al. Modified Talbot interferometer for fabrication of fiber-optic grating filter over a wide range of Bragg wavelength and bandwidth using a single phase mask[J]. J. Lightwave Technol, 2001, 19, 1569-1573.
- [38] 席均, 卢毅, 施斌, 等. 基于BOTDR的地裂缝分布式光纤监测技术研究[J]. 工程地质学报, 2014, 22（1）: 8-13.
- [39] 吴静红, 姜洪涛, 苏晶文, 等. 基于DFOS的苏州第四纪沉积层变形及地面沉降监测分析[J]. 工程地质学报, 2016, 24（1）: 56-63.
- [40] 杨山红. 基于光纤传感的地应力检测及区域油水井套损监测的研究[D]. 哈尔滨：哈尔滨工业大学, 2013.
- [41] 唐尧, 王立娟, 马国超, 等. 基于InSAR技术的川西高山峡谷区地质灾害早期识别研究——以小金川河流域为例[J]. 中国地质灾害与防治学报, 2022, 9（2）: 119-128.
- [42] 张晓飞, 吕中虎, 杨秀元, 等. 弱反射光栅滑坡监测系统的研究与应用[J]. 电子测量技术, 2022, 45（6）: 119-123.
- [43] 孙泽信, 段举举, 张安银. 基于物联网的自动化监测系统在地质灾害监测中的应用[J]. 地质学刊, 2022, 46（1）: 60-66.
- [44] 李国民, 乔士航, 颜腊红, 等. 某河流穿越管道腐蚀检测与修复[J]. 腐蚀与防护, 2020, 41（12）: 34-36, 43.
- [45] Wen. Application of electromagnetic detection technology combined with underwater robotic technology in the detection of underwater pipeline and cable burial depth[J]. Oil & Gas Storage and Transportation, 2014, 33（11）: 1193-1197.
- [46] Curtis M J. Experimental design and analysis and their reporting: new guidance for publication in BJP[J]. British Journal of Pharmacology, 2015.

[47] 王维斌, 罗旭, 李勤, 等. 基于电磁法原理的水下管道检测技术[J]. 油气储运, 2014, 33(11): 5.
[48] 周小莉, 梁文旭, 李建, 等. 基于GPS-RTK技术的穿越河流管道外检测方法[J]. 地理空间信息, 2016, 14(3): 99-101.
[49] 唐青, 熊娟, 张文艳. 油气管道河流穿越段外防腐层检测系统改进与应用[J]. 钻采工艺, 2018(4).
[50] Rossini N S, Dassistim B, Benyounis K Y. Methods of measuring residual stresses in components[J]. Materials & Design, 2012, 35: 572-588.
[51] Bray D E, Chance B. in Proceedings of the 6th NDE Topical Conference, edited by C. Darvennes (ASME Int., San Antonio, Texas, 1999).
[52] Fraga L. Temperature effects on the measurement of stress in X70 steel samples using ultrasonic Longitudinal-Converted-Ray (LCR) waves[C]. Proceedings of the 2014 10th International Workshop on Acoustic Microscopy (IWAM), 2014.
[53] Javadi Y, Hutchison A, Singh, J, et al. Feasibility Study of Residual Stress Measurement Using Phased Array Ultrasonic Method[C]. In Proceedings of the 11th International Conference on Residual Stress, Nancy, France, 2022.
[54] 李玉坤, 于文广, 李玉星, 等. 超声临界折射纵波测量应力的温度影响[J]. 中国石油大学学报(自然科学版), 2021, 45(2): 134-140.
[55] Su S, Zhao X, Wang W, et al. Metal Magnetic Memory Inspection of Q345 Steel Specimens with Butt Weld in Tensile and Bending Test[J]. Journal of Nondestructive Evaluation, 2019.
[56] Kolokolnikov S, Dubov A, Steklov O. Assessment of Stress-Strain State Non-Uniformity in Welds Before and After Post-Weld Heat Treatment Using the Metal Magnetic Memory Method[J]. Welding in the World, 2016, 60(4), 593-599.
[57] Osa Y. Residual Stress Measurement Using Ultrasonic Longitudinal-Converted Ray (LCR) Waves in Austenitic Stainless Steel Welds[C]. Proceedings of the 2014 10th International Workshop on Acoustic Microscopy (IWAM), 2014.
[58] Liu Y. Study on the interference of crack size on stress state evaluation using magnetic signals and the extent of its influence[J]. Journal of Nondestructive Evaluation, 2023.
[59] He Y. Defect antiperovskite compounds Hg3Q2I2 (Q=S, Se, and Te) for room-temperature hard radiation detection[J]. Journal of the American Chemical Society, 2017, 139: 7939-7951.
[60] 樊芷吟, 苟晓峰, 秦明月, 等. 基于信息量模型与Logistic回归模型耦合的地质灾害易发性评价[J]. 工程地质学报, 2018, 26(2): 340-347.
[61] 陈杏子. 长输管道线域地质灾害评价预测研究[D]. 北京: 北京交通大学, 2020.
[62] 韩晨曦. 降雨作用下张家窑滑坡稳定性及抗滑桩治理数值模拟研究[D]. 陕西: 西北农林科技大学, 2021.
[63] 王颖, 王志一, 纪轶群. 北京地质灾害风险评价研究[J]. 首都师范大学学报(自然科学版), 2022, 43(3): 54-61.
[64] 王世洪, 翟光明, 张友焱. 基于遥感检测的输油管道泥石流灾害危险性评价[J]. 中国地质灾害与防治学报, 2009, 20(2): 36-41.
[65] 黄金池, 孟国忠. 管道穿河工程水毁灾害分析[J]. 泥沙研究, 1998, 42(2): 42-49.
[66] 白路遥, 李亮亮, 马云宾, 等. 穿河管道河床冲刷的改进计算模型及应用[J]. 人民黄河, 2015, 37(4): 111-112.
[67] Najiafi A A. Numerical simulation of local scour downstream of pipeline crossing in alluvial channels[J]. Journal of Hydraulic Research, 2014, 52(3): 334-345.
[68] 杨元平, 陈刚, 陈韬霄, 等. 管道穿越富春江分层河床最大冲刷深度试验研究[J]. 水电能源科学, 2020(12): 114-117.

[69] 李志, 秦鹏程, 熊春宝, 等. 考虑多腐蚀缺陷作用效应的海底管道失效压力分析[J]. 表面技术, 2020, 49 (1): 237-244.

[70] 杨辉, 汤怡, 陈健, 等. 油气管道体积型腐蚀缺陷有限元分析[J]. 油气储运, 2015, 34 (1): 5.

[71] 金志, 王晓芳. 基于极限载荷的在用含未焊透缺陷压力管道安全性分析[D]. 杭州: 浙江大学, 2010.

[72] Wu D, Liang J, Zhu J. A FE-IBE method for linearized nonlinear soil-tunnel interaction in water-saturated, poroelastic half-space: I. Methodology and numerical examples[J]. Soil Dynamics and Earthquake Engineering, 2019, 120: 454-467.

[73] Zheng T. Buckling behavior of buried pipelines crossing stratum settlement areas[J]. Engineering Failure Analysis, 2022.

[74] Shuai J, Zhang C, Chen F. Prediction of failure pressure in corroded pipelines based on non-linear finite element analysis[J]. Acta Petrolei Sinica, 2008, 29 (6): 933-936.

[75] 谭超, 唐侨, 陈渠波, 等. 油气管道沿线地质灾害风险管控平台建设与应用[M]. 北京: 科学出版社, 2018.

[76] 孟令时. 基于物联网的油气管道监测预警关键技术设计和实现[D]. 沈阳: 东北大学, 2015.

[77] 吉林工业大学农机系, 第一机械工业部农业机械科学研究院. 应变片电测技术[M]. 北京: 机械工业出版社, 1978.

[78] 张心斌, 纪强, 张莉. 振弦式应变传感器特性研究[J]. 传感器世界, 2003 (8): 20-21.

[79] 晏红. 长期应变测试中电阻应变仪测量电桥的研究[J]. 现代仪器与医疗, 2001 (3): 18-20.

[80] 饶云江, 王义平, 朱涛. FBG 原理及应用[M]. 北京: 科学出版社, 2006.

[81] Dunphy J R, Meltz G, Lamm F P, et al. Multi-function, distributed optieal-fiber sensor for composite cure and response monitoring, pro[J]. SPIE 1990, 1370: 116-118.

[82] 吴晓东. 光纤 Bragg 应变传感技术与及其应用研究[D]. 浙江: 浙江大学, 2005.

[83] 廖延彪, 黎敏. 光纤传感器的今日与发展[J]. 传感器世界, 2004, 10 (2): 6-12.

[84] 李宏男, 任亮. 结构健康监测光纤光栅传感器技术[M]. 北京: 中国建筑工业出版社, 2008.

[85] Singhroy V. Satellite remote sensing applications for landslide detection and monitoring[M]. Landslides-Disaster Risk Reduction. Springer Berlin Heidelberg, 2009: 143-158.

[86] 邓辉, 黄润秋. InSAR 技术在地形测量和地质灾害研究中的应用[J]. 山地学报, 2003, 21 (3): 373-377.

[87] 中国船舶工业总公司第九设计研究院. 弹性地基梁及矩形板计算[M]. 北京: 国防工业出版社, 1983.